Fabien Rousset

Polymères pour la réalisation d'implants intra-oculaires

Fabien Rousset

Polymères pour la réalisation d'implants intra-oculaires

Conception, élaboration et caractérisation de copolymères, biocompatibles, et utilisables en ophtalmologie

Presses Académiques Francophones

Mentions légales / Imprint (applicable pour l'Allemagne seulement / only for Germany)
Information bibliographique publiée par la Deutsche Nationalbibliothek: La Deutsche Nationalbibliothek inscrit cette publication à la Deutsche Nationalbibliografie; des données bibliographiques détaillées sont disponibles sur internet à l'adresse http://dnb.d-nb.de.
Toutes marques et noms de produits mentionnés dans ce livre demeurent sous la protection des marques, des marques déposées et des brevets, et sont des marques ou des marques déposées de leurs détenteurs respectifs. L'utilisation des marques, noms de produits, noms communs, noms commerciaux, descriptions de produits, etc, même sans qu'ils soient mentionnés de façon particulière dans ce livre ne signifie en aucune façon que ces noms peuvent être utilisés sans restriction à l'égard de la législation pour la protection des marques et des marques déposées et pourraient donc être utilisés par quiconque.

Photo de la couverture: www.ingimage.com

Editeur: Presses Académiques Francophones est une marque déposée de
Südwestdeutscher Verlag für Hochschulschriften GmbH & Co. KG
Heinrich-Böcking-Str. 6-8, 66121 Sarrebruck, Allemagne
Téléphone +49 681 37 20 271-1, Fax +49 681 37 20 271-0
Email: info@presses-academiques.com

Produit en Allemagne:
Schaltungsdienst Lange o.H.G., Berlin
Books on Demand GmbH, Norderstedt
Reha GmbH, Saarbrücken
Amazon Distribution GmbH, Leipzig
ISBN: 978-3-8381-7007-7

Imprint (only for USA, GB)
Bibliographic information published by the Deutsche Nationalbibliothek: The Deutsche Nationalbibliothek lists this publication in the Deutsche Nationalbibliografie; detailed bibliographic data are available in the Internet at http://dnb.d-nb.de.
Any brand names and product names mentioned in this book are subject to trademark, brand or patent protection and are trademarks or registered trademarks of their respective holders. The use of brand names, product names, common names, trade names, product descriptions etc. even without a particular marking in this works is in no way to be construed to mean that such names may be regarded as unrestricted in respect of trademark and brand protection legislation and could thus be used by anyone.

Cover image: www.ingimage.com

Publisher: Presses Académiques Francophones is an imprint of the publishing house
Südwestdeutscher Verlag für Hochschulschriften GmbH & Co. KG
Heinrich-Böcking-Str. 6-8, 66121 Saarbrücken, Germany
Phone +49 681 37 20 271-1, Fax +49 681 37 20 271-0
Email: info@presses-academiques.com

Printed in the U.S.A.
Printed in the U.K. by (see last page)
ISBN: 978-3-8381-7007-7

Thèse de Doctorat de l'université Pierre et Marie Curie

Spécialité : Chimie et Physico-Chimie des Polymères

Présentée par :

Fabien ROUSSET

*Pour obtenir le grade de **Docteur de l'université PARIS VI***

Conception, élaboration et caractérisations de copolymères à fonctionnalité contrôlée, biocompatibles, et utilisables en ophtalmologie

Soutenue le 04 11 2003

Devant le jury composé de :

<u>Rapporteurs</u>

M. E. PAPON   *(Professeur, Université Bordeaux I)*
M. D. MANTOVANI   *(Professeur, Université Laval de Québec)*

<u>Membres du jury</u>

M. J-M. LEGEAIS   *(Professeur, Université Paris VI - président)*
M. J-P. VAIRON   *(Professeur, Université Paris VI - directeur de thèse)*
Mme B. CHARLEUX   *(Professeur, Université Paris VI - examinatrice)*
M. J-L. MIELOSZYNSKI   *(Professeur, Université Metz - examinateur)*
M. P. BERNARD   *(Ingénieur de recherche, Ioltech Laboratoires - invité)*

Thèse de Doctorat de l'université Pierre et Marie Curie

Spécialité : Chimie et Physico-Chimie des Polymères

Présentée par :

Fabien ROUSSET

*Pour obtenir le grade de **Docteur de l'université PARIS VI***

Conception, élaboration et caractérisations de copolymères à fonctionnalité contrôlée, biocompatibles, et utilisables en ophtalmologie

Soutenue le 04 11 2003

Devant le jury composé de :

Rapporteurs

M. E. PAPON   *(Professeur, Université Bordeaux I)*

M. D. MANTOVANI   *(Professeur, Université Laval de Québec)*

Membres du jury

M. J-M. LEGEAIS   *(Professeur, Université Paris VI - examinateur)*

M. J-P. VAIRON   *(Professeur, Université Paris VI - directeur de thèse)*

Mme B. CHARLEUX   *(Professeur, Université Paris VI - examinatrice)*

M. J-L. MIELOSZYNSKI   *(Professeur, Université Metz - examinateur)*

M. P. BERNARD   *(Ingénieur de recherche, Ioltech Laboratoires - invité)*

A Georges,

A Odette,

et à toute ma famille.

« L'œil, songez à lui,
il boit le monde, la couleur, le mouvement, les livres
les tableaux, tout ce qui est beau et tout ce qui est laid
il boit la vie apparente pour en nourrir la pensée
… et il en fait des idées »   Guy   de
Maupassant

Ce travail a été réalisé au sein du Laboratoire de Chimie Macromoléculaire de l'université Pierre et Marie Curie de Paris dirigés par messieurs Jean-Pierre VAIRON puis Patrick HEMERY, en collaboration avec les sociétés F.C.I. et Ioltech.

Le « pingouin en short » tient à remercier chaleureusement le professeur VAIRON pour l'avoir accueilli dans son laboratoire. Je le remercie également pour son engagement dans ce projet au même titre que messieurs Nicolas GUENA et Philippe TOURRETTE.

Je suis très reconnaissant aux professeurs Diego MANTOVANI et Eric PAPON d'avoir accepté d'être rapporteurs de cette thèse, ainsi qu'au professeur Jean-Marc LEGEAIS qui m'a fait l'honneur de présider le jury et d'opérer ma grand-mère. Que les professeurs Bernadette CHARLEUX et Jean-Luc MIELOSZYNSKI trouvent ma reconnaissance pour l'aide qu'ils m'ont apportée et pour avoir accepté de faire partie du jury. Merci également à Pascal BERNARD pour m'avoir suivi pendant 3 ans et d'être présent à ma soutenance.

Enfin je remercie très fortement les équipes de recherche des Laboratoires de Chimie Macromoléculaire et de Génie des Procédés de l'université Pierre et Marie Curie de Paris et plus particulièrement Mickaël TATOULIAN, de Chimie Organique de l'université de Metz, les équipes de développement et les bureaux d'étude des sociétés F.C.I. de Besançon et Ioltech de La Rochelle. Je tiens à remercier de tout mon cœur les équipes médicales de l'hôpital Hôtel-Dieu Paris et du CERA de l'hôpital Montsouris et en particulier Katia ATTALI-SOUSSAY pour leur application et leur implication dans ce travail (les lapins s'en souviendront…). Enfin, que toutes les équipes d'analyse, d'imagerie et de spectroscopie reçoivent mon témoignage par ces quelques mots.

Que toutes les personnes oubliées dans ces remerciements me pardonnent, mais la liste complète est disponible à la BNF, 28ème étage, allée 342, rang 765, 3ème étagère à gauche, et surtout à la fin de ce manuscrit !

ABREVIATIONS

2-MeOXA	2-méthyloxazoline
A2PE	Acrylate de 2-phényléthyle
ABu	Acrylate de butyle
AIBN	2,2'-azobisisobutyronitrile
BDDMA	Butanedioldiméthacrylate
CES	Chromatographie d'exclusion stérique
CMAO	Chlorure de méthacryloyle
CMS	Chlorométhylstyrène
ΔH	Variation d'enthalpie
DMA	N,N-diméthyle aniline / Dynamic Mechanical analysis
DMAP	4-diméthyle aminopyridine
DMPA	Diméthoxyphényle acétophénone
DMPT	N,N-diméthyle para-toluidine
DMSO	Diméthyle sulfoxyde
DPn	Degré de polymérisation en nombre
DSC	Differential Scanning Calorimetry
E_d	Energie de dissociation
EA	Acrylate d'éthyle
EBA	N-éthyle N-benzyle aniline
EGDMA	Diméthacrylate d'éthylène glycol
EMA	Méthacrylate d'éthyle
EMHQ	Ether méthylique de l'hydroquinone
FBGC	Foreign Boby Giant Cell
FDA	Food and Drug Administration
FTIR	Infrarouge à transformée de Fourier
HATR	Horizontal Attenuation Total Reflection
HDDMA	Hexandioldiméthacrylate
HEMA	Méthacrylate d'hydroxyéthyle
HLB	Hydrophile lypophile balance
HMPC	Hydroxypropyle methylcellulose
IOL	Intraocular lense
Ip	Indice de polymolécularité
IR	Infrarouge
k_d	Constante de dissociation
MA2PE	Méthacrylate de 2-phényléthyle
MA2TPE	Méthacrylate de 2-thiophényléthyle
MAEH	Méthacrylate de 2-éthylhéxyle
MAM	Méthacrylate de méthyle
Mc	Masse entre enchevêtrements
MEB	Microscope électronique à balayage

Mn	Masse molaire moyenne en nombre
Mw	Masse molaire moyenne en poids
n, n_D^{20}	Indice de réfraction
NVP	N-vinyl pyrrolidone
OCP	Opacification de la capsule postérieure
PABu	Polyacrylate de butyle
PCCH	Percarbonate de cyclohéxyle
PCMS	Polychlorométhylstyrène
PDMS	Polydiméthylsiloxane
PDPDMS	Polydiphényldiméthylsiloxane
PE	Polyéthylène
PEA	Polyacrylate d'éthyle
PEbd	Polyéthylène basse densité
PEG	Polyéthylène glycol
PEI	Polyéthylèneimine
PEMA	Polyméthacrylate d'éthyle
PHEMA	Polyméthacrylate d'hydroxyéthyle
PMDETA	Pentaméthyle diéthylène triamine
PMMA	Polyméthacrylate de méthyle
POB	Peroxyde de benzoyle
POE-POP	Polyoxyde d'éthylène – Polyoxyde de propylène
POtBu	Peroxyde de tertiobutyle
PP	Polypropylène
PTFE	polytétrafluoroéthylène
PVA	Polyacétate de vinyle
QAS	Quaternary ammonium salt
RMN	Résonance magnétique nucléaire
SN	Substitution nucléophile
T_{eb}	Température d'ébullition
TFEMA	Méthacrylate de trifluoroéthyle
Tg	Température de transition vitreuse
THF	Tetrahydrofurane
TMABz	Thiométhacrylate de benzyl
UV	Ultraviolet
V50	2,2'-azobis(2-amidinopropane) dihydrochloride

SOMMAIRE

INTRODUCTION GENERALE

« Le vieillissement se lit aussi dans notre regard. On a beau s'y attendre, cela fait toujours un choc, lorsqu'il faut la cinquantaine passée se mettre à chercher ses lunettes. On prend un sacré coup de vieux et l'expérience est douloureuse et souvent mal vécue. »

Ce témoignage trop souvent recueilli parce qu'un simple cristallin durcit et rend la vue défectueuse, est déjà difficile à entendre. Alors que dire lorsque l'œil humain subit des modifications aux répercussions dramatiques telle que la cataracte. Seulement 10 % de la population développent la cataracte avant l'âge de 70 ans, mais cette proportion augmente à 40 % dix ans plus tard et va jusqu'à 70 % au-delà de 80 ans. Non content de ne plus assurer la mise au point, le cristallin se met à devenir opaque et là, le port de lunettes n'y change rien.

Le traitement est inexorablement le même et consiste à enlever le cristallin défectueux de son enveloppe (sac capsulaire) pour le remplacer par un implant synthétique. Depuis les premiers matériaux rigides en PMMA, les implants ont connu d'importants développements et désormais les chirurgiens disposent de matériaux souples qu'ils introduisent par des incisions inférieures à 3 mm limitant de ce fait les traumatismes post-opératoires liés à la cicatrisation. Réalisée sous anesthésie locale, la chirurgie ne dure que 30 minutes et le patient recouvre sa vue d'antan.

Le seul « petit problème » est que dans plus de 33 % des cas, des cellules épithéliales résiduelles se mettent à proliférées contre l'implant et sur l'enveloppe. Cette complication appelée cataracte secondaire survient quelques années après et nécessite une deuxième opération, au laser cette fois-ci pour couper la capsule postérieure.

De nombreuses études sont menées pour limiter cette prolifération. Les parades s'organisent autour de trois grands axes. Le premier est la commercialisation d'implants qui nécessitent des incisions de plus en plus petites pour réduire les traumatismes oculaires (implants pliables hydrophobes à haut indice de réfraction). La seconde réside dans la forme des implants pour offrir une barrière mécanique à la migration des cellules et pour limiter l'opacification de la capsule postérieure (bords carrés). Enfin la troisième consiste à greffer des molécules bioactives à la surface de l'implant pour augmenter la compatibilité avec la capsule. Cette dernière stratégie a pour but de rendre bioactif l'espace entre l'implant et l'enveloppe et de limiter les dépôts cellulaires (implants héparinés ou au collagène).

Ces matériaux à la pointe de la recherche des polymères représentent l'Eldorado pour les grandes firmes qui les commercialisent. Le volume des chirurgies de la cataracte est en constante progression et dépasse les 6 millions d'implants vendus depuis 3 ans. En partenariat avec les sociétés F.C.I. et Ioltech présents sur la scène des implants silicones et acryliques hydrophiles, c'est dans « l'optique » de se positionner sur le marché des implants acryliques hydrophobes que mon travail s'inscrit. Outre le PMMA, les matériaux acryliques hydrophobes commercialisés actuellement se comptent sur les doigts d'une main et dans une première étape, mes recherches ont eu pour but de rajouter un doigt.

Après une bibliographie importante (partie I), nous avons mis au point un matériau de base que nous avons caractérisé sur le plan optique et mécanique en s'assurant de l'efficacité des procédés de fabrication utilisés (partie II). Dans une seconde étape, nous avons réalisé des versions plus sophistiquées en fonctionnalisant le matériau par incorporation dans la masse de molécules soufrées notamment (partie III). Dans une troisième étape, nous avons pourvu le matériau de propriétés bioactives par greffage de molécules en surface et par modification chimique en voie sèche (partie IV). Dans une quatrième étape, des tests d'adhésion cellulaire de kératocytes ont été effectués pour caractériser la bioactivité de surface et des implantations in vivo chez le lapin ont été menées pour déterminer le caractère hautement biocompatible des matériaux synthétisés (partie V). Enfin, pour des raisons de commodité et afin de parfaire la synthèse de matériaux à haut indice de réfraction , nous avons étudié la stabilité d'un nouveau matériau dans le sérum physiologique (partie VI).

PARTIE I : ETUDE BIBLIOGRAPHIQUE

Partie I : Etude bibliographique

Chapitre I.1 : L'œil et l'implant intraoculaire

I.1.1   Structure de l'œil humain[1,2]

L'œil est un organe très complexe et se révèle un formidable défi pour l'administration de médications ou pour les chirurgies qu'il doit subir. Bien que l'œil se prête volontiers à l'application de substances galéniques[*], il n'en reste pas moins un organe prêt à se défendre et à réagir face à l'introduction de tout corps étranger qui viendrait modifier ou détériorer son champ de vision. Pour comprendre les impératifs concernant les propriétés nécessaires d'un matériau à usage intraoculaire, il est important de présenter les éléments essentiels constituant l'œil humain, dont un schéma de la coupe transversale est représentée sur la figure I.1.

L'œil peut être représenté sous la forme de deux sphères déformées, la première dite chambre antérieure et la deuxième plus grande appelée chambre postérieure. Le globe est composé de trois couches successives concentriques renfermant le système réfractif. La couche la plus externe est la sclère qui prolonge la cornée (qui est transparente) au-delà du pôle antérieur.

La deuxième couche est dite nutritionnelle et vasculaire incluant la choroïde, le corps ciliaire et l'iris. La couche interne est appelée la rétine et renferme l'appareil visuel. L'appareil dioptrique est constitué par la cornée et par la lentille (ou cristallin) qui est rattachée au corps ciliaire par les zonules.

Les chambres antérieure et postérieure sont remplies de liquide incolore et transparent, l'humeur aqueuse qui maintient la pression intraoculaire et assure le transport des éléments nutritifs et des médications dans le globe. La diffusion de l'humeur aqueuse dans l'œil est régie par les différences de pression osmotique jusque dans la chambre antérieure et à travers la pupille où elle est drainée par le système veineux et les canaux de Schlemm.

Le large espace derrière la capsule cristallinienne est comblé par une substance gélifiée, incolore et transparente, appelée le vitré. Dans l'ensemble, les dimensions de l'œil sont maintenues par la sclère qui oppose une résistance à la pression intraoculaire.

* Le vocabulaire souligné est difinit dans le glossaire à la fin du manuscrit

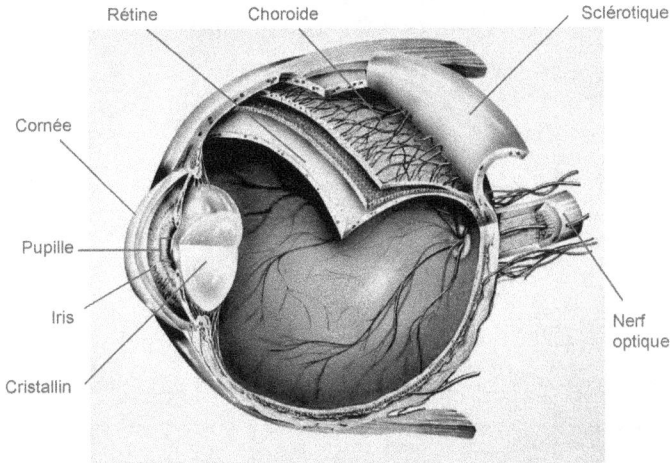

Rétine   Choroide   Sclérotique

Cornée

Pupille

Iris   Nerf optique

Cristallin

Figure I.1 : *Anatomie de l'œil³*

I.1.2 Opacification du cristallin : la Cataracte

Le cristallin est une lentille biconvexe dont le rôle est de focaliser l'image sur la rétine. Il est élastique, transparent, d'un diamètre de 9,2 à 10,0 mm de long et d'un diamètre antérieur/postérieur compris entre 3,7 et 4,7 mm. Le cristallin est principalement constitué de trois parties : une capsule, un épithélium et une dernière représentée sur la figure I.2, constituée du cortex et du noyau qui est le résultat de la prolifération continue de l'épithélium.

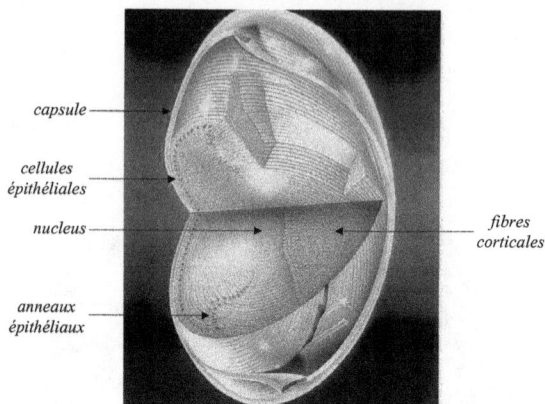

Figure I.2 : *Coupe transversale d'un cristallin[4]*

Le cristallin possède un indice de réfraction allant de 1,36 sur les bords à 1,42 dans l'axe. Les pôles antérieur et extérieur définissent l'axe géométrique du cristallin. Il est responsable de l'accommodation car il possède la faculté de se déformer pour adopter la géométrie permettant une focalisation nette sur la rétine[5]. Cette déformation est rendue possible par les muscles ciliaires qui font varier la convergence du cristallin. La variation du pouvoir réfractif est d'environ 4 dioptries. La propriété filtrante du cristallin est telle que les rayonnements ultraviolet UV (<400 nm) et infrarouge IR (> 700 nm)[6] sont bloqués et l'on estime que 92% du rayonnement visible est transmis à la rétine par le cristallin.

Cependant, avec l'âge, le cristallin devient moins souple et des problèmes de convergence apparaissent. L'image se forme soit en arrière de la rétine de l'œil au repos (hypermétropie), soit en avant de la rétine (myopie). Ces modifications de la vision sont compensées par l'utilisation simple de lunettes correctrices ou de lentilles oculaires. En revanche, si le cristallin, du fait de la vieillesse, est sujet à un changement de métabolisme des cellules épithéliales, il devient trouble et s'opacifie. Des chocs oculaires violents, des antécédents génétiques (diabète…) ou un traumatisme perforant peuvent également être à l'origine de cette anomalie. Ce phénomène menant au blanchiment de la lentille et à la baisse de l'acuité visuelle (voire la cécité) est communément appelé « la cataracte » et nécessite le remplacement du cristallin naturel par un implant intraoculaire. Celui-ci s'effectue sous anesthésie locale ou générale par explantation de la lentille blanchie à travers un capsulorhexis suivi d'implantation d'une lentille synthétique. Les premières chirurgies furent réalisées manuellement à travers une large incision (10 mm) (figure I.3).

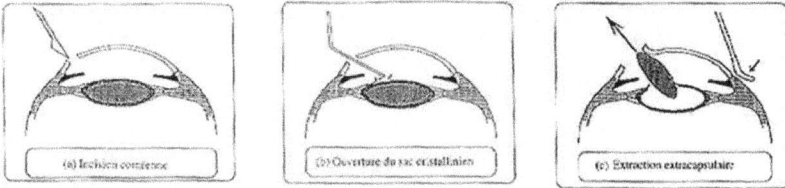

(a) Incision cornéenne   (b) Ouverture du sac cristallinien   (c) Extraction extracapsulaire

Figure I.3 : *Extraction extracapsulaire*[7]

En 1967, une nouvelle technique est introduite par Kelman[8]. Le cristallin naturel est extrait à travers une petite incision (environ 3,5 mm) utilisant une sonde à ultrasons (figure I.4). Ce procédé actuellement utilisé sous le nom de phakoémulsification a connu un essor considérable notamment aux Etats-Unis depuis 1984 et de nos jours en Europe. La taille de l'incision a pris une grande importance car elle permet de limiter l'astigmatisme induit ainsi qu'un recouvrement visuel plus rapide[9]. Ce changement de technique chirurgicale a été suivi d'une révolution pour les implants puisque sont apparus les implants souples pliables, insérés par de petites incisions limbiales de la cornée.

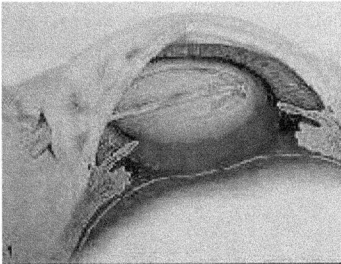

1ère étape : découpe de la capsule après incision de la cornée (capsulorhexis)

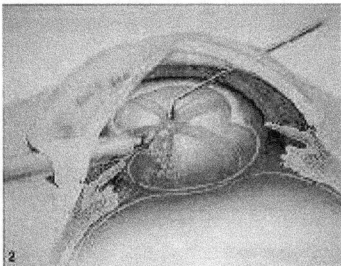

2ème étape : phakoémulsification aux ultrasons permettant de détruire et d'extraire le cristallin

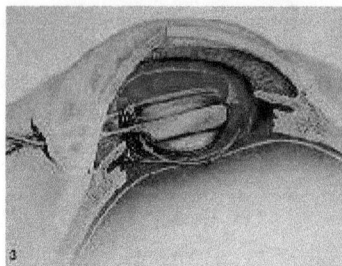

3ème étape : implantation du
cristallin artificiel

Figure I.4 : *Etapes-clés de la chirurgie de la cataracte[10]*

I.1.3   Implants intraoculaires

L'histoire des implants utilisés pour corriger la cataracte commence dans les années 40 lorsque Ridley remarque que des fragments de plexiglas (polyméthacrylate de méthyle, PMMA) sont bien tolérés dans les yeux des aviateurs britanniques après traumatismes oculaires perforants[11] dus à l'éclatement du vitrage des cockpits. Les implants qui ont suivi cette découverte peuvent être schématiquement regroupés en 4 générations, d'après Apple et al.[12] :

- Génération **I** : de 1949 à 1954. C'est surtout l'ère de l'implant original conçu par Ridley. Il s'agit d'un implant de chambre postérieure biconvexe en PMMA sans anse. Les résultats cliniques sont médiocres, du fait des limitations des techniques de fabrication, de l'instrumentation chirurgicale et des connaissances en physiologie oculaire de l'époque.

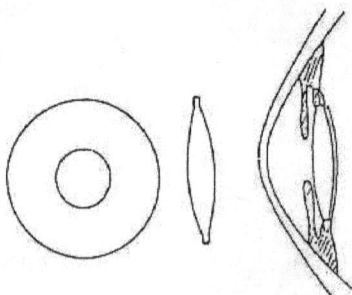

Figure I.5 : *Schéma d'une lentille de Ridley (1ère génération)*

- Génération **II** : de 1952 à 1962. Les implants de chambre antérieure s'imposent, et en 1952, Baron place le premier cristallin artificiel de chambre antérieure. Initialement les implants sont pourvus d'un support rigide avec 3 ou 4 pieds d'appui, puis avec des anses souples en Supramid (1956). Les complications sont liées soit au contact des implants avec l'endothélium cornéen, soit aux processus de dégradation hydrolytique des haptiques.

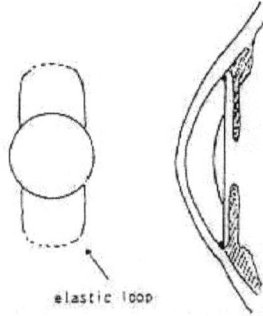

elastic loop

Figure I.6 : *Lentille de chambre antérieure de Danheim (2ème génération)*

- Génération **III** : de 1963 à 1970. Les implants à support irien (« iris-supported ») sont développés et deviennent les implants de référence, comme les implants de Binkhorst[13] dits B2 et B4. Ils seront responsables de la première cause de kératoplastie transfixiante dans les années 70-80 qui entraînera leur abandon. D'autres complications ont été associées à ces implants : atrophie irienne, œdème maculaire cystoïde, syndrome d'uvéïte-glaucome-hyphéma, etc…

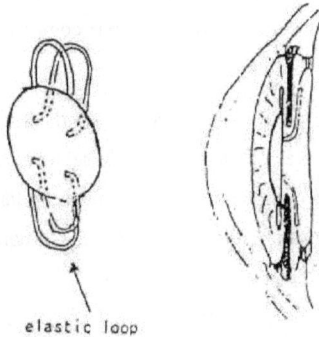

elastic loop

Figure I.7 : *Lentille de Binkhorst (3ème génération)*

- Génération **IV** : de 1975 à nos jours. Les haptiques sont d'abord fabriquées en polypropylène puis en PMMA. Le dessin des implants de chambre antérieure ou postérieure s'est développé parallèlement aux techniques chirurgicales (implantation dans le sulcus puis implantation dans le sac capsulaire après capsulorhexis, etc…) et à l'instrumentation (les substances viscoélastiques à usage per-opératoire, par exemple).

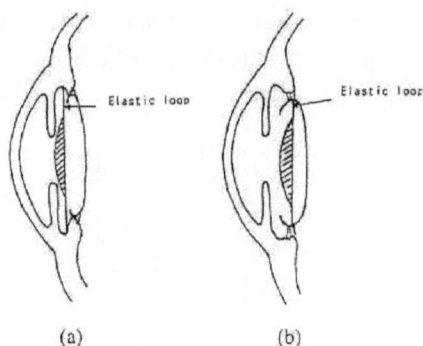

(a)   (b)

Figure I.8 : *Lentille de chambre postérieure (4ème génération)*

De manière générale, la partie optique de la lentille doit être relativement large (5 à 7 mm) pour permettre à un maximum de lumière d'atteindre la rétine et de compenser le non-alignement qui pourrait intervenir lors de la chirurgie[14]. D'autres matériaux ont commencé à être utilisés pour la fabrication d'implants, et le développement des techniques a engendré une grande diversité d'implants disponibles (rigides/souples, acryliques/silicones, hydrophobes/hydrophiles, monobloc/multiblocs) (figure I.9). Deux raisons principales expliquent ces derniers développements :

- Premièrement, les études plus approfondies sur les interactions biomatériau-tissu ont montré que le PMMA n'est pas complètement inerte dans le milieu intraoculaire (v. partie 1 - chapitre 2).

- Deuxièmement, la chirurgie a évolué vers des techniques utilisant de petites incisions, considérées plus sûres et réalisables grâce aux matériaux souples, pliables et/ou enroulables facilitant l'injection dans les chambres antérieure et postérieure, et limitant la probabilité de traumatiser l'endothélium cornéen au passage de l'implant.

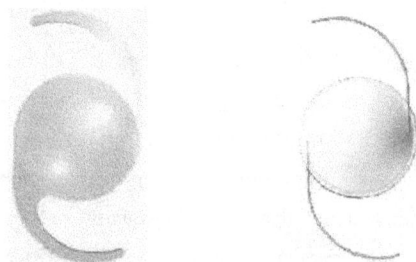

Figure I.9 : *Implants acryliques souples monoblocs (gauche)*[15] *et triblocs (droite)*[16]

En France, de 1995 à 2002, la proportion d'implants en PMMA rigides est passée de plus de 50% à moins de 30% (et seulement 5 à 10% pour les Etats-Unis), les implants souples étant représentés à 80% par des acryliques souples (55% aux Etats-Unis).

Le marché mondial des implants est d'environ 6,5 millions d'unités par an (USA / Europe : 2,2 millions) et est en constante augmentation. De nombreux producteurs d'implants ont vu rapidement le jour mais force est de constater que l'on observe une concentration des producteurs (25 en 1995 et ~15 en 2001). Les 4 majeurs sont Alcon, Bausch & Lomb, Allergan et Ciba-Vision, mais plusieurs producteurs français augmentent leurs parts de marché significativement (Ioltech Laboratoires, Chauvin Opsia…).

I.1.3.1 Implants durs en PMMA

Les premiers implants intraoculaires furent réalisés en polyméthacrylate de méthyle (PMMA v. figure I.10) et ont suivi une évolution importante (v. paragraphe précédent). Les silicones et les acryliques souples n'ont été introduits qu'au début des années 80.

Le PMMA est amorphe, transparent et incolore. Son indice de réfraction est de 1,49 et il transmet 92% de la lumière incidente. Le PMMA est rigide à température ambiante sa température de transition vitreuse T_g étant de $110°C$[17]. Sa masse spécifique est de 1,19 g/cm^3. Le PMMA est hydrophobe avec un taux d'absorption d'eau de 0,25% (après 24h d'immersion à 20°C). Il est insoluble dans l'eau et les hydrocarbures aliphatiques. Il résiste bien aux huiles, aux graisses et aux solutions basiques et acides dilués[18,19]. Les techniques de polymérisation sont diverses et la mise en forme s'effectue suivant un moulage par injection de PMMA à température élevée, soit un moulage par compression de PMMA, soit par « cast-molding » largement employé de nos jours qui fait intervenir le remplissage d'un moule par du ou des monomères contenant un amorceur de polymérisation[20]. La qualité de ces implants ne souffre d'aucune contestation quant à l'aspect de surface ou aux irrégularités d'arêtes.

Figure I.10 : *Du méthacrylate de méthyle au PMMA*

La stérilisation du PMMA est réalsée à basse pression et à faible température par l'oxyde d'éthylène, avec une période d'observation de 7 à 14 jours (minimum), avant leur utilisation, pour obtenir un total dégazage.

I.1.3.2 Implants souples en silicone

Le premier implant souple en silicone (implant Mazzocco) est utilisé en 1984 (figure I.11)[21]. Cette nouvelle génération d'implant a vu l'émergence de plusieurs types de matériaux silicones avec des indices de réfraction croissants et ne nécessitant que de petites incisions[22], et des modèles d'implants influencés par le développement de techniques opératoires dont le capsulorhexis apparu bien après les premières implantations de cette famille d'implants. On peut artificiellement séparer trois grandes familles souples en silicone :

- les implants silicones monobloc de type navette (figure I.12.a),

- les implants trois pièces à anses en polypropylène,

- et les implants trois pièces (figure I.12.b) à anses rapportées (PMMA, polyimide, polypropylène…).

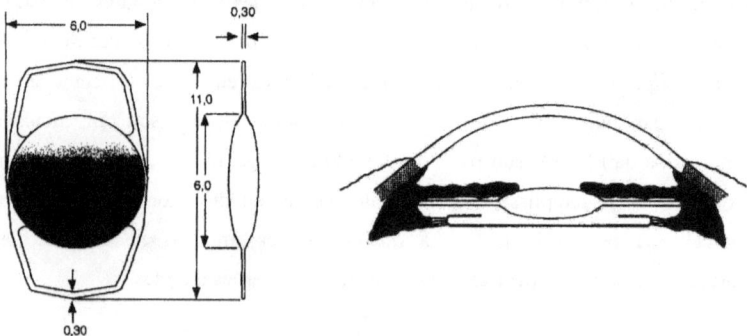

Figure I.11 : *Implants de Mazzocco*

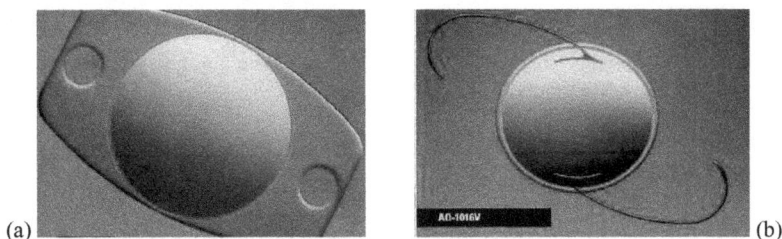

(a)   (b)

Figure I.12 : *Implants navette (a) et implants silicones à anses rapportées (b)*[23]

Ces implants doivent être pliables ou injectables, mais une fois mis en place, ils doivent revenir à leur forme originale sans aucun dommage et résister sans déformation aux forces exercées par le sac capsulaire.

Le premier élastomère pour la fabrication de la partie optique des implants intraoculaires pliables est le polydiméthylsiloxane PDMS ($-Si(CH_3)_2O-$)$_n$. Son inconvénient réside dans son bas indice de réfraction (1,421 à 25°C) et requiert la fabrication d'implants relativement épais pour un pouvoir réfractif donné et donc plus difficiles à plier. Une deuxième génération d'élastomères silicones a été développée, basée sur un copolymère du diphényl et diméthysiloxane (polydiphényldiméthylsiloxane PDPDMS), avec une indice de réfraction de 1,464 [($-Si(CH_3)_2O)_x-(Si(C_6H_5)_2O)_y-$)]$_n$. D'autres élastomères silicones d'indices plus élevés peuvent être développés mais sont mécaniquement inadaptés. Ces deux élastomères qui possèdent des caractéristiques optiques, mécaniques et chimiques appropriées aux implants souples, se sont avérés très résistants au vieillissement artificiel (forte exposition équivalente à 20 ans de conditions physiologiques)[24] et une étude réalisée par Knorz et coll. révèle que la qualité optique de ces élastomères silicones est voisine de celle des implants en PMMA[25].

Le procédé de fabrication des implants souples en silicone est le moulage par injection ce qui entraîne au niveau de la jonction des deux faces de l'implant la présence d'une irrégularité de surface symbolisée par une ligne rugueuse visible tout au long des bords. Cette anomalie très bien mise en évidence par la microscopie à balayage[26] est connue sous le nom de « molding flash ». Elle peut engendrer des phénomènes graves puisque les premières lentilles souples implantées en silicone ont du être explantées du fait d'un glaucome prononcé chez le patient. Au fil des jours la technique de moulage de ces implants s'est améliorée et la finition actuelle est très acceptable[27]. L'étude des effets du pliage a parfois conclu à des modifications de surface, mais celles-ci sont le plus souvent transitoires. Des marques à la surface antérieure d'implants en PDMS ont été mises en évidence par Brady et coll. immédiatement après le pliage, mais elles devenaient indétectables en MEB au bout de 10 minutes[28].après être revenues dans leur position originelle.

Au début de l'utilisation des implants silicones, une autre constatation est venue freiner l'emploi de ces élastomères. Milauskas a observé en 1991 des modifications secondaires de couleur[29] (coloration marron de la surface). La présence ou l'absence d'agents UV-bloquants ne semblaient pas affecter la modification de couleur puisqu'elle a été observée sur des implants fabriqués par STAAR Surgical Co qui n'en contenaient pas et sur des implants fabriqués par IOLAB Co qui en contenaient. Finalement, cela a été attribué à une anomalie de polymérisation et à l'extraction incomplète d'oligosiloxanes (linéaires ou cycliques)[30]. Bien que l'amélioration des techniques d'extraction et de moulage soit réelle, la DASS conseille néanmoins d'éviter ce type de matériau en cas de présence de silicone dans le segment postérieur ou en cas de risque de décollement de la rétine, l'adsorption de silicone à la surface de ces implants étant irréversible.

I.1.3.3 Implants souples acryliques

Dès l'apparition des implants souples en 1984, les élastomères en silicone ont connu un développement considérable notamment aux Etats-Unis. Néanmoins, d'autres matériaux sont apparus tels les acryliques hydrophiles[31] appelés « hydrogels » ou les acryliques hydrophobes abusivement nommés « acryliques ». Les hydrogels sont en général assimilés en langage courant aux implants en polyhydroxyéthylméthacrylate PHEMA. En réalité, ils se réfèrent à une large classe de polymères dont le PHEMA est un exemple. Ces matériaux ont la spécificité d'avoir un taux d'hydratation (ou de reprise en eau) compris entre 20% et 39% en poids dans le cas du PHEMA. Une importante caractéristique des « acryliques » est la température de transition vitreuse, température au-delà de laquelle le matériau change de comportement mécanique et devient souple. En exemple, prenons le PMMA et le PABu (polyacrylate de butyle) (PABu) qui ont des températures de transition vitreuse respectives de 110 et -54°C. Séparément, ces deux polymères ne sont pas utilisables comme implants pliables du fait de la trop grande rigidité du PMMA ou de la trop grande viscoélasticité du PABu (risque très important de coller les deux faces de l'implant lors du pliage par autoadhésion). Cependant en choisissant la bonne combinaison entre les monomères acryliques et méthacryliques, il est aisé de créer un polymère de température de transition vitreuse autour de l'ambiante (20-25°C).

Pour les deux classes de lentilles intraoculaires, l'étape d'amorçage de la polymérisation (par les amorceurs de type peroxyde ou azoïque) ainsi que l'étape de propagation suivent les mêmes schémas réactionnels. Les molécules utilisées pour la réticulation du matériau, pour le blocage du rayonnement UV... sont identiques ou de la même famille.

I.1.3.3.a   Hydrogels de type Acryliques hydrophiles

La principale caractéristique des implants dits « hydrogels » est leur taux d'hydratation Alors qu'un PMMA au bout de 24 heures d'immersion à 25°C présente une reprise d'eau de 0,5%, le PHEMA a un taux de 39% ! Les molécules d'eau absorbées par le matériau jouent le rôle de plastifiant. Les implants hydrogels sont donc très souples et les premiers spécimens implantés le furent en 1983 par Barrett[32] mais leur apparition date de 1960 avec les travaux de Wichterlé[33]. Leur forme (figure 1.12) est a l'origine de leur appellation « implants navette ». Cependant, malgré l'avantage en terme de compatibilité, ces premiers implants hydrogels ont été associés à des problèmes liés principalement au design. Il ressort des différentes études menées dans les années 80, que le positionnement des implants ou leur géométrie inadaptée menaient à l'agrégation de cellules pigmentaires pouvant entraîner l'apparition de glaucomes[34,35]. Afin de résoudre ces anomalies, Alcon a successivement mis sur le marché les implants IOGEL PC-12, IOGEL 1103 et enfin IOGEL 1003 en diminuant la taille de l'implant et des haptiques. Chacun s'accorde à dire qu'en termes de qualité optique, les acuités visuelles obtenues avec les hydrogels sont aussi bonnes que celles obtenues avec les implant en PMMA[36].

Depuis les années 1990, l'intérêt pour les hydrogels n'a cessé de s'accroître. Les plus optimistes diront que les hydrogels sont très performants en terme de résistance aux laser Nd : YAG et les plus pessimistes diront que l'absence de filtres UV nuit à leur qualité ou que l'utilisation de solutions phosphatées est proscrite au vu des processus de calcification induite sur l'implant[37]. Cependant, des évaluations sont menées par Chirila et coll. sur l'incorporation de mélanine en tant qu'UV-bloquants[38].

I.1.3.3.b   Acryliques hydrophobes

Les acryliques hydrophobes sont constitués d'esters acryliques ou méthacryliques. Le tableau I.1 indique les compositions des « acryliques » les plus utilisés. Ces implants de chambre postérieure sont ceux pour lesquels nous trouvons la gamme d'indice de réfraction la plus élevée. De qualité optique irréprochable (semblable au PMMA), leurs propriétés mécaniques sont également très bonnes (retour aux dimensions originelles après insertion intraoculaire), et répondent au cahier des charges ($E' \approx 5$ Mpa, $\varepsilon_{rupture} \geq 200\%$[39]). Cependant ils se déploient plus lentement que les silicones[40]. En effet, concernant les propriétés mécaniques des silicones et des acryliques, la différence réside dans les modules élastiques et visqueux. Alors que les silicones ont une composante élastique très importante (le matériau revient en place très rapidement après pliage), les acryliques ont une composante visqueuse qui retarde le retour aux dimensions originelles. Du fait de cette composante visqueuse, les acryliques se marquent plus facilement que les silicones. Des marques laissées par les instruments lors du pliage peuvent ainsi persister sur la surface même si la très grande majorité de ces rayures disparaissent en quelques minutes[41].

Implant	Fabricant	Composants	Filtres UV	Agent de réticulation	n[*]	Tg[*] (°C)
Acrysof	Alcon	PEA, PEMA	Tinuvin P[*]	Acrylate de butanediol	1,55	17-21
Acrylens	Ioptex[*]	EA, EMA, TFEMA[*]	? ?	? ?	1,47	11

[*]2-(2'hydroxy 3'méthallyl 5'méthylphényl)benzotriazole, [*] indice de réfraction, [*] température de transition vitreuse, [*] Actuellement fabriqué par Allergan, [*] 2,2,2-trifluoroéthylméthacrylate

Tableau I.1 : *Constituants des matériaux acryliques les plus utilisés*

Malgré le formidable essor que connaissent les acryliques, certains problèmes liés au fort indice de réfraction (micro-glaires sur la rétine) ou à certaines évolutions du matériau (formation de vacuoles remplies d'eau dans l'optique)[42] restreignent encore quelque peu leur utilisation. On notera que les normes européenne et américaine interdisent l'usage de plastifiants et d'additifs[43].

I.1.3.4 Cataracte secondaire : L'utilisation des implants a-t-elle des limites ?

Depuis les premières implantations de lentilles intraoculaires en PMMA, de nombreuses anomalies ou traumatismes post-opératoires sont apparus (inflammation du tissu cornéen, détérioration de l'endothélium cornéen ou opacification de la capsule postérieure). Nous venons de voir que la géométrie de l'implant pouvait avoir une influence sur l'apparition de glaucome (cas des « molding flash » pour les implants souples silicones), que les pouvoirs réfractifs pouvaient mener à des lésions de la rétine (cas des acryliques souples hydrophobes Acrysof d'Alcon), et que les implants durs (PMMA) nécessitaient une incision plus large de la cornée favorisant les dommages per- et post-opératoires et une récupération diminuée de l'acuité visuelle. De même, très récemment, l'Hydroview (acrylique souple hydrogel de Storz) a été retiré du marché américain, des cas de calcification étant survenus après son implantation.

Alors que la cataracte et l'opacification du cristallin nécessitent la pose d'un implant, on s'aperçoit que tous les types de matériaux (silicone, acrylique hydrophile et hydrophobe) ne sont pas acceptés parfaitement et de manière identique par le corps humain. Des réactions très fortes apparaissent à l'implantation d'un corps étranger (activation du complément, recouvrement fibrineux, adhésion et prolifération de cellules épithéliales…) et mènent dans de très rares cas à son explantation (<100 sur 400 000 implantations/an).

Il existe, entre autres, un phénomène que l'on retrouve souvent après une implantation qui est « l'opacification de la capsule postérieure » (OCP) plus communément appelée « cataracte secondaire ». Contrairement à la cataracte primaire résultant du blanchiment du cristallin, la cataracte secondaire se présente comme la prolifération de cellules épithéliales entre l'implant et la membrane capsulaire postérieure. Le processus de stimulation de la prolifération cellulaire peut être dû à l'introduction d'un implant, à sa nature ou sa forme ou encore à la présence résiduelle ou induite de certaines protéines[44].

L'apparition de cette complication est inversement proportionnelle à l'âge du patient. De ce fait, pratiquement tous les enfants implantés y sont sujets[45] alors que chez l'adulte, ce phénomène apparaît dans 10 à 50% des cas dans les 3 à 5 ans suivants l'opération et la pose d'un implant[46]. Dans tous les cas de greffes ou d'implantations, les raisons des rejets sont liées à la biocompatibilité des organes ou des nouveaux matériaux et leur aptitude à ne pas générer de réactions de défense de la part du corps humain. C'est pour cela qu'il est important de donner quelques bases sur les interactions biomatériau-tissu cellulaire[47,48].

Chapitre I.2 : Interactions Biomatériau-Tissu et Biocompatibilité

I.2.1   Qu'est-ce qu'un biomatériau ?

Cette simple question est en fait très complexe lorsque l'on cherche à y répondre en faisant référence aux problèmes liés à l'implantation de matériaux polymères. De nombreuses conditions sont nécessaires afin qu'un matériau puisse répondre de cette appellation. Bauser et Chmiel énoncent 4 grandes conditions auxquelles doit se plier un biomatériau [49]:

- la *fonctionnalité*. Le matériau doit posséder ou reproduire la même fonction que l'organe ou le tissu qu'il remplace,

- la *biostabilité*. L'environnement biologique ne doit pas altérer le fonctionnement du matériau,

- la *biocompatibilité*. Le matériau ne doit pas perturber le système biologique auquel il est rattaché,

- la *stérilisabilité*. L'étape de stérilisation du matériau ne doit pas diminuer l'efficacité du matériau.

Peut-on dès lors sur la base de ces 4 critères, considérer que les implants intraoculaires sont des biomatériaux ? La fonctionnalité n'est plus à prouver et les propriétés optiques et mécaniques des implants sont de nos jours très proches de celles d'un cristallin naturel. Pour ce qui est de la biostabilité et de la biocompatibilité, c'est ici que réside la vraie question. Alors que la purification des implants par une extraction des oligomères solubles et de(s) monomère(s) résiduel(s) au soxhlet permet d'assurer les propriétés de stabilité dans l'œil des matériaux en évitant le relargage de molécules toxiques, il est très difficile de déterminer si c'est la fonctionnalité des implants qui diminue du fait de la présence des cellules épithéliales résiduelles ou si c'est la présence de l'implant qui induit leur prolifération et l'opacification de la capsule postérieure ? Janssen quant à lui définit plus globalement la biocompatibilité comme la capacité d'un matériau implanté à effectuer sa fonction spécifique, sans déclencher de réactions inappropriées et excessives chez l'hôte[50]. Cette définition est moins précise et ne cherche pas à différencier la question de biostabilité et de biocompatibilité de Bauser et Chmiel. C'est donc sur cette définition que j'associerai biocompatibilité et biomatériau tout au long du manuscrit.

I.2.2 Défenses contre un corps étranger

La mise en contact d'un corps étranger avec un milieu biologique déclenche une série de réactions cellulaires comme l'adsorption de macromolécules, en général des protéines. Ce phénomène est rapide et la couche déposée est de l'ordre 100 nm. C'est pourquoi, au travers d'une multitude de matériaux polymères disponibles, la biocompatibilité restreint énormément le nombre de candidats à l'appellation de « biomatériau »[51]. On peut citer quelques exemples de polymères utilisés cliniquement : Le *polyéthylène* (chirurgie orthopédique et réparatrice), les *élastomères silicone* (prothèses mammaires), les *polyacétals* et les *résines époxy* (chirurgie orthopédique), les *polyesters* (cardiovasculaire), les *polyamides* et *polyuréthanes* (suture), les *polymères fluorés* (cardiovasculaire), les *hydrogels* (ophtalmologie), le *polychlorure de vinyle* (tubes), les *polyesters lactiques* et *glycoliques* (suture biodégradable), et les *polymères naturels* comme la *fibrine*, le *collagène*, la *gélatine*, les *dextranes* et les *xanthanes* (agents hémostatiques)[52].

La réaction de défense reste toutefois très complexe et le schéma du processus inflammatoire résume bien les enchaînements multiples entre les réactions (figure I.13). Les interactions biomatériau-tissu ont été reliées avec plusieurs mécanismes de défense comme l'action des macrophages[53], des cellules endothéliales, des fibroblastes, des ostéoblastes, des ostéoclastes et des cellules géantes[54].

Dans le cas des implants intraoculaires, la mise en place d'une lentille synthétique provoque la rupture de la barrière hémato-oculaire et l'adsorption protéique est immédiate. Le complément est ensuite activé par la voie alterne[55], avec attraction de polynucléaires et de monocytes à l'origine de cellules géantes[56] et de macrophages. Des exemples d'implants-cages en polydiméthylsiloxanes (PDMS) montrent qu'au bout de 3 semaines d'implantation, on trouve une concentration de macrophages de 332 cellules/µL alors que le PEbd a une concentration deux fois moindre. Lorsque l'on regarde le nombre de cellules géantes FBGC (Foreign Boby Giant Cell), la tendance se confirme pour les tailles supérieures à 20 noyaux (50% pour le PDMS contre 30% pour le PEbd)[57]. En ce qui concerne le PMMA, Kochounian et al. ont identifié les protéines adsorbées à la surface des implants[58]. In vitro, 6 types de protéines ont été détectées : l'albumine, la fraction C3 du complément, l'Immunoglobuline G, la transferrine, la fibronectine et le fibrinogène/fibrine, les deux dernières étant prédominantes in vivo.

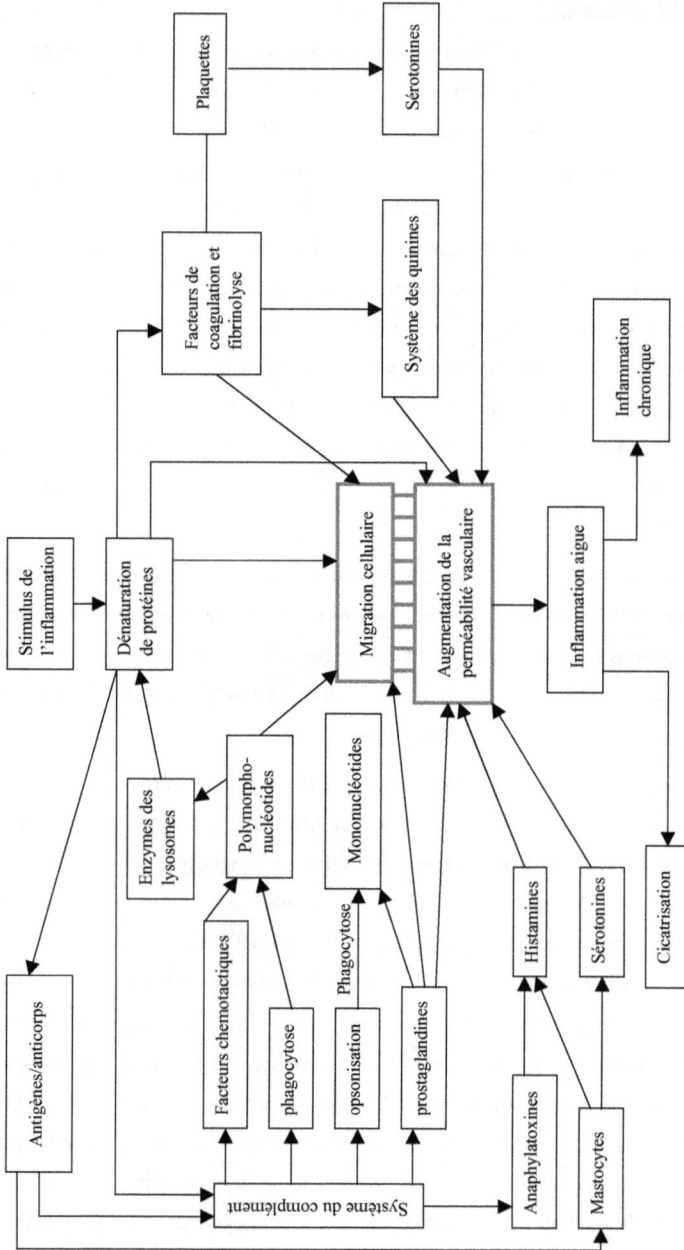

Figure I.13 : *Mécanisme de l'inflammation*[59]

I.2.3   Dépôts cellulaires après implantation

I.2.3.1 Lentilles en PMMA

Il faut noter que la notion de dépôts cellulaires n'est pas synonyme d'échec opératoire car dans les exemples suivants, certains ont été considérés comme des succès. Wolter a mis en évidence grâce à une étude portant sur 200 implants en PMMA, la présence majoritaire de macrophages, de cellules géantes et de cellules d'aspect fibroblastique. Des inflammations ont pu être également observées sur l'iris et les corps ciliaires[60]. Il semblerait que les cellules géantes ne soient en fait que des macrophages ressemblant aux cellules épithéloïdes, leur but étant d'isoler le corps étranger afin d'inhiber la pérennisation des réponses tissulaires. La fibronectine[61] (certainement issue du plasma après rupture de la barrière hémato-oculaire) a également été mise en évidence à la surface d'implants de chambre postérieure[62,63,64], ainsi que la création d'un réseau ou matrice extracellulaire[65] (v. figure I.14). Les techniques actuelles (phakoémulsification) permettent de réduire certaines réactions ou pertes cellulaires issues des contacts entre la face postérieure de la cornée et l'implant[66,67] lors de l'introduction. L'adhésion cellulaire est étroitement liée aux propriétés de surface du matériau telle que son énergie libre d'interface, son énergie de surface ou bien son angle de contact.

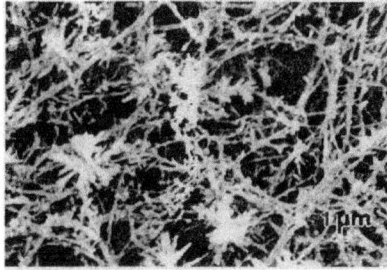

Figure I.14 : *Matrice extracellulaire*

Très récemment, Kwok[68] a réussi à relier des mesures d'angle de contact (θ) avec les tensions superficielles (γ_{SL}, γ_{SV} et γ_{LV} en s'affranchissant des interactions moléculaires entre solide et liquide), et les études de Cunanan[69], Neumann[70], Tamada[71] et de Reich[72] ont montré que plus le matériau est hydrophile (énergie de surface $<5.10^{-3}$ N.m) ou hydrophobe ($>4.10^{-2}$ N.m) et moins l'adhésion cellulaire est importante. Le PMMA possède une valeur de l'angle de contact de 70°, et une énergie libre de surface de 14 ergs/cm^2 ce qui fait de lui un matériau propice à l'adhésion cellulaire et à terme à une réaction inflammatoire et une perte de cellules endothéliales[73]. Il ne faut cependant pas croire que ce simple aspect de surface soit responsable car pour des implants plus hydrophobes ou plus hydrophiles, des cas d'opacification capsulaire postérieure ont été observés. L'adhésion des cellules épithéliales cristalliniennes a été identifiée in vitro chez l'homme[74,75] pour des cas d'OCP dus à la formation de perles d'Elschnig, soit à partir des cellules cuboïdes antérieures subissant une métaplasie fibreuse[76], soit par prolifération des cellules épithéliales équatoriales.

I.2.3.2 Lentilles souples en silicones

Depuis 1984, les études réalisées sur l'adhésion cellulaire par Mazzocco[77] tendent à prouver que la tolérance pour les implants silicones est proche de celle des implants en PMMA. Mondino a même identifié l'activation du complément pour le PMMA alors qu'elle est absente chez les silicones[78]. Menapace[79] et Kulnig[80] n'ont pas trouvé de différence concernant le nombre et le type de dépôts cellulaires entre le PMMA et le silicone. Pour ces auteurs la prévalence de dépôts cellulaires n'est pas directement liée à la nature du matériau utilisé ou à la chirurgie mais plutôt à des réactions inflammatoires post-opératoires. Pour s'en assurer, Okada[81] a même réalisé des implants moitié silicone, moitié PMMA pour s'affranchir de la qualité de la chirurgie et un recouvrement cellulaire inférieur a été détecté pour la moitié en silicone. Les mêmes observations sont faites chez le singe[82] et le chat[83]. Bon nombre d'études confirment que les implants silicones ont une bonne tolérance de la part de l'œil. A part Cusumano qui montre une prolifération bactérienne de staphylocoques coagulase-négatifs très forte[84] (580 bactéries pour les implants siliconés, 110 pour les hydrogels et 18 pour le PMMA v. figure I.15), il semble que les problèmes d'adhésion cellulaire et d'OCP surviennent bien après l'implantation et soient dus à la géométrie de l'implant. Les lentilles silicones monobloc à haptiques plates ayant un très faible contact entre la capsule postérieure et l'implant entraîneraient moins de fibroses et d'OCP[85].

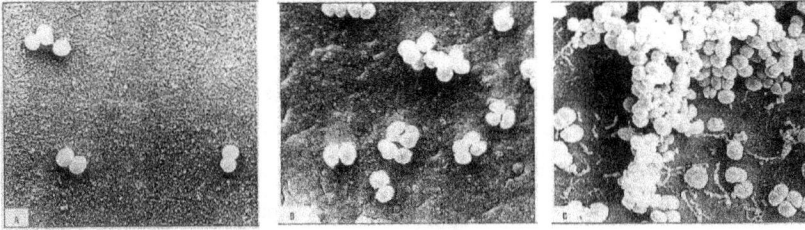

A : PMMA, B : hydrogel, C : silicone

Figure I.15 : *Croissance cellulaire de Staphylocoques coagulase-négatifs*

I.2.3.3 Implants souples acryliques

I.2.3.3.a   Hydrogels

Comme cela s'est produit pour les implants silicones, les premiers designs ne permettaient pas une totale tolérance de ces lentilles. Une optique large et épaisse entraînait un contact fréquent entre l'iris et la capsule antérieure augmentant ainsi les cas de fibroses et de synéchies iridocapsulaires[86]. La Food and Drug Administration (FDA) a même interdit l'utilisation de certains implants victimes de luxation postérieure dans le vitré pendant une capsulotomie au laser Nd : YAG[87].

Cependant, les études sur l'adhésion bactérienne semblent montrer que l'adhérence de staphylococcus epidermidis diminuerait avec l'augmentation du contenu d'HEMA dans le matériau[88,89]. Power[22] lors de tests in vitro a montré que les hydrogels suscitaient moins d'adhésion cellulaire de la part des cellules épithéliales cristalliniennes humaines, porcines et bovines[90] ainsi que pour les fibroblastes, les monocytes et les plaquettes[91]. Les cellules géantes sont également en faible nombre (9% des implants en PHEMA)[92]. Les différents hydrogels disponibles actuellement sur le marché (Hydroview de Storz, l'EasAcryl de Chiron Vision, l'Akreos Disc et First de Chauvin, l'Haptibag et le Stabibagâ de Ioltech, le ACR 6D, le ACR6 et le M1050 de Corneal, le Memorylens de ORC et les séries PC de Alcon) ont tous en commun une faible adhésion (aux instruments également) conduisant à un recouvrement de l'acuité visuelle rapide, des taux d'OCP assez bas et un astigmatisme induit post-opératoire inférieur au PMMA.

I.2.3.3.b   Acryliques hydrophobes

Peu d'implants acryliques hydrophobes sont actuellement disponibles malgré des propriétés optiques et mécaniques très bonnes. En effet, c'est dans cette famille que l'on trouve les implants à haut indice de réfraction (1,55). Nous n'avons pas encore le recul nécessaire pour interpréter les résultats des études mais il semble que les Acrysof® (premier implant disponible) jouissent d'une grande popularité tant au niveau des chirurgiens qu'au niveau des patients. Ces nouveaux implants pliables sont de forme différente de celle des implants silicones de type navette ce qui permet de les insérer dans le sulcus, autorisant ainsi un capsulorhexis régulier et laissant un sac capsulaire intact. Les récentes avancées des implants concernent leur géométrie (tous les implants actuels sont biconvexes[93]) et on observe chez certaines familles des technologies à bords carrés dites « square edge » ou « sharp edge ».

Figure I.16 : *Technologie Square Edge[94]*

Celle-ci semble être responsable de la non-prolifération cellulaire procurant un obstacle mécanique au passage des cellules épithéliales équatoriales notamment et évitant ainsi leur prolifération et une OCP (concept « no space, no cells »). Un autre développement est l'utilisation d'anneaux toriques afin d'encercler la capsule et d'empêcher toute migration mais les études montrent qu'il est très difficile d'arrêter mécaniquement la migration cellulaire[95]. Ces développements récents touchent aujourd'hui les implants acryliques souples hydrophobes comme les silicones[96].

Grâce à leurs propriétés optiques, mécaniques ou chimiques, on voit que les implants possèdent une nature leur conférant un faible taux de rejet de la part du corps humain et induisant peu d'OCP. Une hydrophilie conséquente aide à la non adhésion des cellules, les matériaux siloxanes retrouvent leur forme originelle très rapidement et les acryliques hydrophobes, de faible taille grâce à leur haut indice de réfraction, nécessitent de très petites incisions diminuant les complications post-opératoires. D'autres études parallèles sont menées pour augmenter la biocompatibilité des implants. Le chapitre suivant est dédié à ces études et aux développements de modification de surface.

Chapitre I.3 : Modification de surface

I.3.1 Libération contrôlée de principes actifs

L'utilisation de films polymères pour délivrer des médications ophtalmiques a été rapporté dès 1948 (Pharmacopée britannique) où une structure lamellaire contenant de l'atropine était destinée à être mise sous la paupière. Cette même approche a été revisitée en 1966 avec des disques en polyacétate de vinyle (PVA) imbibés de pilocarpine. Ces thérapies ont pour objet de réduire la pression intraoculaire[97]. Maichuk utilisa une forme moins soluble de PVA pour délivrer des tétracyclines et engendrer une concentration d'antibiotiques 65 fois supérieure à celle d'une solution huileuse à 1% (technique alors utilisée) dans le cul-de-sac[98]. De nombreux systèmes à libération contrôlée hydrosolubles sont développés pour relarguer pendant 12 heures une médication imprégnée dans la matrice[99]. En 1978, Bloomfield utilise du collagène succinilé contenant une enzyme pour soigner des infections oculaires[100]. De nombreuses études ont ensuite été faites pour comparer l'efficacité de ces polymères relargants et mesurer leur biodisponibilité (aptitude à délivrer la médication à sa destination finale)[101]. Pour tous les dosages étudiés, l'accessibilité de la pilocarpine est 8 fois supérieure avec un film relargant qu'avec une médication administrée en goutte. Les polycyanoacrylates possèdent la particularité de pouvoir être synthétisés sous la forme de nanoparticules[102] poreuses dégradées en milieu physiologique (région précornéenne[103]). Ce procédé fait appel à un polymérisation de type anionique en présence d'un stabilisateur stérique (dextran, émulsifiants non-ioniques « poloxamères » POE-POP ou tweens polysorbates»[104], ou β-cyclodextrines)[105]. Ainsi, plusieurs agents cytotoxiques telles que l'astinomycine D et l'adriamycine, ou encore l'insuline, la fluorescéine et la daunorubicine peuvent être relarguées par ces nanoparticules. Li[106] a créé des modèles d'encapsulation lipo-solubles pour le relargage de progestérone mais dans tous les cas, il y a une dépendance entre la charge effective (ainsi que leur pH ou pKa) des drogues fixées à la surface du polymère et leur vitesse de relargage[107,108]. Ainsi, Pharmacia AB a breveté un implant contenant de la daunorubicine tout en indiquant que la matrice polymère doit être chargée négativement[109]. De même, Pouliquen[110] utilise un polytétrafluoroéthylène poreux contenant du collagène en remplacement de la cornée (kératoprothèse).

L'essentiel des polymères utilisés pour le relargage et l'administration de médicaments sont dégradés. Des polyesters branchés avec des polyols[111], des polyamides (ou plutôt des polyacides aminés) encapsulant du collagène ou de l'albumine[112], des polyphosphoesters pour la relargage de cortisone[113], les polyphosphazènes pour les stéroïdes et les agents anti-inflammatoires[114]. Pour les implants intraoculaires, une dégradation est évidemment proscrite car une altération de surface peut modifier ses propriétés optiques. D'autres techniques sont donc nécessaires afin d'augmenter la biocompatibilité du matériau soit en lui intégrant un médicament soit en lui greffant une molécule active. Ces réactions sont appelés modifications ou traitements de surface[115].

I.3.2   Modifications de surface

La prévention médicamenteuse de la cataracte secondaire est une voie intéressante. Les agents pharmacologiques testés sont des solutés tels que la colchicine[116], le 5-fluorouracile[117] (antimitotique) ou le taxol[118] (anticancéreux). (v.figure I.17).

Mais la colchicine qui est un puissant inhibiteur de prolifération et de migration de cellules épithéliales semble présenter un effet toxique sur le nerf optique, alors que les deux autres agents réduisent de façon conséquente les cas d'OCP sans complication et des études sont menées pour optimiser leur dosage. Le traitement direct de la capsule postérieure est également envisageable pour prévenir la cataracte secondaire[119]. Ce traitement consiste à lier chimiquement un revêtement polymère (par des groupes actifs tels que les acides carboxyliques, les époxydes, les hydroxyles…) sur la capsule postérieure fonctionnalisée par des fonctions carboxyliques, amines, alcools ou thiols des protéines qui la compose. De cette manière, au contact de la capsule modifiée, les cellules épithéliales changent de morphologie et passent d'une forme polygonale à une forme ronde qui empêche toute adhésion.

Nous avons vu que des substances pouvaient jouer un rôle antimitotique (inhibant la division cellulaire) et que des études envisageaient même de revêtir la capsule postérieure. Sont apparues alors des études de greffage chimique non pas sur la capsule mais sur les polymères, la nature de leur surface étant jugée comme primordiale pour l'adsorption des protéines[120]. On distingue trois grandes classes de traitements de surface :

- le greffage par accrochage de nouvelles molécules,

- le recouvrement par dépôt non greffé,

- et le traitement de surface proprement dit.

Ces modifications chimiques correspondent à des quantités greffées infimes, et les techniques utilisées pour la détection sont des instruments donnant une information à l'échelle moléculaire (Spectroscopie InfraRouge de surface, mesure de l'angle de contact, XPS, SIMS, AUGER…).

I.3.2.1 Greffage de nouvelles molécules

I.3.2.1.a   Cas du PMMA

Greenberg[121], Sterling[122] et Hanssen[123] ont montré que des cellules épithéliales poussaient anormalement à la surface d'implants en PMMA menant à son opacification. Le greffage de molécules fonctionnelles naturelles et la modification de l'hydrophilie ou de l'hydrophobie de la surface ont ainsi été réalisés. Nous avons vu au chapitre 2 que les hydrogels possédaient de bonnes propriétés de non adhésion du fait de leur forte hydrophilie.

❖ _Collagène_

Les exemples de greffage de collagène sur le PMMA sont nombreux[124]. La principale raison à cela est la nature de la capsule postérieure. Elle est en fait constituée principalement de collagène de type IV et certains auteurs s'accordent à penser qu'un greffage de surface par du collagène augmenterait la compatibilité de l'implant vis-à-vis de la capsule. Si l'adhérence de l'implant est bonne sur le collagène, il est envisageable d'imaginer un décentrement réduit de la lentille[125]. Le premier schéma (figure I.17) correspond à la fixation de groupements amines par aminolyse (réalisée à l'aide de la N-lithioéthylènediamine) du PMMA puis par greffage du collagène via l'utilisation d'un diisocyanate. Le second caractérise la fixation d'un copolymère acide acrylique-acrylamide sur du PMMA puis le greffage du collagène sur les nouvelles fonctions carboxyliques introduites (figure I.18).

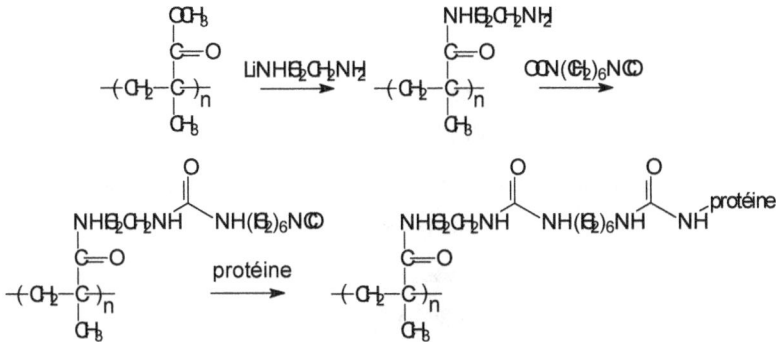

Figure I.17 : *Immobilisation du collagène sur du PMMA via des fonctions amines*

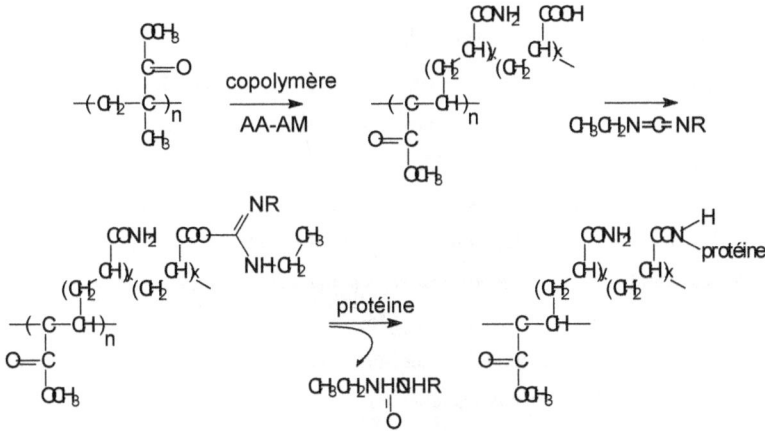

Figure I.18 : *Immobilisation du collagène sur le PMMA via des fonctions carboxyliques*

Les études ont montré qu'il y avait changement de conformation du collagène I lors du greffage via les fonctions amines (perte de la structure polygonale du réseau cellulaire) ce qui induisait un comportement anormal de la part des cellules épithéliales. Pour le greffage via les fonctions carboxyliques, Ishijima et les coauteurs s'accordent à dire que dans ce cas la surface s'apparente plus à un environnement naturel induisant moins de développement anarchique des cellules.

❖ *Héparine*

L'héparinisation[126] des implants en PMMA requiert 5 étapes :

- un traitement à base d'acide sulfurique (H_2SO_4) et de permanganate de potassium ($KMnO_4$) menant à la création de fonctions carbonyle et sulfate,

- une incubation dans la polyéthylèneimine (riche en groupements amines) qui s'accroche à la surface de l'implant,

- une dépolymérisation partielle de l'héparine par l'acide nitreux pour obtenir des groupements aldéhydiques à ses extrémités,

- et enfin la réaction entre les aldéhydes de l'héparine modifiée et les fonctions amines qui recouvrent la PMMA.

Les liaisons covalentes stables sont alors obtenues par réduction avec le cyanoborohydrure de sodium. Ces modifications chimiques permettent d'obtenir une concentration d'héparine de 0,6 mg/cm^2 [127], stable dans le temps puisqu'elle demeure identique après 2 ans d'implantions chez le lapin[128].

La stabilité dans le temps du greffage d'héparine ainsi que son effet non toxique ont été mis en évidence[129]. Les résultats montrent une amélioration de la biocompatibilité par rapport au PMMA non modifié, puisque l'adhésion des cellules épithéliales ainsi que les réactions inflammatoires sont réduites. Pekna a montré que l'activation du complément était diminuée pour les implants héparinés[130], Versura a cultivé des fibroblates, des monocytes et des plaquettes humaines et les meilleurs résultats obtenus le sont pour les implants héparinés[131]. Enfin, Power[132], Cortina[133] puis Milazzo[15] ont démontré une moindre adhésion in vitro des cellules épithéliales. L'effet anti-adhésif semble s'étendre aux bactéries telles que les staphylococcus epidermidis[134], aureus et aeruginosa[135].

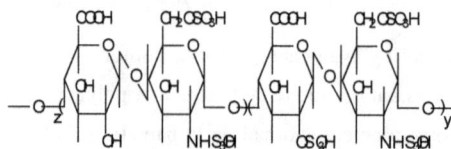

Figure I.19 : *Structure de l'héparine non modifiée*

Il convient de dire que ce traitement d'héparinisation a de très bons résultats, tant sur le plan in vitro qu'en implantation chez l'homme. Borgioli[136], Shah[137] et Amon[138] ont respectivement montré une diminution significative chez des patients sans antécédents du nombre de synéchies postérieures et de cellules géantes, alors que Zetterström[139],

Percival[140] et Lin[141], ont montré une diminution chez des patients présentants des syndromes exfoliatifs, d'uvéite chronique et des patients atteints de glaucome et sujets au diabète.

La remarque négative qui peut être faite pour les implants héparinés est la fragilité de leur surface. Dick[142] s'est aperçu que tous les implants héparinés étaient marqués en surface après manipulation par les instruments.

❖ *Surface passivée*

En 1987, Gupta met au point les « Surface Passivated Intraocular Lenses »[143]. Cette modification des implants se fait en trois étapes :

- fonctionnalisation de la surface par exposition à l'ozone provoquant l'oxydation des couches externes,

- exposition à une atmosphère hydratée pour générer des fonctions hydroxyles,

- trempage dans une solution comprenant des molécules fluorocarbonées - $(CF_2)_n$- avec n allant de 6 à 12. Des agents de liaison sont également présents dans la solution, tels que l'aminoéthyle N-aminopropyl triméthylsilane, le méthanol et l'acide perfluorodécanoïque.

Une couche fluorée est alors chimiquement liée à la surface diminuant l'énergie de surface. Mais très peu d'études démontrent un gain de biocompatibilité. Ainsi, grâce à un modèle endothélien chez le chat, Baleyat observe une moindre adhésion des cellules endothéliales et un traumatisme endothélial inférieur par rapport au PMMA non modifié[144].En revanche, Koch[145], Kochounian[146] et Umezawa[147] n'ont trouvé que très peu de groupements fluorés en surface et aucune différence significative avec les implants PMMA en ce qui concerne l'activation du complément et du flare postopératoire.

D'autres tentatives de revêtement de PMMA ont été réalisées, notamment par greffage de polyoxyde d'éthylène (POE) via des groupements aminés[148]. Cette technique utilise à la fois le traitement plasma pour fonctionnaliser la surface avec des amines et une réaction ultime entre ces fonctions et des groupements aldéhyde d'un POE α,ω-dithioaldéhyde. On peut également trouver des exemples de copolymères ayant des propriétés anti-adhésives ou limitant la prolifération. Par simple copolymérisation avec des monomères fonctionnels, les propriétés de certains polymères sont améliorées. Ainsi un exemple de copolymérisation entre le PMMA et la N-vinyl pyrrolidone (NVP) donne naissance à un matériau pour lequel l'adhésion de cellules fibroblastiques est moindre lorsque le taux de NVP incorporée (autrement dit l'hydrophilie) dans le copolymère augmente[149].

I.3.2.1.b   Cas des implants silicones et des acryliques

Les implants silicones et acryliques peuvent tout aussi bien subir les mêmes modifications de surface. Dans la littérature, on trouve peu d'exemples de greffage sur ces matériaux mais plutôt des exemples de fonctionnalisation par un comonomère (siloxane sulfonate[150]) sans grand succès. Des exemples de greffage chimique utilisant une fonctionnalisation de la surface par l'introduction d'unités chlorométhyle dans un PDMS[151], ou par l'utilisation conjointe de PE irradié et greffé par un polyéthylène glycol (PEG) trempé dans l'héparine réduit légèrement les taux de transferrine humaine et les formations de thrombose[152] (figure I.20).

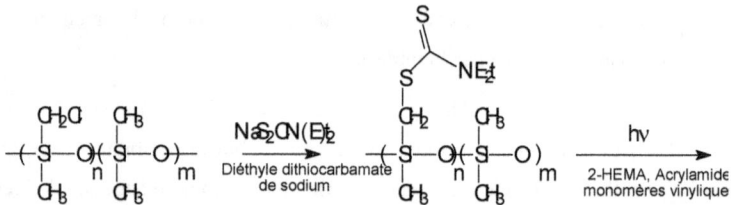

Figure I.20 : Greffage « hydrophile » sur un PDMS fonctionnalisé

Dans ce cas, pour former le copolymère qui va être ensuite modifié, il est nécessaire de polymériser un monomère fonctionnel, le chlorométhyl heptaméthyl cyclotétrasiloxane. L'irradiation finale et le trempage dans une solution de monomère permettent de lier un polymère hydrophile (dans le cas de l'HEMA, de la N-vinyl pyrrolidone...) transformant les propriétés de ce copolymère siloxanique.

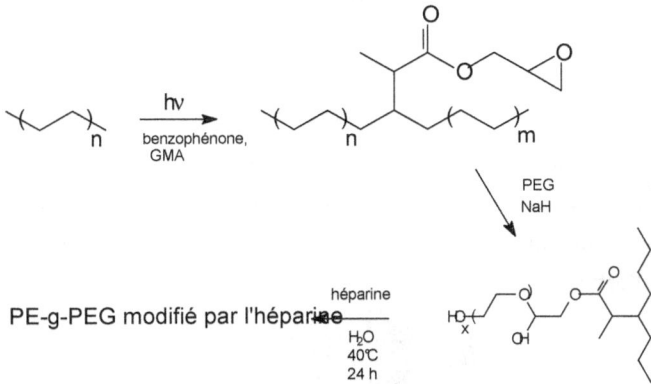

Figure I.21 : *Modification à l'héparine d'un PE greffé PEG*

On peut aussi citer Bausch & Lomb qui commercialise un implant hépariné et Staar un implant « Collamer » avec du collagène (figure I.22). Un greffage prometteur est celui de la polymérisation autooxydante d'épinéphrine à l'intérieur d'une matrice de polyHEMA qui génère la synthèse de mélanine toxique pour les cellules épithéliales. De très bons résultats ont été obtenus in vitro mais l'évaluation in vivo n'est pas encore connue[153].

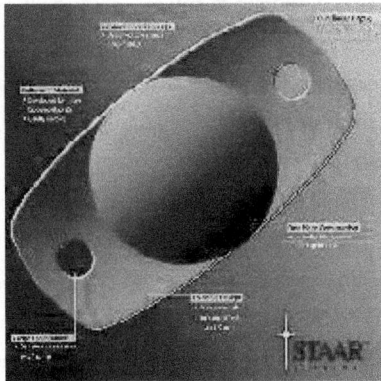

Figure I.22 : *Implant Collamer® (silicone greffé collagène)[154]*

I.3.2.2 Recouvrement par un dépôt non greffé

L'intérêt du recouvrement par un dépôt non greffé réside dans la simplicité de l'opération. Celle-ci nécessite une seule étape dite de « trempage ». Dans ce cas, on réduit au maximum le nombre de modifications chimiques altérant la qualité du matériau. L'inconvénient majeur de cette technique est que le dépôt n'est pas chimiquement lié à la matrice originelle qui peut avoir des comportements mécaniques très éloignés de ceux de la couche pouvant atteindre plusieurs dizaines de microns.

Le cas des implants téflonés est la référence des dépôts non greffés. Les implants sont recouverts de téflon amorphe transparent (Téflon AF)[155]. Le caractère très hydrophobe du matériau est visible sur la figure I.23 (goutte d'eau ne mouillant pas la surface de l'optique)[156].

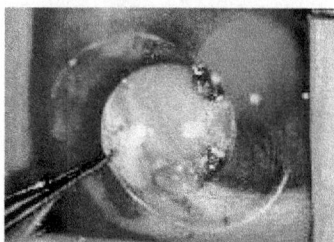

Figure I.23 : *Implant téfloné*

Il s'agit du premier téflon amorphe soluble dans les solvants fluorocarbonés. Une étape de trempage dans une solution de Téflon AF (dilué dans l'octane fluoré C_8H_{18}) puis un séchage sous vide à 37°C[157] évaporant le solvant, permettent de pourvoir la matériau d'une hydrophobie importante. Il en résulte un nombre significativement inférieur de dépôts cellulaires[158] et même aucune synéchie entre l'iris et les implants. Un modèle endothélial montre également une moindre adhésion des cellules endothéliales sur les implants téflonés[159]. Un autre exemple est le recouvrement d'un implant par une solution à 2% d'hydroxypropyl methylcellulose (HMPC)[160] pendant l'opération. Il s'agit de remplir la chambre postérieure d'une solution de HMPC puis d'insérer l'implant. Les résultats sont favorables (3% pour les implants modifiés contre 33% pour les implants non modifiés des yeux implantés ont présenté des cas d'uvéite fibreuse) et montrent que l'HMPC permet de réduire considérablement les inflammations post-opératoires.

I.3.2.3 Traitements de surface

Leur but est de créer de nouvelles fonctions chimiques à la surface du support (implant ou biomatériau), utilisées pour conférer des propriétés supplémentaires à la surface, telles que la rugosité ou la glissance, l'hydrophilie ou l'hydrophobie, la dureté ou la souplesse…Les principales techniques qui permettent cette modification de surface sont :

- les techniques chimiques (oxydation chromique, exposition à l'ozone),

- le flammage,

- les rayonnements lumineux, ionisants, plasmagènes ou à décharge couronne.

Ces traitements modifient les couches externes du matériau (dizaines de nanomètres) ce qui entraîne une transformation sélective externe du matériau sans perte des propriétés intrinsèques de la matrice[161]. Elles se généralisent notamment pour les expositions à un rayonnement plasmagène. En effet, une grande variété de gaz plasmagènes est disponible (O_2, H_2, NH_3, CF_4…) ce qui ouvre le champ à bon nombre de modifications de surface (v. chapitre 4 sur les réactions plasma).

Les plasmas froids (350°C) à basse pression (quelques Pa) se développent intensivement car de nouveaux réacteurs permettent de traiter différentes formes de matériau (films, poudres, disques, billes…) et les gaz utilisés peuvent être polymérisables ou non polymérisables. On assiste à un transfert des modifications par recouvrement ou par greffage vers ces techniques « plasma » car un choix ciblé du gaz permet de mimer les propriétés anti-adhésives du Téflon AF (CF_4, CF_3H, CF_3Cl…) ou celle de l'hydrophilie des hydrogels (mélanges oxydants).

L'étude d'Eloy[162] indique que des implants PMMA « plasmagénés » CF_4 possèdent de nouvelles fonctions fluorées en surface (-CF_2- et -CF_3) réduisant l'adhésion des granulocytes humains et leur activation. En 1988, Chasset[163] détermine les épaisseurs modifiées en mesurant leur influence sur la force tangentielle de frottement. Pour les mêmes gaz que cités précédemment et SF_6, la teneur en fluor devient nulle au-delà de 10 nm. Les autres gaz testés (C_2F_4, $C_2H_2F_2$ et C_3F_6) ont mené à une fluoration par dépôt d'un film de 1µm. La modification par plasma CF_4 a été testée sur des implants destinés à l'aphakie pédiatrique et les réactions cicatricielles ont été moindres[164].

Des implants silicones ont également fait l'étude de traitement plasma. Hettlich[165] puis Hesse[166] ont exposé des implants Adatomed 90D au dioxygène (O_2) et au dioxyde de soufre (SO_2). Pour ce qui est de la première étude, aucun effet cytotoxique (antimitotique par exemple) n'a été constaté ; cependant un taux moins élevé de synéchies postérieures induites est apparu avec les implants traités. Pour la seconde, seules les haptiques ont été traitées et une réduction significative de la pression intraoculaire dans l'axe de l'œil a été observée. L'optique n'ayant pas été modifiée, Hesse en a déduit que l'augmentation de l'hydrophilie du matériau était responsable de cette baisse.

Très utilisé en mécanique et en aéronautique ces 20 dernières années (durcissement de pièces de voiture ou d'avion par plasma O_2), l'apparition du plasma en médecine peut en revanche étonner. De nos jours de nombreuses prothèses sont modifiées pour augmenter leur biocompatibilité (hanche, fémur…). Des réseaux poreux sont traités pour accentuer l'hydrophilie des pores et ainsi favoriser l'angiogénèse. Il est donc important de donner quelques notions sur ces techniques et de voir pourquoi elles sont en vogue. Le chapitre suivant leur est dédié.

Conclusion : Contour de notre étude et choix du système

L'étude bibliographique montre que trois familles de matériaux coexistent sur le marché des implants intraoculaires. Dans un premier temps, les matériaux méthacryliques qui ont été les premiers à être implanter chez l'homme, puis dans un deuxième, les silicones qui sont très connus et utilisés pour leur élasticité. Enfin, la troisième famille, celle des matériaux acryliques (hydrophiles et hydrophobes) dont l'intérêt est croissant grâce aux propriétés optiques mais aussi mécaniques qu'ils possèdent. Ce sont ces derniers matériaux à hauts indices de réfraction qui ont retenu notre attention. En effet, de très nombreuses formulations sont envisageables car les monomères acryliques sont facilement modifiables et leur copolymérisation permet d'incorporer les propriétés optiques et mécaniques souhaitées.

L'existence de travaux précédents au laboratoire sur la polymérisation en solution de copolymères méthacryliques, transparents, ayant de bonnes propriétés mécaniques nous a fait envisager d'utiliser ce type de matériau pour les applications ophtalmologiques. Ces matériaux issus de la copolymérisation du méthacrylate de méthyle (MAM) et de l'acrylate de butyle (ABu) qui réticulables à froid par ajout de monomère fonctionnel, devraient pouvoir être obtenus par transposition au procédé en masse. Nous devrons également trouver un bon compromis entre les unités acryliques et méthacryliques afin que les propriétés physico-chimiques et l'homogénéité dans la masse soient respectées.

En ce qui concerne les matériaux existants, les formulations sont de plus en plus complexes afin que les matériaux répondent favorablement aux hauts indices de réfraction et aux contraintes que les chirurgiens leur font subir lors de l'implantation. Ainsi, nous trouvons des monomères renfermant des cycles aromatiques pour l'indice et des chaînes pendantes plus ou moins longues pour assurer des températures de transition vitreuses faibles. L'Acrysof®, implant leader sur le marché des acryliques hydrophobes est composé d'acrylate et de méthacrylate d'éthylphényle procurant au matériau un indice supérieur à 1,55 et une température de transition vitreuse aux alentours de 15°C.

Notre stratégie est donc de tester l'applicabilité des copolymères statistiques [MAM-*co*-ABu] préparés par procédé masse, en étudiant les paramètres menant à leur synthèse (type d'amorçage, moyen de production, composition, recette de cuisson...), puis d'envisager l'évolution du matériau par incorporation de monomères fonctionnels pouvant faire de nos copolymères des implants à indice de réfraction élevé, et de bons éléments pour la réduction du nombre de traumatismes per- et post-opératoires et d'opacifications de la capsule postérieure (entre autres).

Pour cela, nous devrons élaborer une méthode de moulage des lentilles afin de pouvoir réaliser les polymérisations en masse sans évaporation des monomères, puis d'étudier la synthèse de disques de polymère (type d'amorçage, compositions, purifications des matériaux). Dans une seconde étape, nous tenterons d'incorporer dans la masse des monomères fonctionnels afin d'accroître les propriétés optiques, et/ou de greffer des molécules bioactives à la surface des implants pour diminuer l'adhésion cellulaire, et limiter ainsi les risques de cataracte secondaire. Enfin, nous devrons réaliser des implantations in vivo pour déterminer le caractère biocompatible des matériaux bruts et fonctionnalisés.

PARTIE II : REALISATION D'IMPLANTS MOULES EN COPOLYMERES STATISTIQUES DE POLY(MAM-co-ABU)

Le but de notre étude est la réalisation à moindre coûts de polymères à usage ophtalmologique (lentilles intraoculaires LIO). De nos jours, les techniques utilisées industriellement permettent d'atteindre cet objectif par production d'implants de géométrie bien définie dans des moules à usage unique ou encore par synthèse d'un barreau de polymère usinable à froid par cryousinage. Cette dernière se généralise d'ailleurs de plus en plus car elle permet de façonner la géométrie des lentilles (dyoptries, modèles…) selon les besoins des chirurgiens et de la demande du marché.

Nous allons donc discuter dans cette partie de la possibilité de synthétiser en masse nos copolymères par polymérisation thermique dans des moules initialement prévus pour la réalisation de lentilles oculaires, puis par production d'un barreau de polymère réalisable grâce à un amorçage thermique ou photochimique.

Nous étudierons les limites de chaque technique et nous déduirons quel procédé est le plus approprié à la synthèse de copolymères MAM-ABu en fonction des propriétés physico-chimiques attendues (angle de contact, conversion, aspect des pièces…).

Chapitre II.1 : Choix de la technique de polymérisation

Comme nous venons de le discuter dans l'introduction, l'objectif premier de cette étude est la réalisation à moindres coûts de matériaux utilisables en ophtalmologie pour la réalisation de lentilles intraoculaires. Deux choix s'offrent à nous dans la mesure où la synthèse peut s'effectuer soit dans des moules en polypropylène (noirs et opaques), soit dans des tubes creux en polypropylène translucides laissant passer le rayonnement UV notamment.

Il est donc essentiel d'évaluer l'aptitude des monomères à copolymériser suivant les deux techniques. Mais dans un premier temps, quels renseignements avons-nous quant à la copolymérisation du MAM et de l'ABu en ce qui concerne la cinétique et la réactivité des monomères.

II.1.1 Copolymérisation du MAM et de l'ABu

Dans la littérature quelques valeurs des rapports de réactivité entre le méthacrylate de méthyle et l'acrylate de butyle sont disponibles.

	r_{MAM}	r_{ABu}
Rapports de réactivité	$2,30^{167}$	0,23
	$2,75^{168}$	0,105
	$1,8^{169}$	0,37
	$1,74^{170}$	0,2

Tableau II.1 : *Rapports de réactivité entre le MAM et l'ABu*

Les deux premiers couples de rapports sont légèrement différents l'un de l'autre et ils ne nous intéressent pas car ils correspondent à une polymérisation en émulsion à 50°C pour le premier cas, et à une polymérisation amorcée par le peroxyde d'hydrogène dans l'éthanol sous rayonnement UV à 254 nm pour le second. En revanche, les deux derniers cas relatent des polymérisations en masse amorcées par le 2,2'-azobisisobutyronitrile à 60°C ce qui se rapprochent fortement du procédé de polymérisation que l'on souhaite utiliser (polymérisation en masse, température comprise entre 50 et 80°C, amorçage radicalaire thermique ou photochimique). Nous allons étudier les courbes de composition et voir l'évolution de la composition des chaînes pour ces valeurs. Par soucis de clarté, nous ne retiendrons que le couple de rapports (r_{MAM}=1,74 et r_{ABu}=0,2).

II.1.2   Courbes de compositions

Les courbes de compositions (voire Partie III) font apparaître les fractions des monomères incorporées dans les copolymères. Nous en déduisons l'enchaînement des différentes unités monomères en fonction de la conversion. Cette évolution nous permet de voir d'une part que le début de la cinétique de copolymérisation est gouvernée par la réactivité et l'incorporation préférentielle du méthacrylate de méthyle alors que la fin de la cinétique est gouvernée par celle de l'acrylate de butyle. L'exemple ci-dessous est celui d'un *mélange molaire à 46% en MAM et 54% en ABu (mélange massique à 40% en MAM)*.

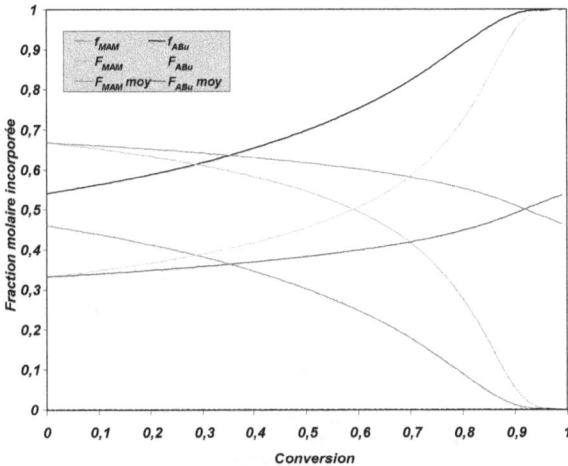

Evolution de la composition du copolymère et des triades en fonction de la conversion

(f et F :fractions dans le mélange et le copolymère)

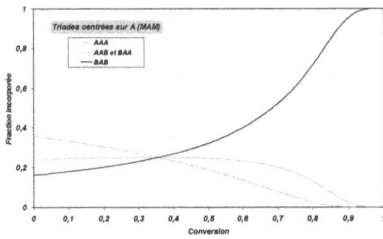

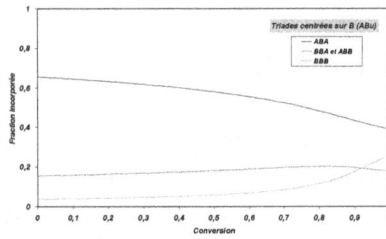

Figure II.1 : *Composition du copolymère en fonction de la conversion*

Il n'est donc pas étonnant d'avoir des chaînes de composition différentes en début et en fin de polymérisation. Malgré ces variations de composition, la copolymérisation est aisée mais le choix du mode d'amorçage est très important. Comme il est dit dans l'introduction de cette partie, les techniques de moulage et de cryousinage sont les plus utilisées actuellement car elles permettent de produire à moindre coûts un grand nombre d'implants. Il nous reste donc à tester l'efficacité de l'amorçage thermique et photochimique pour la famille des copolymères MAM-ABu. Une étude préalable a tout de même été réalisée afin de limiter les mélanges de monomères.

II.I.2.1   *Choix de la formulation*

Plusieurs mélanges de comonomères ont été testés pour déterminer la composition la plus adéquate pour la réalisation d'implants pliables à température ambiante. Ces polymérisations ont été effectuées à 80°C en masse dans un ballon en utilisant l'AIBN comme amorceur (2g pour 100g de réactifs). La figure II.2 illustre l'évolution de la Tg (mesurée en D.S.C.) des mélanges.

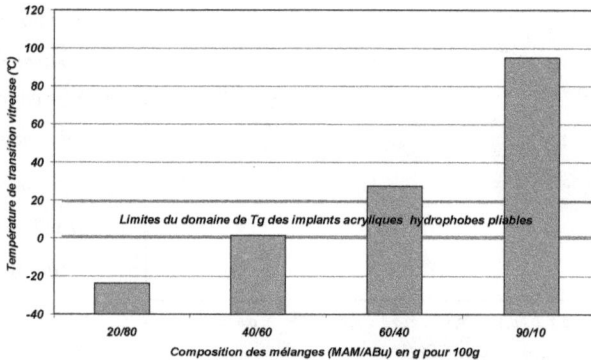

Figure II.2 : *Influence de la composition sur la température de transition vitreuse*

En utilisant l'équation de Fox-Flory ($\frac{1}{T_g} = \sum_i w_i \times T_{gi}$ où w_i représente la fraction massique des comonomères et T_{gi} la température de transition vitreuse des homopolymères respectifs 373K pour le PMMA et 225K pour le PABu), nous avons déterminé les fractions massiques de MAM et d'ABu incorporées dans le copolymère.

Mélanges MAM-ABu	20/80	40/60	60/40	90/10
Fractions massiques déduites	24/76	45/55	63/37	98/2

Tableau II.2 : *Fractions massiques incorporées dans les copolymères*

Nous pouvons noter un léger écart entre les valeurs expérimentales et théoriques qui s'explique par une polymérisation n'atteignant pas 100% (environ 97%). Cet écart est responsable de cette variation car nous venons de voir qu'il y a une incorporation préférentielle du MAM en début de polymérisation. Ces tests nous ont montré qu'il est aisé de jouer sur la composition et nous ont conduit à retenir un mélange de monomères MAM et ABu équivalent à une température de transition vitreuse du matériau final de 0°C (40g pour 100g ou 46% en mol de MAM et 60g pour 100g ou 54% en mol d'ABu), pour obtenir un matériau pliable à température ambiante ayant une réponse élastique suffisante pour que le matériau se déplie dans des délais raisonnables (de l'ordre de la minute).

II.1.3 Amorçage thermique

Afin de polymériser des solutions de MAM et d'ABu, nous avons testé l'amorçage thermique par divers amorceurs azoïques et peroxydiques à diverses températures. Pour se faire, nous avons utilisé dans un premier temps des moules en polypropylène opaques initialement utilisés par Essilor pour la réalisation de lentilles oculaires. Dans une deuxième étape, nous avons testé l'efficacité d'un amorçage thermique dans un tube transparent en verre . Des problèmes liés à l'évaporation des monomères, à la coloration des matériaux et à la dégradation des moules nous ont amenés à faire évoluer la technique de moulage dont voici les différentes versions.

II.1.3.1   Mise au point des moules de polymérisations

Avec l'aide des équipes du bureau d'étude de la société F.C.I. de Besançon, nous avons mis au point une technique de polymérisation à partir de simples moules en polypropylène fabriqués par Essilor pour le moulage de lentilles oculaires. Ces moules ont été pourvus de deux orifices afin de pouvoir remplir le moule de la solution à polymériser et d'évacuer l'air contenu à l'intérieur.

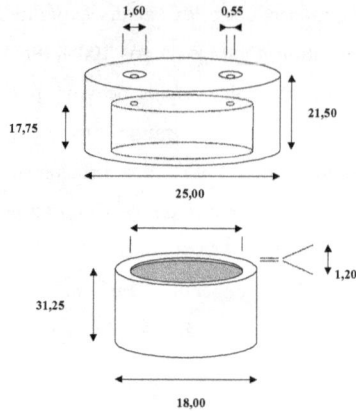

Figure II.3 : *Moules en polypropylène (les côtes sont données en mm)*

Le remplissage est effectué à l'aide d'une seringue jusqu'à évacuation complète de l'air, puis les moules sont disposés dans une étuve thermostatée pendant 3 heures. Malgré des températures basses de polymérisation (60 à 80°C), les pièces ainsi moulées n'ont jamais été complètes car nous n'avons pu empêcher l'évaporation partielle de la solution. Il a donc fallu mettre au point une technique de mise sous pression de la solution afin d'éviter l'ébullition de la solution et son évaporation.

Nous avons alors adapté à notre matériau des ensembles moule-coque en acier inox utilisés initialement pour la production de bouchons méatiques en silicone. La figure ci-dessous illustre la première version des ensembles moule-coque.

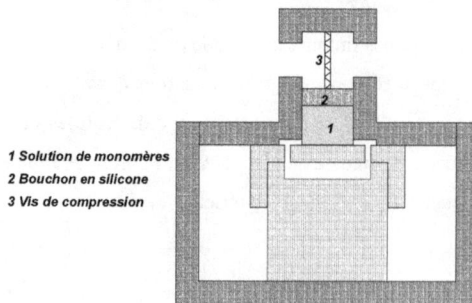

1 Solution de monomères
2 Bouchon en silicone
3 Vis de compression

Figure II.4 : *Coque en acier inox dans laquelle s'insère le moule en PP à 2 orifices*

Pour polymériser les disques, il suffit de centrer le moule en PP dans la partie basse de la coque. Ensuite, la partie haute de la coque est vissée afin de compresser le moule en

PP. La solution à polymériser et un bouchon en silicone sont ensuite positionnés dans la partie haute de l'ensemble moule-coque puis la vis de compression est actionnée. La solution est alors injectée sous pression dans le moule et l'évaporation durant la cuisson est évitée.

Cette technique permet de produire des pièces sans trous à des températures basses ainsi qu'à des températures élevées (110°C). Dans un deuxième temps, nous avons utilisé une version à un seul orifice de l'ensemble moule-coque, pour que l'évacuation de l'air et du « trop-plein » de matière se fasse par les plans de joint et assurent l'étanchéité. A l'aide de ce système, nous pouvons produire des lentilles de 1,2 mm d'épaisseur de manière reproductible, démoulables facilement grâce à la carotte qui permet d'extraire les polymères.

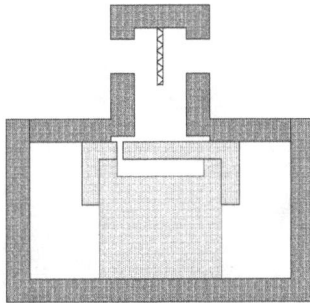

Figure II.5 : *Ensemble moule-coque à un orifice*

Ce type de procédé n'est pas unique pour élaborer des lentilles intraoculaires[171,172,173]. D'autres procédés industriels permettent de fabriquer des barreaux de polymère usinables suivant la technique de « lathe-cut ». Il est également possible d'étirer ou de compresser ces barreaux pour augmenter les propriétés mécaniques[174]. Dans notre cas, les lentilles produites ont la géométrie suivante.

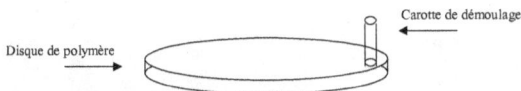

Figure II.6 : *Schéma représentatif des lentilles de polymère*

Nous avons pu alors tester les propriétés optiques et mécaniques (indice de réfraction, module d'élasticité, température de transition vitreuse…) grâce à cette géométrie. Mais comme nous le verrons dans les tests in vivo (partie V), cette forme n'est pas adéquate à une implantation animale. En effet, les lentilles ne possèdent pas d'haptiques (éléments suspenseurs dans la chambre oculaire) ni n'ont la forme de lentilles biconvexes. Une dernière version des moule-coques à 3 pièces totalement en acier a donc été mise au point afin de produire directement des lentilles aux dimensions d'implants sur le modèle des implants 97L de Morcher (figure II.7). Plusieurs tailles d'optique ont été envisagées car elles permettent d'introduire une rigidité supplémentaire de l'implant lorsque celui-ci est très fin (<1mm).

On peut voir sur la figure II.8 que les haptiques en forme d'oreille de cet implant sont rattachées totalement à l'optique faisant de cette lentille un implant navette à haptiques vides. Le remplissage des moules est identique à celui de l'ensemble moule-coque précédemment décrit mais un joint torique a été rajouté à la place du point en silicone afin d'augmenter la compression dans la coque et la probabilité de former des pièces complètes.

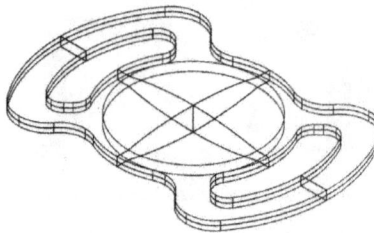

Figure II.7 : *Lentille 97L de Morcher*

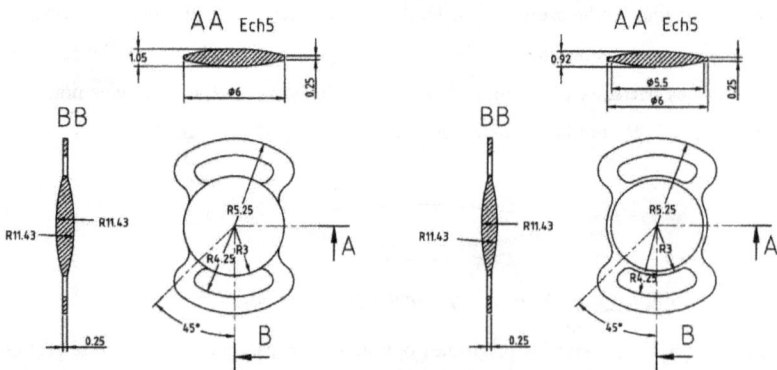

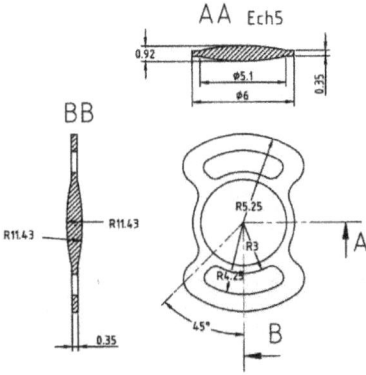

Figure II.8 : *Trois versions d'implants « navette » monoblocs à haptiques vides*

La figure ci-après illustre cette dernière version des moules acier à 3 pièces. Les implants produits sont très collants au moule en acier et leur récupération s'accompagne généralement de leur déchirement. De plus, la géométrie « implant navette » induit des phénomènes de turbulence lors du remplissage sous pression, notamment au niveau des haptiques et les implants ont été souvent incomplets (bulles dans les haptiques, au niveau des « oreilles »). D'autres essais d'implants monoblocs à oreilles pleines ont été réalisés avec un meilleur succès de remplissage. Les matériaux produits restèrent toutefois collants. L'effet « tack » (lié d'une part à la faible Tg des matériaux et d'autre part à la conversion incomplète) qui se produit avec les polymérisations dans les moules en acier est très important et gêne le démoulage. Nous avons envisagé l'utilisation d'un agent de démoulage mais cela alourdit la technique de polymérisation et introduit des étapes de nettoyage et des risques d'endommagement du poli optique (zone extrêmement fragile de l'optique de l'implant).

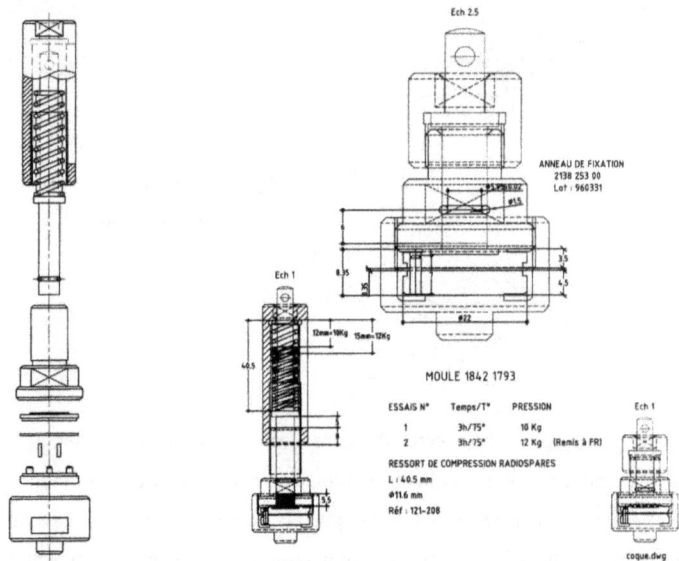

Figure II.9 : *Schéma des moules trois pièces en acier*

Pour l'élaboration directe d'implants avec une géométrie définie et un fini optique, nous avons décidé d'abandonner les moules totalement en acier et de nous en tenir aux ensembles coque-moules à injection par un orifice.

II.1.3.2   *Amorceurs utilisés avec cette technique*

La technique de polymérisation étant au point, nous avons pu tester différents amorceurs. Le domaine d'énergie de liaison de ces molécules doit se situer entre 100 et 170 kJ/mol car des énergies plus élevées ou plus basses engendreraient une décomposition trop rapide ou trop lente de l'amorceur. Les classes de composés correspondant à ce domaine d'énergie de dissociation sont les composés azoïques (-N=N-), peroxydiques (-O-O-), les disulfures (-S-S-) et les alkoxyamines (-N-O-).

Le domaine de température d'utilisation de chaque amorceur est déterminé par sa vitesse de décomposition qui peut être exprimée de manière pratique en terme de temps de « demi-vie de l'amorceur » $t_{1/2}$, défini comme le temps nécessaire pour que la concentration de l'amorceur décroisse de la moitié de sa valeur initiale. Le tableau II.3

présente une liste des temps de demi-vie, à diverses températures, pour certains amorceurs couramment employés.

Amorceur	Demi-vie à[1,2]					
	50°C	60°C	70°C	85°C	100°C	115°C
AIBN	74 h	8,3 h	4,8 h	-	7,2 min	-
POB	-	-	7,3 h	1,4 h	19,8 min	-
POtBu[3]	-	-	-	-	218 h	34 h
V50[4]	122 h	16,6 h	6,6 h	-	-	-
PCCH	4,2 h	1 h	21 min	-	-	-

Tableau II.3 : *Temps de demi-vie de divers amorceurs*

Dans la gamme de température envisagée pour nos polymérisations (60 à 80°C), nous voyons que les $t_{1/2}$ se situent entre 20 minutes et 16 heures suivant la classe d'amorceur ce qui nous permet d'envisager des polymérisations dans la journée voire la demi-journée.

II.1.3.2.a   Amorçage par le 2,2'-azobisisobutyronitrile AIBN

Nous avons dans une première étape copolymérisé le MAM et l'ABu en masse, à partir de mélanges ne contenant pas d'agent de réticulation afin d'injecter les copolymères en CES.

Réactifs	MAM	ABu	AIBN
Quantités (g pour 100g)	39,2	58,8	2
(mol.L^{-1})	3,64	4,77	0,11

Tableau II.4 : *Elaboration de disques en MAM-ABu 40/60 non réticulés*

La polymérisation est effectuée en masse pendant 3 heures à 80°C, dans l'ensemble coque-moule. Le copolymère non réticulé très visqueux est extrait au dichlorométhane puis précipité dans le méthanol. Il est ensuite filtré sur fritté n°4 puis séché au dessicateur. La caractérisation (masses, distribution…) n'est effectuée que dans un souci de comparaison entre les différents modes d'amorçage. Les conversions apparentes

---

[1] D'après Brandrup et Immergut (1989) et Huyser (1970)
[2] Les valeurs de $t_{1/2}$ se rapportent à des solutions d'amorceurs dans le benzène et le toluène
[3] Peroxyde de tert-butyle
[4] 2,2'-azobis(2-amidinopropane) dihydrochloride

(calculées après purification du matériau) observées sont de 94 ± 2%. Nous verrons dans la suite du manuscrit comment les conversions sont calculées.

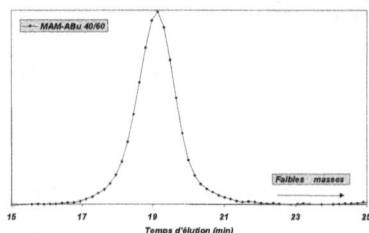

Mn (g/mol)	Mw (g/mol)	Ip
66 000	144 000	2,2

Figure II.10 : *Chromatogramme CES d'un MAM-ABu 40/60 et masses molaires*

Dans la seconde étape de notre étude, nous avons travaillé sur des disques réticulés, les polymères étant destinés à des modifications de surface pour des tests biologiques (in vitro et in vivo). L'agent de réticulation utilisé est l'EGDMA (éthylèneglycol diméthacrylate).

Réactifs	MAM	ABu	AIBN	EGDMA
Quantités (g pour 100g)	38,5	57,5	2	2
(mol.L^{-1})	3,59	4,68	0,11	0,094

Tableau II.5 : *Elaboration de disques en MAM-ABu 40/60 réticulés*

Après 3 heures de polymérisation à 80°C, les disques de polymère sont récupérés très facilement par démoulage des deux parties du moule en PP. Les conversions apparentes obtenues après extraction au soxhlet d'acétone sont de 96% ± 1. Les disques sont nécessairement extraits au soxhlet car cela permet de purifier efficacement les polymères. Les tests de gonflement qui nous permettent de déterminer le solvant adéquat sont détaillés ultérieurement dans le manuscrit.

II.1.3.2.b   Amorçage par le peroxyde de benzoyle POB

Le POB possède une énergie d'activation très légèrement inférieure par rapport à l'AIBN (v. tableau II.6). Ceci peut être un inconvénient car la décomposition de l'amorceur est légèrement facilitée. Nous avons donc réalisé la polymérisation à 75°C.

	$E_d^{\neq}$ (kcal/moL)	k_d (s^{-1}) à 60°C (benzène)
AIBN	30,6	$0,83.10^{-5}$
POB	29,7	$1,85.10^{-5}$

Tableau II.6 : *Données thermodynamiques de l'AIBN et du POB*

Le tableau suivant représente les quantités utilisées :

Réactifs	MAM	ABu	POB	EGDMA
Quantités (g pour 100g)	38,5	57,5	2	2
(mol.L^{-1})	3,59	4,68	0,076	0,094

Tableau II.7 : *Elaboration de disques en MAM-ABu 40/60 réticulés*

Malheureusement, lors du démoulage, les implants se déchirent du fait d'une forte adhérence à l'intérieur du moule. Nous avons donc analysé la surface du moule par FTIR-HATR (v. figure II.11). Pour ce faire nous avons effectué une extraction au soxhlet de dichlorométhane sur le moule afin d'éliminer tous les monomères résiduels et les oligomères solubles. Une fois le moule séché à l'étuve, l'analyse FTIR-HATR révèle sur les parois la présence de bandes de vibration caractéristiques des chaînes de poly(MAM-co-ABu). *L'utilisation de POB a donc pour effet d'induire un greffage sur les surfaces polies des moules en polypropylène.* Cette réaction s'effectue par arrachage d'un hydrogène labile par transfert sur les chaînes de polypropylène suivi d'une polymérisation greffante du MAM et de l'ABu à partir des radicaux créés.

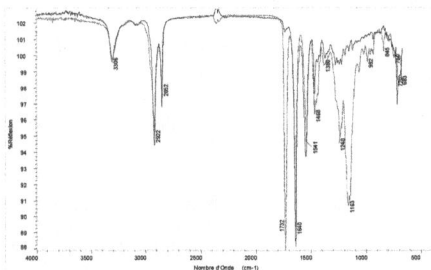

Nombre d'onde (cm$^{-1)}$)	Attribution
2922/2852	ν_{as} et ν_s CH$_2$
1732	ν C=O
1640/1545	ν C=C (vinyl term.)
1467	δ_{as} CH$_3$
1240/1162	ν_s C-O-C

Figure II.11 : *Spectres de la surface d'un moule en PP neuf (noir) et greffé par le copolymère MAM-ABu (rouge)*

L'utilisation du POB est donc proscrite car elle induit un greffage sur la paroi des moules et endommage les surfaces des disques (déchirement lors du démoulage).

II.1.3.2.c   Amorçage par le percarbonate de cyclohéxyle PCCH

Le clivage de la liaison conduit à deux radicaux carbonates, eux-mêmes susceptibles de se décomposer partiellement dans la « cage cinétique », en particulier lorsque la concentration en monomère est (ou est devenue) faible. Cet amorceur se décompose plus rapidement que l'AIBN ou le POB.

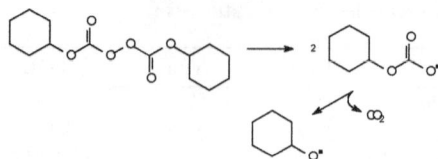

Figure II.12 : *Schéma de décomposition du percarboante de cyclohéxyle PCCH*

Cet amorceur est utilisé lorsque l'on souhaite effectuer des polymérisations à faibles températures. En comparaison, à 70°C dans le chlorobenzène, la constante de dissociation est $k_d=1,35.10^{-5}$ s^{-1} pour le POB et $7,45.10^{-4}$ s^{-1} pour le percarbonate de cyclohexyle[175], ce qui montre que la décomposition du PCCH est environ 50 fois plus rapide que celle du POB. C'est pourquoi nous avons utilisé le PCCH avec les quantités suivantes à 70°C pendant 3h (au lieu de 80°C avec l'AIBN).

Réactifs	MAM	ABu	PCCH	EGDMA
Quantités (g pour 100g)	38,4	57,5	2	2
(mol.L^{-1})	3,58	4,68	0,069	0,095

Tableau II.8 : *Elaboration de disques en MAM-ABu 40/60 réticulés*

Cette fois, les disques se démoulent sans détérioration des parois du moule. Etant données les propriétés d'amorçage à faible température du PCCH, des polymérisations ont été effectuées à 60°C procurant des disques également pleins et facilement démoulables. Les analyses FTIR-HATR de surface des moules en polypropylène montrent que les radicaux issus de la décomposition du percarbonate sont inertes vis-à-vis du polypropylène. Les conversions apparentes obtenues après extraction au soxhlet d'acétone sont de 97 ± 1%.

Nous voyons que l'utilisation de différents amorceurs engendre des phénomènes jusqu'alors insoupçonnés (transfert greffant sur les moules...). Afin d'éviter ces réactions parasitaires, nous avons testé l'amorçage thermique en tube de verre et sur d'autres tubes en polypropylène translucides cette fois par les mêmes amorceurs avec la même formulation.

II.1.3.3   *Polymérisation thermique en tubes de verre et de polypropylène*

Les premiers essais de polymérisation en tube de verre avec l'AIBN, le POB et le PCCH ont montré la présence de bulles dans le barreau. Ce phénomène était prévisible à ces températures (75-80°C) à cause de l'évaporation des monomères. Nous avons alors testé les polymérisations entre 50 et 60°C sur un intervalle de temps de 3 à 16h. Aucune bulle n'a été détectée et aucun problème apparent de structure du matériau n'était visible pour les trois amorceurs (couleur, démixtion…). Les conversions apparentes obtenues après extraction au soxhlet sont de 90 ± 1% avec l'AIBN et le PCCH alors qu'elles chutent à 70% pour le POB.

En revanche, en tube de polypropylène transparent, une forte coloration en jaune du polymère a été notée dans le cas du POB. Il semble que de nouvelles réactions parasitaires entre le moule en PP et les radicaux oxygénés issus de la décomposition du POB surviennent (cf. II.1.3.2.b). En ce qui concerne l'AIBN et le PCCH, les polymérisations ont eu lieu sans problèmes et les barreaux sont assez réguliers. Cependant, il faut noter que les conversions apparentes sont plus faibles (<90%) que dans le cas des polymérisations dans les ensembles coque-moules qui permettent de mettre les mélanges sous pression. Nous avons donc abandonné ce procédé au profit des ensembles coque-moules.

Ayant constaté que les réactions greffantes peuvent être évitées par l'utilisation d'AIBN ou de PCCH, nous nous sommes attachés à étudier un système d'amorçage pouvant fonctionner à très basses température, cette dernière étant cruciale du point de vue industriel.

II.1.4 Amorçage par oxydoréduction

L'avantage de cet amorçage est d'être peu dépendant de la température et donc de pouvoir fonctionner correctement à température ambiante. Ce sont des réactions d'oxydoréduction qui donnent naissance à de nombreux radicaux qui peuvent amorcer des polymérisations. L'avantage de cet amorçage réside dans la possibilité d'obtenir une production contrôlée de radicaux dans un grand domaine de température. Les problèmes liés aux hautes températures que nécessitent les amorçages thermiques classiques pour avoir la scission homolytique de l'amorceur sont ainsi évités et on peut même utiliser des températures négatives (inférieures à 0°C).

Il existe de nombreux systèmes amorceurs « rédox » tels que l'association de composés organiques (peroxydes ou alcools) en présence d'agent réducteur, l'association d'un réducteur et d'un oxydant inorganiques, ou encore un système où les monomères participent au processus d'amorçage par oxydoréduction. Malheureusement, une grande partie de ces systèmes sont inadaptés à nos copolymères car les métaux et autres molécules inorganiques présentent des toxicités rhédibitoires. Malgré cela, le premier enseignement à tirer de ces systèmes est que l'utilisation d'une *amine tertiaire aromatique* comme réducteur permet de stabiliser les complexes à transfert de charge intermédiaires (dans l'exemple du peroxyde de dibenzoyle et de la diphénylamine, l'énergie d'activation passe de 66,2 à 24,1 kJ.mol^{-1}). Morsi et col. ont ainsi montré que la réaction d'amorçage était facilitée[176].

Le deuxième enseignement est que le *MAM participe dans certains cas au processus d'amorçage*[177]. On peut citer son association avec la N,N-diméthylaniline (DMA) très étudié par Tsuda et col. pour laquelle la formation d'un complexe à transfert à chaud est responsable de l'amorçage.

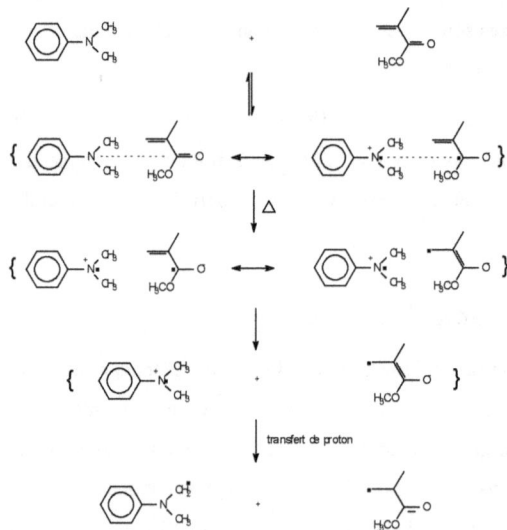

Figure II.13 : *Schéma d'autoamorçage oxydoréducteur du méthacrylate de méthyle*

Ce dernier schéma pouvait être approprié à notre système sachant que le MAM est un des composants de notre formulation, mais des tests préliminaires à l'ambiante ont montré que les polymérisations ne se produisaient pas.

II.1.4.1   *Amorçage rédox par des couples peroxyde de benzoyle/ amine aromatique*

Pour amorcer la polymérisation à l'aide d'un système oxydoréducteur, il est préférable d'utiliser une amine aromatique pour augmenter la vitesse de décomposition du système amorceur (Odian 1994). De plus, la vitesse s'accroît avec la nucléophilie de l'amine. Les 3 amines tertiaires retenues pour étudier l'amorçage sont les suivantes:

- la N,N-diméthyle para-toluidine DMPT

- la 4-diméthyle aminopyridine DMAP

- la N,N-diméthyle aniline DMA

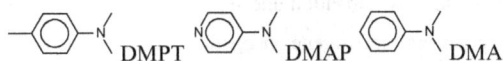

Figure II.14 : *Amines aromatiques utilisées en amorçage oxydoréducteur*

Pour tous les essais de polymérisation amorcées par le couple amine aromatique/POB, nous avons respecté un rapport de *2% en masse du système amorceur par rapport à la masse totale du système* pour un copolymère MAM-ABu 40/60. Les solutions sont préparées peu de temps avant les polymérisations, en mélangeant d'une part le MAM avec le POB (comme pour les ciments chirurgicaux) puis d'autre part l'ABu avec l'amine. Les amines sont distillées sous vide de la trompe à eau et les polymérisations sont effectuées à température ambiante (20°C), dans un bicol surmonté d'un réfrigérant et d'un thermomètre afin de mesurer l'évolution de la température au cours de la réaction. L'avantage de cette classe d'amorceur étant la possibilité de travailler à basse température par rapport à l'amorçage classique que l'on fait à 75°C, il est utile de s'assurer que la température in situ n'augmente pas énormément au cours de la polymérisation et éventuellement de contrôler l'exothermie.

II.1.4.2   *Résultats*

Les conditions expérimentales, les résultats ainsi que les remarques concernant les différentes polymérisations réalisées avec le POB associé à la DMPT, la DMAP et la DMA sont rassemblées dans les tableaux suivants. Les polymérisations ont été arrêtées au bout de 3 heures.

Expériences		MAM (10^2mol)	ABu (10^2mol)	POB (10^2mol)	Amine (10^2mol)
DMPT	Redox 1	1,16	1,35	$2,55.10^{-2}$	$4,56.10^{-2}$
	Redox 2	1,17	1,35	$2,61.10^{-2}$	$6,25.10^{-2}$
	Redox 3	1,18	1,35	$2,6.10^{-2}$	$5,34.10^{-2}$
DMAP	Redox 4	1,17	1,36	$2,54.10^{-2}$	$5,21.10^{-2}$
DMA	Redox 5	1,17	1,72	0,0597	0,0745

Tableau II.9 : *Polymérisations par amorçage rédox*

Remarques : Aucun agent de réticulation n'a été utilisé pour pouvoir analyser nos échantillons en CES. Pour chaque réaction, le milieu devient orangé et la viscosité croît avec le temps. Alors que les milieux réactionnels de Redox1, 2 et 3 restent homogènes, il apparaît au cours de la polymérisation une séparation de phases pour Redox 4 rendant le milieu réactionnel coloré, hétérogène, et opaque. Trois phases de couleur différentes ont pu être identifiées (orange clair en surface, orange dans la partie centrale et orange foncé dans la partie inférieure. En ce qui concerne Redox 5, le milieu est également hétérogène et un fractionnement des deux phases est effectué. Les échantillons sont dissous dans le dichlorométhane et précipités dans le méthanol. Ils sont ensuite filtrés sur fritté n°3 puis séchés sous vide de pompe à palettes et injectés en CES. Les résultats sont rassemblés ci-dessous :

Expériences	Conversion	Fractions	Mn (g/mol)	Mw (g/mol)	Ip
Redox 1			38 400	58 8000	1,53
Redox 2	28%		27 800	43 000	1,55
Redox 3			33 500	68 000	2,03
Redox 4	55%	Bas	276 000	550 000	1,99
		Milieu	198 000	432 000	2,18
		Haut	129 000	255 000	1,97
Redox 5	63%	Bas	92 000	233 000	2,53
		haut	85 000	231 000	2,71

Tableau II.10 : *Analyses CES*

Il y a donc eu une précipitation liée à l'insolubilité des fortes masses dans le mélange de monomères résiduels dont le comportement a varié par rapport au mélange initial et en fonction des réactivités et des vitesses de consommation du MAM et de l'ABu.

Pour l'analyse CES des échantillons, une corrélation entre l'amorçage et les masses peut être effectuée :

– Dans l'exemple de l'amorçage par la DMPT, on voit que la conversion est faible et que les masses sont peu élevées (28-35 000 g/mol). On peut ainsi penser que la faible conversion et les faibles masses sont liées à un amorçage rapide, avec une concentration élevée de radicaux amorceurs en début de polymérisation et une disparition de l'amorceur avant conversion complète des monomères.

– En ce qui concerne la DMA et la DMAP, les conversions plus importantes et les masses moléculaires nettement plus élevées sont en accord avec un amorçage lent.

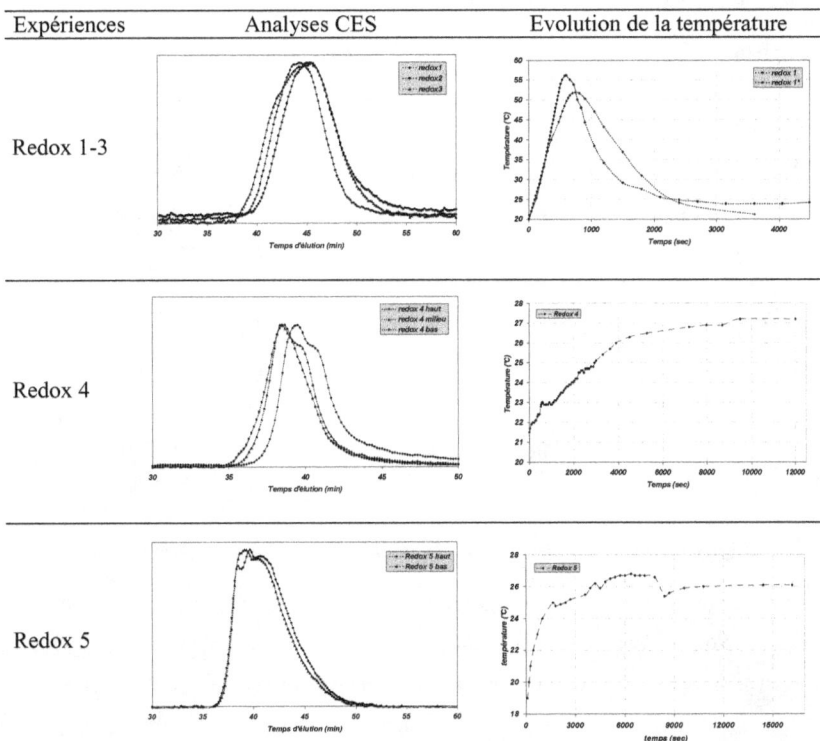

Expériences	Analyses CES	Evolution de la température
Redox 1-3		
Redox 4		
Redox 5		

* sous courant d'azote

Tableau II.11 : *Analyses CES des produits et évolutions de la température des milieux réactionnels des copolymérisations rédox*

✓ Quelques observations concernant l'évolution des températures peuvent être faites:

– Les températures de polymérisation utilisées sont très inférieures à celles
utilisées en polymérisation radicalaire classique avec un amorçage thermique.

– La température du milieu subit une élévation variable suivant les amines (ΔT=6-
7°C pour la DMA et DMAP et ΔT=36°C pour la DMPT). Pour cette dernière, la
température passe par un maximum à 56°C au début de la réaction (10 minutes).
Cette valeur est conforme à celles trouvés par V.Lesaux[178] pour les ciments
chirurgicaux méthacryliques pour lesquels la température maximum n'excède pas
65°C pour une durée totale de polymérisation de 15 minutes.

– On peut considérer que tout l'amorceur est consommé au bout de 15 minutes
pour la DMPT alors que l'amorçage continue toujours une heure après le début de la
réaction pour les 2 autres amines.

Le système d'amorçage POB/DMPT semble donc trop rapide mais permet d'avoir une
distribution plus étroite. Une étude plus précise de l'amorçage par le couple
POB/DMPT montre qu'au cours de la polymérisation, la distribution se resserre :
l'exemple donné sur la figure II.15 est celui d'une polymérisation du MAM et de l'ABu
avec 2% en masse par rapport à la masse totale du système pour le couple POB/DMPT.

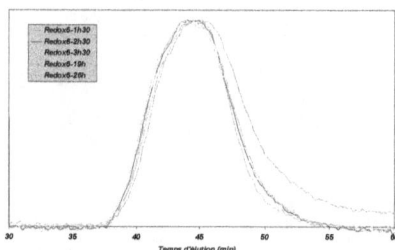

Temps	Mn	Mw	Ip
1h30	22800	53400	2,35
2h30	33000	68500	2,07
3h30	34600	71300	2,06
19h	33300	66200	1,98
26h	36500	67500	1,84

Figure II.15 : *Evolution des masses moléculaires en fonction du temps*

Nous observons effectivement un léger resserrement de la distribution (Ip passe de 2,35
à 1,84). Notons que l'utilisation du couple POB/DMPT mène à des résultats
reproductibles en ce qui concerne la faible conversion (29,4% contre 28% pour Redox
1-3).

Deux autres systèmes ont été essayés, faisant intervenir l'EBA (N-éthyl N-benzyl aniline) et avec la PMDETA (pentaméthyl diéthylène triamine) mais ils n'ont pas conduit à la formation de polymère.

Figure II.16 : *Amines également testées mais n'amorçant pas la polymérisation*

De manière générale, l'amorçage oxydoréducteur a permis de synthétiser des polymères à température ambiante, les masses les plus importantes étant obtenues avec un amorçage plus lent et une température de réaction plafonnant à 27°C (DMA et DMAP). *Malheureusement, la couleur orangée du polymère vraisemblablement dûe aux résidus d'amine aromatique (ou dérivés) et les problèmes d'insolubilité des fortes masses sont rédhibitoires et proscrivent l'utilisation de cet amorçage.*

II.1.5 Amorçage photochimique

Alors que les techniques décrites précédemment font état d'une polymérisation amorcée par les amorceurs de type azoïque (amorçage thermique), ou de type peroxydique (amorçage thermique et par oxydoréduction), les industriels se tournent progressivement vers des techniques d'élaboration mieux adaptées à grande échelle. L'inconvénient majeur d'une production en moule est la multiplicité des implants à puissances dioptriques différentes alors que certains procédés « irradiants » ne nécessitent que quelques minutes d'exposition suivis d'une étape d'usinage sur mesure. Nous avons donc essayé la polymérisation amorcée photochimiquement.

Afin d'obtenir des disques en grand nombre en une seule étape, nous avons polymérisé un mélange d'acrylate de butyle et de méthacrylate de méthyle dans un tube en polypropylène translucide et suffisamment transparent aux UV.

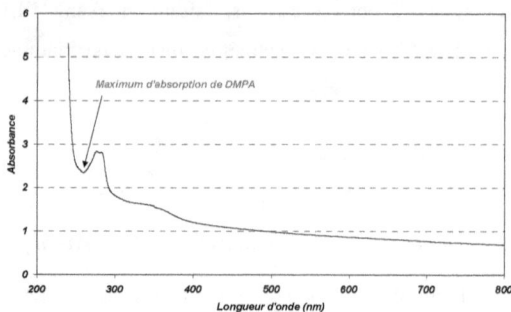

Figure II.17 : *Spectre UV-visible d'absorption d'un tube de Polypropylène*

II.1.5.1 *Choix de l'amorceur photochimique*

Le choix des photoamorceurs se limite à deux familles (PI1 et PI2). La première qui génère des radicaux par simple rupture homolytique comprend les diacétal benzyliques (a), les hydroacétophénones (b), les α-aminocétones (c) ou encore les oxydes d'acylphosphine (d) (v. figure II.18) tandis que la seconde comprend les systèmes bimoléculaires qui se décomposent avec abstraction de radical H˙.

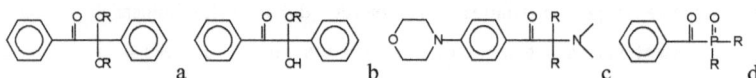

Figure II.18 : *Exemples de photoamorceurs de la famille des PI1*

En ce qui concerne les diacétal benzyliques, leur mécanismes de scission (Norrish, substitution radicalaire, complexes formés avec des donneurs…) sont bien connus et à l'heure actuelle, ce sont les photoamorceurs les plus utilisés. L'Irgacure 651® a donc été choisi. Il s'agit de la diméthoxyphényle acétophénone (DMPA).

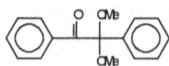

Figure II.19 : *Formule de l'Irgacure 651®*

Alors que l'on parle de temps de demie-vie ou de T_{10} (température à laquelle la concentration en amorceur diminue de moitié au bout de dix heures de réaction) pour les amorceurs radicalaires thermiques, ce sont cette fois les rendements quantiques et l'absorption moléculaire à une longueur d'onde d'irradiation précise qui gouvernent l'efficacité de l'amorçage. L'Irgacure 651® possède un coefficient d'absorption molaire de 342 cm^{-1}.L.mol^{-1} à 343 nm. Les valeurs de $\phi_M{}^a$ et de ϕ^b qui sont données dans le tableau suivant)[179] correspondent à une intensité absorbée I$_a$ égale à 10^{-5} Einstein.s^{-1}.l^{-1} et une densité d'irradiation de 10 mW.cm^{-2} à 366 nm.

Amorceur	Méthacrylate de méthyle	Acrylate de butyle
DMPA	55^a (0,1^b)	70^a
Acétophénone	5^a (0,02^b)	300^a (0,25^b)

^{a} nombre de motifs enchaînés par quantum absorbé, ^{b} nombre de mole de radicaux générés par mole de quanta

Tableau II.12 : *Rendements quantiques pour la DMPA et l'acétophénone*

Nous voyons dans le tableau qu'il est préférable d'utiliser la DMPA pour nos copolymères MAM-ABu car le nombre de motifs de MAM et d'ABu enchaînés par quanta absorbé avec la DMPA sont proches tandis qu'ils sont très éloignés avec l'acétophénone.

II.1.5.2 Schéma de décomposition de la DMPA

Cette photopolymérisation a été réalisée sur des mélanges en masse de MAM et d'ABu. Les synthèses industrielles utilisent beaucoup la photopolymérisation puisqu'elle ne nécessite qu'un passage sous un flux rayonnant et de quelques secondes voire quelques minutes de réaction, à l'inverse des polymérisations thermiques ou des polycondensations qui nécessitent des heures de synthèse et des paliers complexes de température.

Le schéma de décomposition de la DMPA est très complexe et de nombreux radicaux et sous-produits d'amorçage sont présents in fine dans le matériau. Il est alors nécessaire d'extraire les copolymères pour éliminer les oligomères solubles et les monomères résiduels. Il faut noter que la viscosité du milieu augmente très fortement et la cinétique de la réaction est à haute conversion régie par la diffusion du monomère.

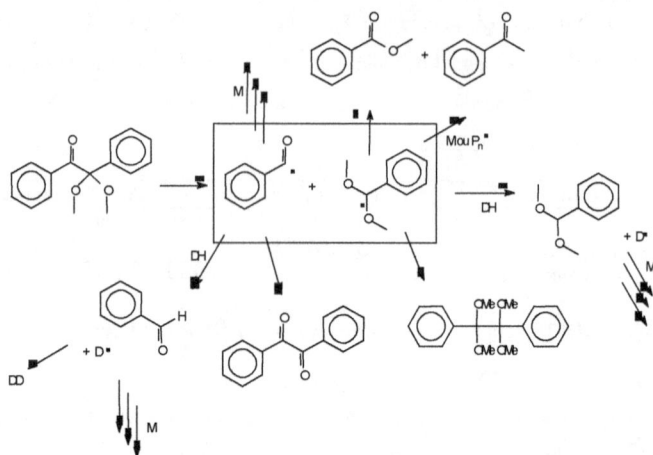

Figure II.20 : *Schéma de décomposition de la DMPA*

Dans notre cas, nous avons introduit dans un tube en polypropylène surmonté d'un septum la solution de monomères contenant l'amorceur photochimique (DMPA). L'irradiation est réalisée avec une lampe à vapeur de mercure (HPLN 400W). La polymérisation est exothermique et il est nécessaire de plonger l'ensemble dans un bain d'eau glacée.

II.1.5.3   *Résultats*

Dans un premier temps, nous avons exposé une mélange contenant 37,2% de MAM, 54,6% d'ABu, 2% d'EGDMA et 5% en masse de DMPA par rapport à la masse totale du système. La viscosité du milieu devient très importante après le deuxième cycle, et après le troisième cycle il est même possible de retourner le tube sans voir la solution s'écouler. Une fois les 4 cycles de 10 minutes terminés, le barreau est refroidi à température ambiante. Des zones hétérogènes (bulles) ont été observées dans le *barreau de polymère totalement transparent*. Ce phénomène est quelques fois observé lors du refroidissement des polymères et par retrait dans les moules. Dans notre cas, un amorçage trop rapide et trop important semble être la raison du phénomène. Nous avons alors diminué les proportions de photoamorceur en utilisant successivement 2% en poids puis 1% de DMPA, tout en maintenant les cycles d'exposition. Aucun changement quant à la viscosité du milieu n'a été observé et des barreaux homogènes de polymère ont été produits.

Pour sortir le barreau de polymère, plusieurs techniques ont été utilisées mais seule la technique consistant à inciser le tube en polypropylène et à le plonger dans l'azote liquide a été retenue. Malheureusement dans chaque cas, nous avons constaté que le polymère était légèrement collant. Nous avons effectué une extraction à l'acétone (soxhlet) mais celle-ci conduit à un trop fort gonflement du barreau et le fait éclater.

Nous avons donc choisi de réaliser l'extraction sur des disques taillés dans le barreau. La technique de coupe (Ioltech, La Rochelle), a été celle du cryousinage à froid (<0°C), en dessous de la température de transition vitreuse du copolymère formé (5°C). Cette étape peu coûteuse, est de nos jours en plein essor car même si elle nécessite une étape ultérieure de polissage optique, elle permet de réaliser des implants à géométrie parfaitement définie. Les extractions ont montré une conversion apparente entre 93 et 96% pour les échantillons. De plus, l'examen au microscope à lumière polarisée n'a révélé aucune fluctuation d'indice. Le barreau de polymère est donc homogène en composition des unités MAM et ABu. Ce résultat est très important car l'enrichissement local en zones riches en MAM ou en ABu n'induit pas de changements de densité ou d'indice malgré la différence des rapports de réactivité existante entre le MAM et l'ABu (r_{MAM}=1,74 et r_{ABu}=0,2)

L'utilisation de la polymérisation photochimique pour la réalisation de barreaux puis de disques s'est révélée être tout à fait compétitive par rapport à l'élaboration de disques dans des ensembles coque-moules.

II.1.6 Conclusion

Différentes méthodes ont été évaluées afin de choisir la plus adéquate pour l'élaboration d'implants en copolymère MAM-ABu. Nous avons tenu compte de l'évaporation éventuelle des monomères, de la vitesse et de la conversion de polymérisation ainsi que des caractéristiques des matériaux (problèmes de coloration en particulier). Plusieurs points importants ressortent de cette étude :

☺ Pour obtenir directement un implant de géométrie définie et avec des faces optiques, l'utilisation d'ensembles coque-moules en acier et en polypropylène est conseillée car le remplissage et le démoulage de l'implant sont des étapes relativement simples. Il faut toutefois éviter d'utiliser un amorçage par le POB.

☹ Alors que la polymérisation thermique permet d'atteindre des conversions apparentes élevées (97-98%), la photopolymérisation conduit à des conversions plus basses (96%).

☹ Les moules tout en acier (3 pièces) ne sont pas adaptés pour la polymérisation de matériaux acryliques ou méthacryliques car ils induisent une très forte adhérence lors du démoulage et nécessitent l'utilisation d'un agent de démoulage pour faciliter la récupération de l'implant.

☺ La technique consistant à élaborer puis à cryousiner un barreau de copolymère apparaît comme la plus rapide (photopolymérisation) et la plus prometteuse (géométrie définie, fini optique des faces). Néanmoins, les conversions incomplètes (même si elles sont élevées) nécessitent une extraction préalable du matériau.

☹ En ce qui concerne l'amorçage rédox, il permet dans la plupart des cas de s'affranchir de l'évaporation des monomères car il permet de travailler à des températures relativement basses (27°C). Néanmoins, cet amorçage qui utilise des amines aromatiques induit une coloration orangée du polymère. Par ailleurs, les conversions sont très généralement incomplètes (62% avec la DMA).

☺ L'amorçage conventionnel par décomposition de peroxydique et d'azoïque conduit à un matériau incolore. Mais un greffage est observé sur le moule en polypropylène lorsque le POB est utilisé. A concentration égale en amorceur et pour des temps de polymérisation identiques, la polymérisation par les amorceurs azoïques et peroxydiques permet d'obtenir des conversions de polymérisation supérieures à celle obtenues par amorçage rédox (>90% contre 62% avec la DMA).

☹ Pour des compositions élevées en méthacrylate de méthyle (>60% en poids), la température de polymérisation doit être contrôlée car au-delà de 70°C des bulles issues de l'évaporation massive du MAM apparaissent dans le matériau.

☺ L'utilisation de l'amorçage photochimique permet d'obtenir rapidement (40 minutes) un barreau homogène de polymère avec une conversion apparente >93% sans coloration du barreau.

☹ Par contre, l'extraction du barreau de polymère nécessite l'incision du tube en polypropylène.

L'utilisation d'un amorçage photochimique ou thermique est donc conseillée.

Une dernière possibilité serait de polymériser photochimiquement un mélange placé entre deux plaques de quartz. Cette technique possède l'avantage de s'affranchir des pertes du rayonnement dues à l'épaisseur du matériau (le barreau a un diamètre de 1 cm alors que les plaques de quartz sont distantes de 2 à 4 mm). Nous n'avons malheureusement pas eu le temps de la tester.

Chapitre II.2 : Propriétés physico-chimiques des copolymères MAM-ABu

II.2.1 Extraction (soxhlet) des copolymères

Le soxhlet (figure II.21) est un dispositif qui permet de gonfler un polymère et d'en extraire les oligomères solubles, les monomères résiduels et les autres sous-produits. Cependant, tous ces éléments sont en très faibles quantités, et il est difficile de les quantifier, notamment en chromatographie d'exclusion stérique CES (figure II.22a). En revanche, l'analyse RMN^{1}H de plusieurs fractions d'extraction (figure II.22b) à l'acétone fait apparaître les signaux caractéristiques des chaînes solubles de copolymère.

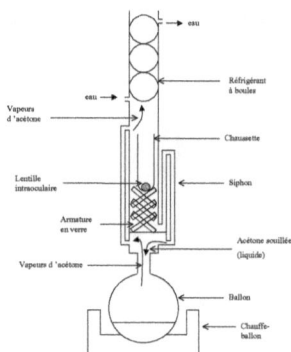

Figure II.21 : *Montage expérimental du soxhlet*

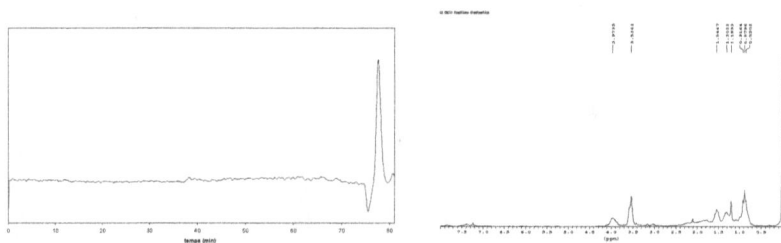

Figure II.22a et b : *Analyse CES (gauche) et RMN^{1}H (droite) des fractions d'extraction*

Ce sont les tests de gonflements qui nous ont permis de déterminer le solvant le plus approprié pour réaliser les extractions. Il est en effet inapproprié qu'un non-solvant soit utilisé pour l'extraction ainsi qu'un trop bon solvant qui fait éclater le disque réticulé de polymère.

II.2.1.1   Etude du gonflement des copolymères MAM-ABu 40/60

L'étude du gonflement d'un matériau par un solvant permet d'atteindre entre autres la masse moléculaire entre nœuds de réticulation[180] par simple calcul du gonflement massique, du gonflement volumique, de la fraction volumique de polymère dans le polymère gonflé et de la fraction de polymère insoluble. Ces tests ont été effectués afin de définir dans un premier temps un bon solvant des copolymères d'acrylate de butyle et de méthacrylate de méthyle (MAM-ABu) et dans un second pour vérifier que l'évolution du gonflement est proportionnelle aux taux d'agents de réticulation employés.

A partir des masses m_1 (masse de l'implant au sortir du moule), m_2 (masse de l'implant pendant le gonflement) et m_3 (masse de l'implant sec après évaporation du solvant), il est possible de calculer les paramètres caractéristiques du degré de réticulation des films :

❖ le gonflement massique $G_m = \dfrac{m_2}{m_3}$ $(1 < G_m < \infty)$

❖ le gonflement volumique $Q = \dfrac{(m_2 - m_3)\big/\rho_s + m_3\big/\rho_p}{m_3\big/\rho_p}$

ρ_s et ρ_p étant les masses volumiques respectives du solvant et du copolymère $(g.L^{-1})$.

A partir du gonflement volumique, il est possible de déterminer la fraction volumique de polymère dans le polymère gonflé (F_2) :

$$F_2 = \frac{1}{Q} = \frac{1}{1 + \rho_p\big/\rho_s (G_m - 1)}$$

Notons qu'un film est d'autant plus réticulé que son gonflement est nul ($\approx G_m$ proche de 1).

La valeur de F_2 nous permet de calculer la **masse molaire moyenne entre nœuds de réticulation ($\overline{M_c}$)** à partir de l'équation de suivante (Flory-Rehner[181]) :

$$\overline{Mc} = -\frac{\rho_p V_s (F_2^{1/3} - \frac{F_2}{2})}{\ln(1-F_2) + F_2 + \chi_{1,2} F_2^2}$$

Avec :

$\overline{M_c}$: Masse molaire moyenne entre nœuds de réticulation (g.mol^{-1})

ρ_p : Masse volumique du copolymère MAM/ABU de Tv = 0 °C (ρ_p = 1090 g.L^{-1})

ρ_s : Masse volumique de l'acétone à 25 °C (ρ_s = 790 g.L^{-1})

V_s : Volume molaire de l'acétone (V_s = 0,073 L.mol^{-1})

$\chi_{1,2}$: Paramètre d'interaction polymère-solvant.

L'utilisation de cette équation est soumise à certaines hypothèses que nous allons discuter ci-dessous :

- l'équilibre de gonflement est atteint : ceci est réalisé dans notre cas après 60 minutes d'immersion dans la plupart des cas,

- les nœuds de réticulation sont tétrafonctionnels : la réticulation des copolymères d'acrylate de butyle et de méthacrylate de méthyle (MAM-ABu) par l'EGDMA satisfait à cette hypothèse,

- le disque de polymère est réticulé de manière homogène, ce qui dans notre cas est vérifié par des tests mécaniques sur plusieurs éprouvettes, des tests optiques de lumière polarisé, etc.

La valeur du paramètre d'interaction polymère-solvant $\chi_{1,2}$ peut être calculée en appliquant la relation liant $\chi_{1,2}$ aux paramètres de solubilité δ.

$$\chi_{1,2} = \beta + \frac{V_s}{RT}(\delta_s - \delta_p)^2$$

où β est un terme entropique dont la valeur est prise égale à *0,35* dans le cas du gonflement de film de polymère[182] ; δ_s et δ_p sont respectivement les paramètres de solubilité de l'acétone (δ_s= 9,8 cal$^{1/2}$.cm$^{-3/2}$) et du copolymère qui est accessible par l'expérience. Pour cela, il suffit de déterminer le gonflement volumique (Q) de l'échantillon de polymère réticulé en utilisant des solvants de δ_s différents. La valeur de δ_p choisie pour le copolymère sera celle du solvant donnant le gonflement volumique maximal. Dans le cas des copolymères réticulés MAM-ABu, ce solvant est le chloroforme. Nous avons donc pris $\delta_p = \delta_{s\ (chloroforme)} = 9,3\ cal^{1/2}.cm^{-3/2}$ pour les copolymères MAM-ABu, MAM-ABu-CMS et MAM-ABu-TMAMP décrits dans la troisième partie du manuscrit. On en deduit la valeur de $\chi_{1,2}$ pour le couple acétone-copolymère en utilisant l'équation précédente : $\chi_{1,2} = 0,36$.

La détermination de $\overline{M_c}$ permet d'accéder à une autre grandeur caractéristique du réseau réticulé, à savoir la densité de réticulation (ν) définie de la manière suivante :

$$\nu = \frac{\rho_p}{\alpha M_c} \qquad \left(mol.L^{-1}\right)$$

Dans cette équation, la valeur du coefficient α dépend de la fonctionnalité des nœuds. Dans le cas idéal d'une fonctionnalité de 4, ce coefficient α vaut 2.

II.2.1.1.a   Influence du solvant et de l'extraction

Les différents solvants utilisés ayant des pressions de vapeur variables, les tests ont été effectués simultanément pour que le facteur température ne soit pas introduit et que la quantité de solvant dans laquelle est plongé l'implant varie peu d'un test à l'autre. Les implants utilisés proviennent du même mélange de monomères et sont des copolymères MAM-ABu 40/60 (2% en poids d'AIBN et d'EGDMA).

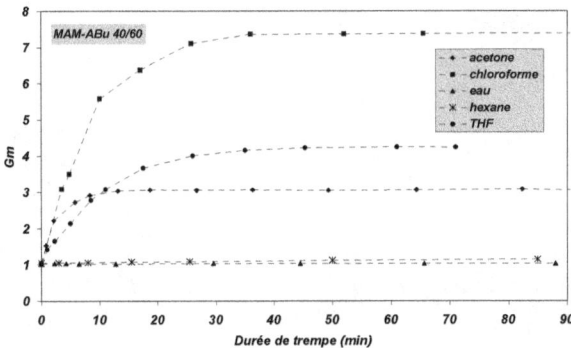

Figure II.23 : *Evolution de gonflement massique en fonction du solvant de gonflement*

On distingue 3 catégories de solvant. Les non-solvants qui ne gonflent pas le matériau (eau, hexane), les solvants qui permettent de gonfler la matrice assez rapidement (acétone), et enfin les très bons solvants pour lesquels la matrice gonfle très fortement (THF et chloroforme). On peut s'apercevoir que pour le THF et le chloroforme, l'établissement du plateau de gonflement survient après 30 minutes alors que pour l'acétone, il s'établit au bout de 15 minutes. Un autre facteur à prendre en compte est le retour à l'état sec. Le chloroforme qui est un très bon solvant s'évapore trop rapidement et le disque a tendance à se craqueler ou se fissurer.

De plus, le gonflement est un phénomène qui s'amplifie légèrement au cours des cycles puisque le gonflement d'un implant extrait est légèrement plus important que celui d'un implant non extrait (v. figure II.24). Un nombre peu élevé de cycles (10) est nécessaire pour arriver à une masse constante de l'implant et à une extraction complète.

Il est bien évident que tous les solvant n'ont pas été testés mais cette étude sur le gonflement a montré que *l'acétone est un bon compromis entre un bon solvant du polymère, couramment utilisé, peu cher, très volatil ce qui permet de l'éliminer par simple passage dans une étuve à 40°C. De plus, l'acétone est un assez bon solvant pour permettre de soustraire les oligomères solubles mais pas trop nous évitant de risquer une fissuration du disque par évaporation trop importante lors du retour à sec.*

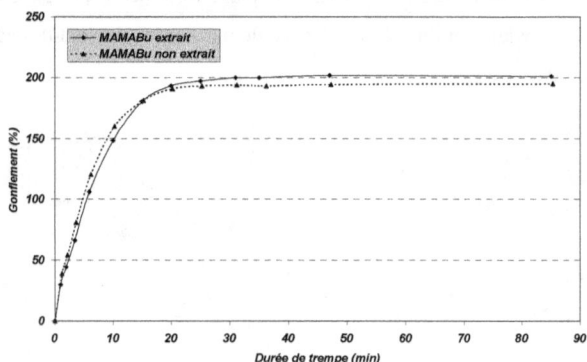

Figure II.24 : *Comparaison du gonflement entre un disque MAM-ABu 40/60 extrait et non extrait*

II.2.1.1.b   Influence du taux d'agent de réticulation

Le taux optimal d'agent de réticulation a été déterminé afin d'avoir un matériau stable aux contraintes mécaniques qui lui sont appliquées lors du pliage et la pose de l'implant. Cependant, nous avons étudié l'incorporation de l'agent de réticulation dans la formulation industrielle MAM-ABu 40/60 avec 2% en masse d'AIBN, c'est-à-dire, étudié si les valeurs de $\overline{M_c}$ étaient proportionnelles aux différents taux d'EGDMA. Les différents taux d'EGDMA utilisés pour l'étude vont de 0,5 à 2% en masse de la masse totale du système. La figure II.25 montre le gonflement en fonction du taux d'agent de réticulation, et la figure II.26 l'évolution du plateau de gonflement à l'équilibre en fonction du taux d'agent de réticulation.

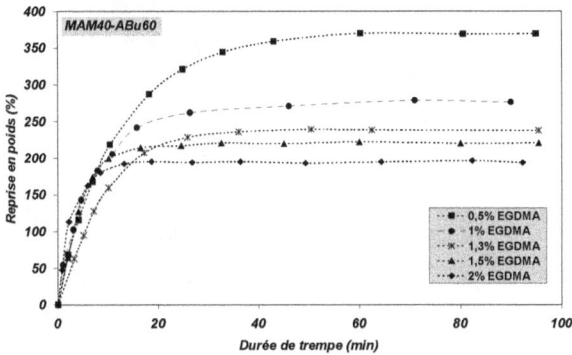

Figure II.25 : *Evolution de la reprise en poids pour MAM40-ABu60 en fonction du taux d'EGDMA*

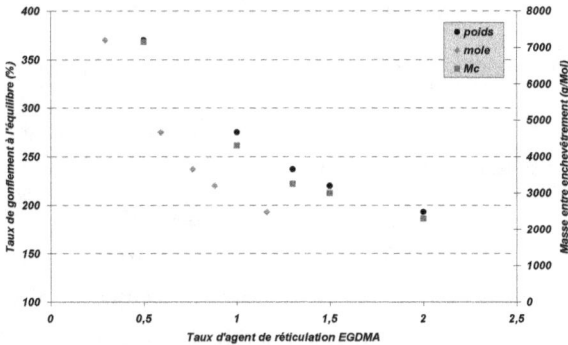

Figure II.26 : *Evolution du taux de gonflement à l'équilibre et de Mc en fonction du taux d'agent de réticulation (EGDMA)*

De manière générale, on distingue pour les 5 copolymères :

-   un gonflement instantané dès lors que le matériau est plongé dans le solvant,

-   un établissement rapide de l'équilibre de gonflement entre 15 et 35 minutes.

Il est intéressant de discuter l'évolution de la masse entre enchevêtrements par la méthode de Flory-Rehner.

Taux EGDMA (%)	0,5	1	1,3	1,5	2
Mc (g/mol)	7150	4300	3250	3000	2300

Tableau II.13 : *Variation de la masse entre nœuds de réticulation en fonction du taux d'EGDMA*

D'après le tableau ci-dessus et la figure II.25, nous pouvons voir que pour un taux d'EGDMA inférieur à 0,5%, les valeurs de Mc augmentent fortement. Or pour des valeurs faibles de Mc, la probabilité de gommer les différences de comportement mécanique lors du pliage et du dépliage entre des chaînes de composition différente (à fort caractère acrylique ou méthacrylique) augmente.

II.2.1.2   *Fractions d'extraction et conversion apparente*

Nous conviendrons dans ce texte d'appeler « conversion apparente » la conversion de la copolymérisation calculée à partir du taux d'insolubles. La conversion réelle est évidemment notablement plus élevée car elle doit prendre en compte les oligomères solubles et extractibles (nous n'avons pas évalué la part des oligomères et des monomères résiduels dans les fractions extraites).

Le calcul de la fraction d'extraction se fait de la manière suivante :

$$\tau = \frac{(M_i - M_f)}{M_i}$$ où M_i et M_f sont les masses respectives du disque avant et après extraction et évaporation du solvant. On atteint ainsi le pourcentage en poids des espèces solubles et insolubles du matériau.

Les valeurs de conversion apparente sont comprises entre 95 et 98% pour des copolymérisations (réalisées dans les ensembles coque-moules en acier et polypropylène) amorcées avec 2% en masse d'amorceur et d'EGDMA. Les valeurs les plus hautes sont observées avec un amorçage par le percarbonate de cyclohéxyle, et les plus basses avec l'AIBN.

II.2.2 Propriétés mécaniques : Dynamic Mechanical Analysis (DMA)

II.2.2.1 Rappels sur la DMA

L'analyse mécanique dynamique est une technique qui permet de caractériser le comportement d'un matériau sous sollicitations dynamiques et de mesurer ses paramètres viscoélastiques (G', G'', tanδ).

II.2.2.1.a Protocole et exploitation des mesures

Les propriétés viscoélastiques des films ont été évaluées avec un appareil Perkin Elmer DMA 7. Les mesures ont été effectuées en traction dynamique sur des éprouvettes rectangulaires (taillées dans les disques de polymère), de 2 mm de largeur, d'épaisseur 1 mm et de longueur 10 mm. Les courbes sont obtenues en réalisant un balayage en température de -30 C à +50 °C, à une fréquence de sollicitation de 10 Hz. Les valeurs de la contrainte (couple) et de la déformation imposée au matériau sont mesurées en continu au cours du balayage.

Une étude préalable est nécessaire afin de déterminer le domaine de déformation permettant de demeurer dans le régime linéaire. Pour cela, il est nécessaire d'effectuer un balayage en déformation à la fréquence de travail choisie et à deux températures, -30 °C et +50 °C. La valeur de la déformation imposée au matériau est alors choisie dans cette gamme, de manière à maintenir une valeur de contrainte compatible avec la sensibilité du capteur. Pratiquement, cela revient à augmenter la déformation imposée (tout en restant dans le domaine linéaire) au voisinnage de la transition vitreuse, de manière à garder une valeur du couple supérieure à la limite de détection du capteur.

A partir des données recueillies selon le protocole précédent, il est possible de calculer le module de conservation ou élastique (G') et le module de perte ou visqueux (G") du matériau ainsi que leur évolution avec la température. Un copolymère MAM-ABu présente 3 domaines distincts :

✓ un *plateau vitreux* à basse température (< Tv) pendant lequel le module élastique reste élevé ($\approx 10^6$ Pa) ;

✓ une *zone de transition vitreuse* caractérisée par une chute brutale des modules élastiques et visqueux ;

✓ un *plateau caoutchoutique* caractérisé par une valeur constante du module élastique. La valeur du module dans cette zone ($G_0 = \sqrt{G'^2 + G''^2}$) est directement proportionnelle à la densité de nœuds de réticulation physique ou chimique : $G_0 = \dfrac{\rho_p RT}{M_c}$

De plus, la longueur de ce plateau dépend du degré de réticulation du film, et dans notre cas, le taux d'agent de réticulation est variable suivant la souplesse du matériau désirée. Il existe pour les matériaux non réticulés une quatrième zone dite **zone d'écoulement**, pour laquelle le comportement viscoélastique est dominé par le module visqueux. Dans notre cas cette zone d'écoulement est inexistante car les matériaux sont fortement réticulés. La valeur du rapport (*G''/G' = tan δ*) représente la perte d'énergie associée au caractère viscoélastique du polymère pendant un cycle de déformation. Sa valeur est donc maximale dans la zone de transition vitreuse et son maximum est souvent utilisé pour définir la *Tg* du matériau (température de transition vitreuse). La valeur ainsi obtenue est souvent supérieure à celle déterminée par voie thermique (DSC), car elle traduit des mouvements moléculaires différents.

Les propriétés viscoélastiques des films nous apportent des renseignements à la fois sur le degré de réticulation et sur les hétérogénéités de composition du film.

• La technique d'analyse permet de rendre compte d'hétérogénéités de composition dans le matériau, se traduisant par plusieurs maximums de tan δ ou d'une transition très large. Par exemple, dans le cas de copolymères inhomogènes, cette technique peut mettre en évidence lors de l'analyse des différences de comportement aux petites déformations (plusieurs transitions bien marquées correspondant chacune à des homopolymères[183]). Concernant notre matériau, cette étude est importante car au-delà du module élastique qui est une donnée importante des matériaux utilisés pour l'ophtalmologie, elle nous permet de *garantir l'isotropie mécanique des disques de polymère, étroitement liée à l'homogénéité de composition gage des propriétés optiques*.

• L'analyse DMA *peut* permettre d'étudier l'incorporation des agents de réticulation utilisés et de rendre compte des différences de réactivité entre les deux fonctions vinyliques dans le cas des agents difonctionnels. La réactivité d'une première fonction peut modifier la réactivité de la seconde du fait de l'avancement de la réaction (conversion faible ou très élevée), du mode de la polymérisation (en masse ou en solution), soit encore de la longueur de l'espaceur entre les deux fonctions. On peut alors différencier le mouvement des chaînes liées uniquement par une seule fonction et celles qui sont réellement immobilisées au sein d'un réseau réticulé de manière homogène traduit par des pics de tanδ plus fins.

II.2.2.1.b   Résultats

Comme il est précisé dans le paragraphe précédent, nous nous sommes situés dans le domaine linéaire de viscoélasticité. Ainsi, la réponse du matériau MAM-ABu est indépendante de la déformation et n'est fonction que du temps ou de la température.

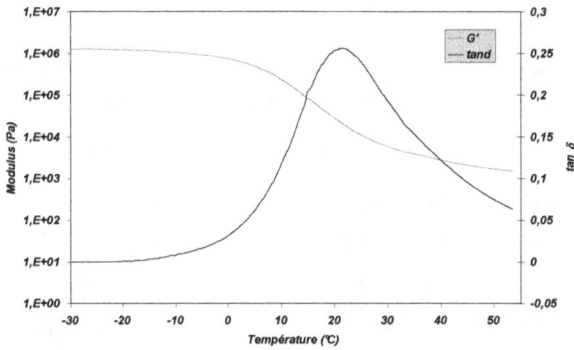

Figure II.27 : *Analyse DMA d'un copolymère MAM-ABu 40/60*

Conformément à ce qui a été dit précédemment, la zone d'écoulement n'est pas visible du fait de la réticulation importante du matériau, on obtient l'établissement d'un plateau caoutchoutique. Le module élastique mesuré à $-20°C$ est de $1,16.10^6$ Pa (contre $1,58.10^6$ pour l'Arysof®[184]) et le pic de la tan δ se situe à $22°C$. Cette valeur de la Tg (pic de la tan δ) mesurée en DMA est normalement supérieure à celle mesurée en DSC pour un copolymère MAM-ABu 40/60 qui se situe entre 0 et $7°C$ en fonction de la conversion, car elle n'illustre pas les mouvements moléculaires (relaxation α). On s'aperçoit également que le pic de la tan δ est relativement large ce qui peut être expliqué par l'existence de chaînes de compositions légèrement différentes (v. paragraphe II.1.2).

II.2.3 Propriétés de surface

Les propriétés de surface d'un matériau sont caractérisées soit par des analyses topographiques (aspect de surface, taille des particules d'un latex déposé en couches ± minces, etc...) qui rendent compte de la qualité de la surface, soit par des analyses physico-chimiques (tension superficielle, angle de contact, hydrolyse...) qui rendent compte des propriétés de mouillage du polymère, ou encore par des tests biologiques (adhésion cellulaire, migration cellulaire...) qui renseignent sur l'influence ou l'action du matériau sur le comportement de cellules par simple contact.

II.2.3.1   Mesure de l'angle de contact

Les mesures d'angle de contact peuvent aisément être obtenues en déterminant l'angle tangent que fait une goutte de liquide à sa base avec une surface. Cette détermination est importante et fournit des informations sur les tensions de surface des surfaces solides par le biais de l'équation de Young : $\gamma_{LV} \cos\theta_Y = \gamma_{SV} - \gamma_{SL}$

où γ_{LV}, γ_{SV} et γ_{SL} sont respectivement les tensions interfaciales entre liquide-vapeur, solide-vapeur et solide-liquide et θ_Y l'angle de contact. D'après Kwok et Neumann[185], la détermination des tensions de surfaces solides est restreinte par certaines approximations. Des phénomènes de « dissolution » des chaînes de polymère peuvent apparaîtrent et la valeur de γ_{LV} n'est plus constante ce qui fausse cette détermination. De même, γ_{SV} et γ_{SL} doivent être constantes, c'est-à-dire qu'aucune réaction chimique ne doit intervenir. Un choix approprié des liquides doit être effectué pour ne pas perturber γ_{SV}. Si $\gamma_{LV} < \gamma_{SV}$, on peut avoir soit un mouillage complet de la surface ou une modification de γ_{SV} par contact liquide-solide, soit une adsorption de liquide qui modifie γ_{SV} d'un liquide à un autre.

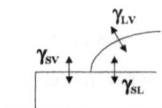

Figure II.28 : *Représentation des trois tensions interfaciales*

La solution est donc d'utiliser un liquide pour lequel $\gamma_{LV} > \gamma_{SV}$. Neumann, dans une étude s'affranchissant des approximations de mesure par contact dynamique de la goutte de liquide[186] (Axysymmetric Drop Shape Analysis-Profile et techniques capillaires), a ainsi mesuré les tensions de surface pour certains couples polymère-liquide. Certaines valeurs des polymères méthacryliques sont rassemblées ci-dessous :

Surface solide	Liquides	γ_{LV} (mJ.m^{-2})	θ (°)	γ_{SV} (mJ.m^{-2})^a
PolyMAM[187]	3-Pyridylocarbinol	47,81	39,47	38,4
	2,2'-Thiodiethanol	53,77	50,35	38,3
	Formamide	59,08	57,73	38,6
	Glycerol	65,02	66,84	37,9
	Eau	72,70	73,72	39,3
PolyMABu[188]	3-Pyridylocarbinol	47,81	60,30	29,2
	2,2'-Thiodiethanol	53,77	28,00	29,4
	Formamide	59,08	76,41	28,5
	Glycerol	65,02	82,11	29,0
	Eau	72,70	90,73	28,7
Poly(MAM-co-MABu)[189]	3-Pyridylocarbinol	47,81	49,22	34,2
	2,2'-Thiodiethanol	53,77	57,84	34,6
	Formamide	59,08	66,33	34,0
	Glycerol	65,02	74,72	33,3
	Water	72,70	81,33	34,6

^{a} calculée à partir de l'équation d'état $\cos\theta_Y = -1 + 2\sqrt{\dfrac{\gamma_{SV}}{\gamma_{LV}}}\,e^{-\beta(\gamma_{LV}-\gamma_{SV})^2}$ avec $\beta=0.0001247(m^2.mJ)^2$.

Tableau II.14 : *Valeurs des tensions de surface de polymères méthacryliques*

N.B. : les valeurs sont données pour des copolymères méthacryliques Poly(MAM-co-MABu) peuvent raisonnablement servir de modèle pour nos copolymères acryliques-méthacryliques MAM-ABu 40/60.

On voit dans le tableau II.14 que l'écart entre γ_{LV} et γ_{SV} est le plus important avec l'eau (tout en respectant la condition $\gamma_{LV}>\gamma_{SV}$). Nos copolymères étant très similaires à ceux utilisés par Neumann (MABu à la place de l'ABu), nous avons choisi l'eau comme liquide de mesure, afin de minimiser les effets de dissolution ou de gonflement des chaînes qui restent donc très faibles (<2% v. chapitre II.2.1.1).

II.2.3.2   Protocole Expérimental

Les mesures sont effectuées au Laboratoire de Génie des Procédés de l'Ecole nationale Supérieure de Chimie de Paris. L'appareil utilisé est un goniomètre auquel a été adapté un système vidéo permettant de visualiser l'échantillon sur lequel on dispose une goutte. Un programme informatique prend le relais pour déterminer graphiquement l'angle direct (tangent) que forme la goutte avec la surface (à l'inverse de la plupart des techniques qui utilisent la valeur de l'angle complémentaire). Une moyenne est effectuée sur 50 valeurs et la mesure est répétée 3 fois.

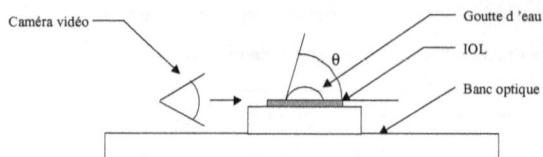

Figure II.29 : *Schéma du dispositif utilisé pour la mesure des angles de contact*

Une fois les réglages effectués (alignement), on dépose à l'aide d'une seringue une micro-goutte de liquide (4 µL d'eau) sur l'échantillon. On constate que la valeur de l'angle varie au cours du temps avec nos implants et qu'un équilibre s'établit après une minute. C'est à ce moment là que la mesure est effectuée. L'erreur de mesure que l'on effectue est minime car l'équilibre est atteint, et la reproductibilité des tests permet de bien rendre compte des propriétés superficielles de l'interface solide-liquide.

II.2.3.3   Résultats

Le peroxyde de benzoyle occasionnant une polymérisation greffante sur la surface des moules en polypropylène, seuls les angles de contact des disques produits avec l'AIBN et le PCCH ont été mesurés. De plus, les tests sont réalisés sur des disques ayant subi une extraction au soxhlet.

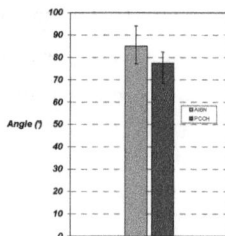

Figure II.30 : *Influence de l'amorceur sur les valeurs des angles de contact pour des implants en copolymères MAM-ABu (40/60)*

Nous voyons sur la figure II.30 que les copolymères réalisés à partir d'un amorçage au percarbonate mouillent plus que ceux réalisés avec l'AIBN (85° pour l'AIBN et 78° pour le PCCH). *Le choix de l'amorceur a donc une influence sur les propriétés de surface des matériaux.* Cependant, nous ne sommes pas en mesure de déterminer la part de l'influence de la nature chimique des fonctions présentes à la surface sur la valeur de l'angle de contact par rapport à la qualité du poli optique des disques. Ainsi, il n'est pas évident de dire que des implants réalisés par cryousinage d'un barreau de polymère auront les mêmes propriétés de surface. Notons toutefois que la moyenne des angles de contact des copolymères MAM-ABu est de 82° et que d'après le tableau II.14, la moyenne des valeurs d'angle de contact relevée pour les copolymères MAM-MABu est de 81°. L'influence de l'ABu sur les propriétés de surface est donc très proche de celle du MABu.

II.2.3.4   *Microscopie électronique à balayage*

Les analyses de microscopie électronique à balayage sont réalisées au Laboratoire de Physique des Liquides et d'Electrochimie de l'Université Pierre et Marie Curie de Paris grâce à un microscope MEB-LEICA. Les analyses sont réalisées sur des disques de MAM-ABu 40/60, extraits à l'acétone.

Figure II.31 : *Surface d'un disque de MAM-ABu 40/60*

Les clichés de microscopie électronique montrent que la surface est homogène, et que les moules en polypropylène permettent de produire des disques lisses, sans rayures. La surface des disques est d'assez bonne qualité pour permettre les essais des implants in vivo mais industriellement, il est obligatoire de procéder à une étape de polissage afin d'émousser les arêtes irrégulières (bords du disque). La technique de polissage utilise des billes de verre de tailles variables (0,1 à 1mm) entraînées dans un tonneau rempli d'un non-solvant du copolymère. Les billes de taille élevée entraînent les disques tandis que celles de petite taille polissent les arêtes.

II.2.4   Conclusion

Comme nous venons de le voir, les copolymères MAM-ABu 40/60 représentent une bonne base de matériau pour les implants intraoculaires car ils respectent le cahier des charges des biomatériaux à usage ophtalmologique. Les disques sont stables chimiquement, parfaitement transparents et possèdent les qualités requises tant sur le plan mécanique qu'optique.

☺ Les copolymères MAM-ABu 40/60 sont facilement moulables dans des moules en polypropylène et les disques produits peuvent être aisément débarassés par extraction des oligomères solubles et des monomères résiduels par extraction au soxhlet d'acétone.

☺ La température de transition vitreuse des copolymères MAM-ABu 40/60 se situe entre 0 et 7°C et l'ajustement de cette dernière peut se faire facilement en modulant le taux d'agent de réticulation.

☺ Les analyses DMA, montrent en accord avec les calculs de composition à partir des rapports de réactivité, que les chaînes ont des compositions variables (pic de tan δ large) en fonction de la conversion et donc que le matériau est inhomogène chimiquement. Cependant, nous avons vu que cette inhomogénéité n'affecte pas les propriétés optiques (indice, transparence).

☺ Les mesures d'angle de contact montrent que le choix de l'amorceur est très important. Les valeurs d'angles de contact indiquent de faibles variations mais qui permettent néanmoins de mettre en évidence des différences de propriétés de surface (hydrophobie des implants).

☺ L'amorçage par le percarbonate de cyclohéxyle permet d'introduire des propriétés de mouillage (accroissement de l'hydrophilie) de la surface des copolymères. De plus, les disques produits sont facilement usinables à froid ou polissables.

Ces diverses mesures physiques nous ont conduits à considérer le matériau brut comme base de formulation pour l'obtention de matériaux fonctionnels, c'est-à-dire possédant des propriétés optiques ou mécaniques améliorées par incorporation de monomères fonctionnels ou par traitements chimiques. La troisième partie de ce manuscrit est consacrée à ces développements. En ce qui concerne les qualités de biocompatibilité des copolymères MAM-ABu 40/60, elles seront décrites dans la 5ème partie de ce document.

Partie II : Réalisation d'implants moulés en copolymères statistiques de poly(MAM-co-ABu)

PARTIE III : MODULATION DE L'INDICE DES COPOLYMERES MAM-ABu

La recherche bibliographique des brevets concernant les implants intraoculaires nous renseigne rapidement sur l'évolution des formulations au cours des années. Dans les premières années (1945-75), les implants étaient uniquement synthétisés à partir du méthacrylate de méthyle (MAM). Puis l'émergence des implants acryliques pliables et hydrophiles n'a été possible que par association du MAM avec plusieurs comonomères, tels que les composés acryliques ou par copolymérisation avec des monomères hydrophiles (VP, HEMA, NVP...).

Les propriétés de biocompatibilité n'étant pas démesurées avec ces développements (v. partie bibliographique), les ingénieurs ont rapidement cherché à mettre parallèlement au point des matériaux possédant des propriétés optiques ou mécaniques très avancées. Le matériau destiné aux implants intraoculaires, biocompatible à vie n'ayant été découvert, les développements ont principalement ciblé le confort du patient (ainsi que celui du chirurgien), en diminuant les risques de traumatismes post-opératoires. Les implants pliables à haut indice de réfraction sont donc apparus dans les années 90 et l'incorporation de monomères fonctionnels a fait son apparition.

Alcon, Allergan et Ioptex ont développé des matériaux phénylés, d'indice de réfraction supérieurs à 1,50 voire 1,55. Les brevets concernant ces matériaux couvrant une très large gamme de monomères, nous avons cherché une autre voie de recherche permettant de créer un matériau à haut indice de réfraction nouveau et jusqu'alors jamais implanté...

Chapitre III.1 : Aspects bibliographiques - Matériaux à hauts indices de réfraction

Longtemps utilisés en optique ophtalmique pour leurs propriétés remarquables, les matériaux inorganiques (minéraux) sont maintenant largement concurrencés par les polymères organiques. La pénétration sans cesse croissante de ces derniers s'explique par la supériorité de certaines caractéristiques telles que la légèreté (densité moyenne deux fois plus faible que pour les matériaux inorganiques), la résistance à l'impact (qui apporte une plus grande sécurité d'utilisation), la colorabilité (les pigments organiques sont nombreux et facilement incorporables aux charges de monomères) et la mise en œuvre (qui autorise des étapes de polissage à basses températures, critère important économiquement parlant). Cependant, force est de constater qu'il reste très difficile d'élever certaines propriétés optiques au niveau de celles des matériaux inorganiques, telles que l'indice de réfraction (n_D^{20}>1,6 pour les verres minéraux et<1,6 pour les polymères organiques « haut indice ») ou encore la possibilité de créer des implants accommodants, sans que cela se fasse au détriment des propriétés mécaniques ce qui diminue l'intérêt de leur utilisation. La synthèse de nouvelles molécules organiques satisfaisant au cahier des charges des implants et concurrençant les propriétés des matériaux inorganiques reste donc une priorité.

III.1.1 Le cahier des charges en optique ophtalmique

On distingue trois grandes familles de propriétés que doit posséder un polymère pour pouvoir être utilisé dans le domaine ophtalmologique :

➢ Propriétés chimiques et optiques : La propriété fondamentale est *l'indice de réfraction* pour lequel on vise une valeur supérieure à 1,50. Le matériau doit alors être le moins dispersif possible afin de limiter les aberrations chromatiques. Il doit être transparent, c'est-à-dire avoir une diffusion nulle ou très faible. La diffusion résulte principalement des impuretés, des défauts de structure, des micro-domaines d'indice différent de celui de la matrice ou de toutes autres inhomogénéités. L'implant (ou le matériau) doit demeurer incolore au cours du temps. Cela concerne non seulement les domaines d'absorption du monomère (présence de chromophores) mais aussi la stabilité aux rayonnements UV et visibles (réactions photoinduites, vieillissement). La transmission du matériau est déterminée par la réflexion à la surface et par l'absorption au sein de l'échantillon. La biréfringence (née de l'existence de contraintes internes et due à l'anisotropie du matériau), doit être rendue négligeable par les modes de synthèse ou de mise en forme. Pour les propriétés chimiques, le polymère doit être non-hydrolysable en milieu biologique, résistant aux solvants organiques et stable aux dégradations et aux réactions d'oxydation (à l'air, à la lumière, aux fluides intraoculaires...).

➢ Propriétés mécaniques : Outre la température de transition vitreuse qui doit se situer autour de la température ambiante (les implants souples étant implantés à l'état roulé lors de l'opération grâce à des injecteurs cylindriques), la dureté et la résistance aux chocs de la surface sont prépondérantes. L'implant doit résister aux forces de pression, d'étirement et de torsion afin qu'il ne se déchire ni ne se plisse en surface. La viscoélasticité du matériau doit être telle que les marques que laissent les instruments chirurgicaux lors de la manipulation disparaissent rapidement.

➢ Impératifs économiques : Le coût de fabrication d'une lentille intègre deux paramètres comme le coût des matières premières (i.e des monomères, de la complexité de la synthèse et de la purification), ainsi que le coût de mise en œuvre (polymérisation, mise en forme, usinage) qui doivent être raisonnables.

Il est important de garder à l'esprit ces considérations qui sont primordiales pour le choix des polymères, des voies de synthèse et donc de l'axe de recherche.

III.1.2 Origine de la réfraction

L'étude bibliographique réalisée sur les matériaux à hauts indices de réfraction provient essentiellement d'une littérature-brevet qui a révélé l'activité soutenue des sociétés japonaises dans ce domaine exploré depuis une vingtaine d'années. Afin de mieux appréhender le sujet des matériaux à hauts indices de réfraction, il est nécessaire de définir d'abord cet indice, ce qui permettra de mieux comprendre quels axes de recherche ont été suivis et pour quelles raisons.

III.1.2.1   Introduction

Deux descriptions différentes permettent de rendre compte des propriétés optiques des matériaux [190]:

- une description par les propriétés de diffusion optique des objets (molécules, atomes…) qui composent le milieu. Cette description en terme de diffusion est nécessaire pour rendre comptes des effets dus aux hétérogénéités de grande taille (cristallinité, etc…),

- dans le cas où les objets composant le milieu sont plus petits que la longueur d'onde d'observation, la réfraction peut être décrite par la polarisation diélectrique du milieu aux fréquences optiques. Cette description n'est valable qu'en cas de faible hétérogénéité, par exemple pour les *polymères transparents et amorphes que sont les polymères utilisés pour la fabrication de lentilles intraoculaires.*

III.1.2.2   *La réfraction moléculaire*

Un grand nombre d'expressions empiriques ont été proposées et relient l'indice de réfraction n à la densité ρ d'un matériau amorphe et transparent. Le traitement des équations de Lorentz-Lorenz ou de Maxwell sur la polarisabilité complexe est assez lourd et ne sera pas décrit dans ce chapitre, mais il en résulte que pour un matériau amorphe donné, il existe une quasi-indépendance de la polarisabilité moléculaire α vis-à-vis de l'état physique ce qui conduit à penser qu'un composé chimique possède un invariant qui est la réfraction moléculaire. Des mesures effectuées sur le PMMA et sur un polycarbonate, ont effectivement montré que la polarisabilité était indépendante de la densité du matériau[191].

De plus en étudiant des séries homologues de composés organiques, il a été possible d'assigner une valeur de réfraction molaire R_m à chaque groupe fonctionnel. On constate alors que la réfraction molaire d'un composé organique est approximativement égale à la somme des réfractions molaires de ses atomes ou groupes fonctionnels constituants $R_m=\Sigma R$ (additivité des réfractions molaires)[192,193]. D'après certains auteurs[194], les valeurs des indices de réfraction des polymères calculées à partir des valeurs de $R_m=\dfrac{M.(n'^2-1)}{\rho.(n'^2+2)}$ conduisent à une incertitude d'environ 0,5%[195]. Il faut noter que cette indépendance n-ρ étant valable pour des polymères amorphes, il est tout de même possible de calculer l'indice de réfraction par la réfraction molaire d'un polymère cristallin en tenant compte de la variation de volume lors de la cristallisation.

III.1.2.3   Polarisabilité molaire

La relation de Clausius-Mosotti qui relie la permittivité relative ε_r (directement issue de la constante diélectrique) à α ($\dfrac{\varepsilon_r - 1}{\varepsilon_r + 2} = \dfrac{4\pi N\alpha}{3}$) a permis d'exprimer la polarisabilité

$$molaire\ P_m : P_m = \frac{M.(n^2 - 1)}{\rho.(n^2 + 2)}$$

où M est la masse molaire.

A première vue, il semblerait que $P_m = R_m$. Cependant, ceci n'est vrai que si la constante diélectrique est mesurée aux mêmes fréquences optiques que n. Dans ce cas, seule la polarisabilité des électrons de valence intervient dans la polarisabilité moléculaire α, donc dans ε_r comme dans n. La polarisabilité mesure alors essentiellement la mobilité des électrons de valence de la molécule et plus exactement celle des électrons engagés dans une liaison, les dipôles permanents ne participant pas à la polarisabilité à de si grandes fréquences[196]. De manière identique à la réfraction molaire, l'additivité des polarisabilités a été établie pour différents types de liaisons[197].

N.B : Le calcul de n à partir des valeurs de réfraction molaire ou de polarisabilité molaire suppose la connaissance à priori de la densité ρ_0 du polymère.

III.1.2.4   Relation indice-composition[198]

L'indice de réfraction, propriété macroscopique, traduit l'effet observé du milieu sur la propagation d'une perturbation électromagnétique. Cet effet moyen est la somme des effets de toutes les molécules présentes par unité de chemin optique de la radiation. Dans le cas du comportement idéal (si les indices des constituants ne diffèrent pas de plus de 0,2), l'indice est la somme des indices de chacun des composants purs, pondérée par les fractions volumiques : $n = \sum\limits_i v_i . n_i$ (Relation de Gladstone-Dale[199,200])

Les deux relations suivantes quant à elles relient la composition et l'indice et permettent de calculer n pour un copolymère quelque soit l'indice de chaque constituant:

$$n^2 = \sum_i v_i . n_i^2 \qquad\qquad \frac{1}{n^2} = \sum_i \frac{v_i}{n_i^2}$$

Une autre relation approximative linéaire peut apparaître pour certains systèmes binaires, en fonction de la fraction molaire, de la fraction massique ou de tout autre paramètre de concentration. Mais cette linéarité est due à la compensation mutuelle fortuite des deux facteurs antagonistes que sont la variation de la polarisabilité avec la concentration due aux forces intermoléculaires et la non-linéarité inhérente de la relation entre l'indice de réfraction et toute variable autre que la fraction volumique.

Cependant, dans le cas d'un copolymère amorphe et homogène, sans interaction spécifique entre les unités qui le composent, les interactions soluté-solvant n'existant pas, une relation linéaire peut être trouvée à un niveau d'approximation satisfaisant. Albert et Malone[201] puis Shepurev[202] ont montré que pour des polymères vitreux l'indice de réfraction des copolymères varie linéairement en fonction de la composition chimique, et que l'indice de réfraction n_{AB} d'un copolymère A-co-B dépend linéairement de la fraction massique x_B :

$$n_{AB}= n_A + (n_B - n_A)x_B$$

où n_A et n_B sont les indices des homopolymères.

Beevers[203] précise que cette relation, qui s'applique à un grand nombre de copolymères, suppose que les interactions ou associations entre les unités comonomères ou entre les unités d'un même monomère sont faibles, sinon la linéarité n'est plus respectée. Enfin , il est intéressant de noter que pour une gamme d'indice allant de 1,3 à 1,7, la linéarité est observée aussi bien pour l'indice de réfraction que pour la réfraction spécifique[204]

$$(R_s = \frac{n^2-1}{n^2+2}.\frac{1}{d})$$

III.1.2.5   Limites des méthodes de calcul de l'indice

Certaines approximations et hypothèses simplificatrices comme la relation de Maxwell $\varepsilon_r=n^2$ (qui n'est valable qu'à fréquence nulle et qui doit être corrigée au second ordre pour les fréquences non nulles) limitent la portée et l'intérêt de la détermination des compositions des copolymères par les indices. Le mode de calcul reposant sur les réfractions molaires des groupes chimiques, la seule participation des électrons de valence ne prend pas en compte les interactions de type dipôle-dipôle (liaisons hydrogène, etc...). Il serait alors plus attentionné de prendre en compte les réfractions ou les polarisabilités de liaison plutôt que les réfractions molaires, même si les deux concepts coexistent parfois dans les articles sans réelle concordance. De même, *les modèles ne prennent pas en compte les effets de mésomérie, les effets chélateurs ou les contributions des liaisons voisine.* Malgré ces limitations il est tout de même intéressant d'établir un ordre de grandeur de l'indice à partir de la structure présumée de la molécule pour un polymère amorphe et transparent, sachant que plus la molécule est riche en électrons de valence et plus ils sont mobiles (α augmente) et plus l'indice est élevé (n augmente).

III.1.2.6   Domaine de valeurs des réfractions et des polarisabilités molaires moyennes

Dans le tableau III.1, sont regroupées les valeurs des réfractions molaires d'atomes, des réfractions molaires de liaison et des polarisabilités molaires moyennes de liaison. Comme on peut le voir, il y a une bonne corrélation entre la réfraction molaire de liaison et la polarisabilité molaire moyenne calculée à partir des valeurs de polarisabilité de liaison. Le facteur de proportionnalité, lié au système employé vaut $N_a 4/3\pi.10^{-24}$ =2,52 avec α en Å^3 et R en cm^3. On voit également dans le tableau que certains groupes chimiques vont participer de façon conséquente à une augmentation de la valeur de l'indice de réfraction. L'utilisation de fonctions telles que les carbonyles, les éthers, les alcènes ou les alcynes est à proscrire. En ce qui concerne le fluor, on voit dans le tableau III.1 qu'il contribue très peu à l'augmentation d'indice de réfraction, c'est pourquoi peu de brevets d'implants acryliques hydrophobes recommandent une fluoration dans la masse[205]. Les rares matériaux fluorés utilisés dans l'ophtalmologie sont modifiés en surface pour apporter des propriétés anti-adhésives envers les cellules et pour augmenter la biocompatibilité (v. 1ère partie). En revanche il est très intéressant d'introduire dans le matériau d'autres halogènes comme le chlore, des cycles aromatiques ou des atomes de soufre.

Groupes ou fonctions chimiques	Réfraction molaire (cm^3)		Réfraction molaire de liaison (cm^3)		Polarisabilité molaire moyenne de liaison (Å^3)
	(a)	(b)	(c)	(d)	(e)
(C)-H	1.028	1.100	1.676	1.69	0.64
(C)-C	2.591	2.418	1.296	1.25	0.51
CH$_2$	-	4.618	-	-	-
C=C	1.575	1.733	4.17	4.16	1.43
(C)=O	2.122	2.211	3.32	3.38	1.37
C-O-(C)	1.643	-	1.54	1.51	0.60
-OH	2.553	2.625	1.66	1.73	-
(C)-Cl	5.844	5.976	6.51	6.53	2.6
C$_6$H$_5$	25.463	-	2.688	2.73	1.0
(C)-S	7.729	-	4.61	-	-
(C)=S	7.921	-	11.91	-	-
(C)-N(H$_2$)	2.376	2.322	1.57	1.54	0.65
(C)-F	0.81	1.44	1.72	-	-

(a) Handbook of Chemistry and Physics, CRC Press, 66ème édition, (b) G. Pannetier, *Chimie Générale, Atomistique-Liaison Chimique*, Masson, **1962**, (c) A.I. Vogel et Coll., *J. Chem. Soc.*, 514, **1954**, (d) K.G. Denbigh, *Trans. Faraday. Soc.*, 36 : 936, **1940**, (e) S. Jenkins, *Polym. Sci.*, 1 : 495, **1972**

Tableau III.1 : *Données numériques des réfractions et des polarisabilités de liaison*

III.1.3 Constringence

La notion de constringence diffère de la réfraction dans la mesure où elle exprime la variation de l'indice en fonction de la fréquence des radiations menant au phénomène de dispersion (irisation des lentilles) (figure III.1[202]). Cette caractéristique est exprimée par le nombre d'Abbe ν et plus sa valeur est élevée et moins le matériau est dispersif.

$$\nu = \frac{n_D - 1}{n_F - n_C}$$

où n_D, n_F et n_c sont les indices respectifs mesurés aux longueurs d'ondes de la raie D du sodium (λ_D=589,6 nm), de la raie F et C du cadmium (λ_F=480,0nm et λ_C=643,8 nm).

Sans qu'il y ait de relation simple entre les deux grandeurs, un accroissement de l'indice s'accompagne souvent d'une diminution de la constringence, comme le montre la figure III.2[206].

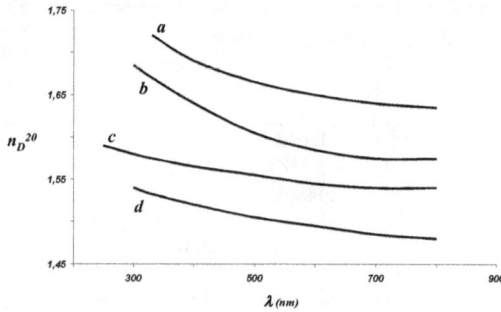

Figure III.1 : *Dépendance en fréquence de l'indice de réfraction*
a : verre flint-silicate, b : polystyrène, c : silice vitreuse, d : PMMA

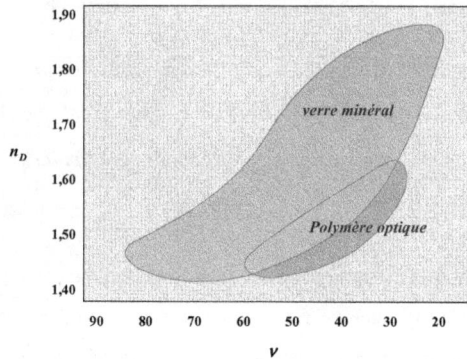

Figure III.2 : *Position des matériaux optiques dans un diagramme n/ν*

De manière générale, la dispersion augmente lorsque l'on s'approche des zones d'absorption. Entre les zones IR et UV, on constate un plateau qui indique une quasi constance de l'indice dans le visible. Les formules de Cauchy (1830), puis de Sellmeier (1871) et enfin de Schott (1966) qui décrivent bien ce phénomène au niveau du plateau montrent d'une part que si le nombre d'électrons de valence est faible alors la dispersion sera limitée, et d'autre part que si la bande d'absorption UV du matériau est loin du visible, la dispersion est quasi nulle. Malheureusement, les groupes fonctionnels qui augmentent l'indice déplacent l'absorption vers l'UV proche. ***Nous nous trouvons alors dans le cas où on perd la quasi constance lorsque l'on incorpore des groupes fonctionnels.***

III.1.4 Influence architecturale des groupes fonctionnels sur l'indice

Afin de déterminer précisément l'influence structurale des groupes chimiques sur l'indice, les mesures de n sont réalisées le plus souvent à l'aide d'un réfractomètre d'Abbe à 20°C pour la raie spectrale D du sodium à 589,6 nm (située au milieu du spectre visible). En basant la recherche bibliographique sur les matériaux acryliques et méthacryliques, on constate que de nombreuses molécules[207] permettent de montrer l'influence de la fonction estérifiante par exemple, ou de la taille d'un cycle ou encore du nombre d'hétéroatomes sur la valeur de l'indice. Nous avons porté un intérêt tout particulier aux **matériaux soufrés** car leurs propriétés optiques sont remarquables.

III.1.4.1   Influence de la nature du groupement carboxyle

Dans l'exemple des méthacryliques, l'influence de la composition chimique de la fonction ester est illustrée dans le tableau III.2.

Formule développée			
Indice de réfraction	1,4128	1,4509	1,4872

Tableau III.2 : *Influence du groupement carboxyle sur les l'indice de réfraction de quelques méthacryliques[18]*

Le tableau III.2 nous permet de conclure que l'indice de réfraction augmente dans l'ordre O, N, S. En effet, plus l'hétéroatome est gros et plus il est polarisable, c'est-à-dire que ses électrons externes sont moins retenus. Cependant l'introduction de soufre diminue le nombre d'Abbe le faisant passer de 40,0 pour le méthacrylate d'éthyle à 32,3 pour le thiométhacrylate d'éthyle.

III.1.4.2   Influence de la taille du cycle sur des (thio)méthacrylates monocycliques

Nous allons voir dans cette partie que l'influence de la taille d'un cycle n'est pas toute à fait la même pour une série méthacrylique substituée et son homologue soufrée. Ceci nous rappelle d'ailleurs que les effets de liaison sont différents lorsqu'il s'agit d'une liaison C-O ou d'une liaison C-S.

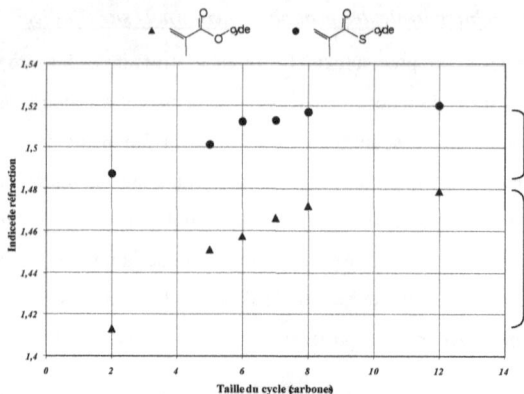

Figure III.3 : *Influence de la taille du cycle pour des séries méthacryliques (▲) et thiométhacryliques (●)*[208]

On voit nettement que les thioesters ont un indice plus élevé que les esters correspondants (propriété déjà observée) mais on remarque également que l'influence de la taille des cycles est moins sensible lorsque la molécule contient du soufre. En ce qui concerne le nombre d'Abbe, de manière générale l'influence de la taille des cycles est inversement proportionnelle à l'influence observée sur l'indice.

III.1.4.3   *Influence du nombre d'atomes de soufre*

Les travaux de F. Caye du Laboratoire de Chimie Organique de l'université de Metz montrent bien l'évolution de l'indice de réfraction en fonction du nombre d'atomes de soufre incorporés dans la molécule[208]. Dans l'exemple suivant, nous avons représenté une série de molécules pour laquelle l'incorporation d'un ou plusieurs soufres se fait dans un cycle dont la taille varie également. Dans le tableau III.3 sont rassemblées ces valeurs des indices pour la série méthacryliques et quelques homologues thiométhacryliques.

Formules développées et indices de réfraction

a (*1.4573*)   b (*1.5124*)

c (*1.5014*)   d (*1.5022*) (*1.5216*)   e (*1.5125*)   f

g (*1.5017*)   h (*1.5022*) (*1.551*)   i (*1.5433*)   j

k (*1.551*)   j (*1.551*) (*1.596*)   l (*1.5790*)   m

j (*1.551*)   n (*1.5447*)   o (*1.5392*)

Tableau III.3 : *Etude du rapport S/C et de la position des soufres dans une même structure*[207,208]

Ainsi, on peut voir que l'utilisation d'un cycle très volumineux (nombre de carbones > 6) limite l'augmentation de l'indice (série j-n-o). Nous nous apercevons que l'insertion des atomes de soufre est préférable dans une fonction thioester plutôt que dans un cycle (b-g voire b-e). En conclusion, *les tableaux III.1 et III.2 nous montrent que l'utilisation conjointe de cycles aromatiques et d'atomes de soufres est une bonne combinaison pour la réalisation de matériaux à haut indice de réfraction.*

III.1.5 Matériaux contenant du soufre

Les principaux composés dans lesquels on peut trouver du soufre sont les sulfures (ou thioéthers R-S-R'), les sulfones (R-SO$_2$-R'), les thio(méth)acrylates (R-S-CO), et les thiouréthanes. En ce qui concerne les thio(méth)acrylates, les sociétés KONOSHIROKU, EASTMAN KODAK, MITSUI et NIPPON SK sont les principaux détenteurs de brevets. La première société s'est surtout penchée sur les thiométhacrylates de phényle (composé s) pour obtenir des indices de réfraction de 1,658 au détriment du nombre d'Abbe (16) comme nous l'avons vu dans le paragraphe

1,3, EASTMAN s'est intéressée principalement aux thiométhacrylates polyphénylés ou substitués (composé t et u) augmentant l'indice de réfraction jusqu'à 1,7, MITSUI aux dérivés difonctionnels (composé v) et NIPPON SK aux thioesters polysoufrés (composé w et x).

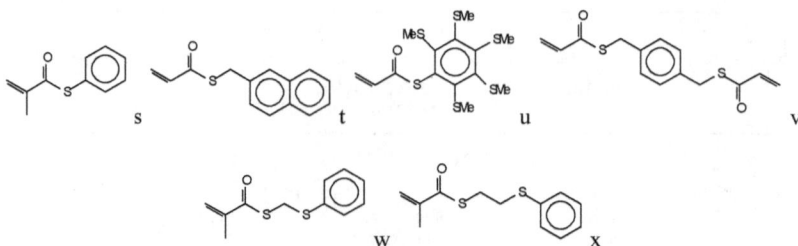

De très nombreux brevets étant disponibles dans la littérature, une étude exhaustive se révèle difficile, cependant la tendance à l'utilisation de molécules soufrées se caractérise par des architectures très complexes. Les brevets protègent très souvent les revêtements pour les verres de lunettes et peu d'entre-eux sont destinés au marché des lentilles oculaires et intraoculaires. Les quelques implants acryliques hydrophobes commerciaux ne possèdent pas de soufre dans leur composition mais les brevets dont ils dépendent protègent leur utilisation. ***Par chance, la fenêtre des thioesters reste inexploitée et non protégée pour la fabrication de lentilles intraoculaires et nous nous sommes attachés à incorporer dans la masse certaines molécules soufrées à partir de la formulation MAM-ABu 40/60 et à implanter ces nouveaux matériaux.***

L'ingénierie moléculaire est une étape clé dans la création d'un nouveau matériau. Elle permet de conférer à la même molécule plusieurs des propriétés. La recherche sur les implants intraoculaires montre que les développements récents s'attachent à améliorer le confort du patient, celui du chirurgien, le design de la lentille, les propriétés de biocompatibilité... Mais de nombreux critères doivent être respectés afin de parvenir à l'homologation d'un nouveau matériau, notamment la reproductibilité des synthèses et celles des propriétés optiques et mécaniques.

Tout en se servant des propriétés optiques déjà très bonnes des copolymères de base MAM-co-ABu ($n_D^{20}=1,4778$ pour un MAM-ABu 40/60), nous avons développé des matériaux fonctionnels pour lesquels les propriétés optiques sont améliorées, soit par incorporation de monomères fonctionnels existants et couramment utilisés, soit par synthèse de nouveaux monomères.

La partie III est consacrée à ces améliorations et montre comment l'incorporation des différents monomères fonctionnels peut être parfaitement maîtrisée.

Chapitre III.2 : Augmentation de l'indice de réfraction des copolymères MAM-ABu

III.2.1 Incorporation de monomères styrèniques aromatiques

Comme nous l'avons vu dans le premier chapitre de cette 3ème partie, certains groupes fonctionnels permettent d'augmenter considérablement la valeur de l'indice de réfraction des matériaux. L'utilisation du chlorométhylstyrène (association d'un halogène et d'un cycle aromatique) en tant que comonomère nous a permis d'augmenter fortement l'indice de réfraction des copolymères. Elle nous a également permis d'introduire une fonction permettant une modification chimique ultérieure. Cette deuxième caractéristique des copolymères renfermant des unités CMS sera discutée dans la 4ème partie.

III.2.1.1   Incorporation de Chlorométhylstyrène CMS

L'incorporation de CMS au sein des copolymères MAM-ABu a été réalisée en masse à partir d'un mélange de MAM, d'ABu et de CMS. Nous avons gardé un taux constant d'amorceur (2% en poids de la masse totale des constituants du système), afin de pouvoir comparer l'indice de réfraction des copolymères MAM-ABu-CMS et ceux des disques de polymère MAM-ABu (Partie II). Ainsi, toutes les polymérisations ont une durée de 3 heures, à 75°C, dans les moules en polypropylène, les disques étant soumis à une extraction au soxhlet d'acétone.

III.2.1.1.a   *Variation de l'indice de réfraction des disques*

❖ *Remplacement partiel du MAM par le CMS*

Nous avons réalisé des mélanges à 10, 20, 30 et 40% de CMS en remplacement du MAM dans une formulation de base utilisée pour la synthèse des copolymères MAM-ABu 40/60. Ces mélanges représentent la série de copolymères MAM-ABu-CMS 40-x/60/x.

Les mesures des indices ont été effectuées avec un réfractomètre d'Abbe après extraction des disques à l'acétone et séchage à température ambiante. Le liquide d'indice de réfraction de référence différent est l'eau.

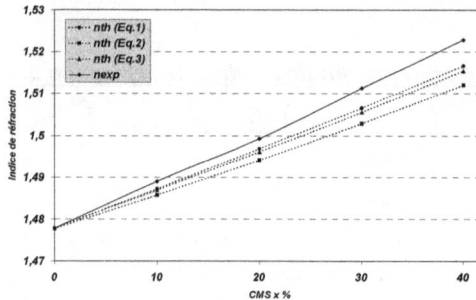

Figure III.4 : *Variation de l'indice de réfraction pour des copolymères MAM-ABu-CMS 40-x/60/x*

Les valeurs théoriques de l'indice de réfraction sont calculées d'après les relations[209] liant les fractions volumiques v_i des constituants et les indices des homopolymères correspondants n_i aux indices des matériaux finaux :

$$n^2 = \sum_i v_i.n_i^2 \text{ (Eq.1)} \qquad \frac{1}{n^2} = \sum_i \frac{v_i}{n_i^2} \text{ (Eq.2)} \qquad n = \sum_i v_i.n_i \text{ (Eq.3)}$$

L'équation de la droite expérimentale est $n=0,0011x + 1,4776$ ($R^2=0,9993$). Les valeurs des homopolymères utilisées sont celles mesurées pour des disques de polyABu , polyMAM et polyCMS synthétisés par nos soins dans les moules en PP (tableau III.4). Les charges d'amorceur et d'agent de réticulation sont toujours identiques de façon à garder constante la contribution des réactifs supplémentaires en ce qui concerne la réfraction molaire (chapitre III.1.2.2).

Homopolymères	polyMAM	polyABu	PolyCMS
Indice de réfraction	1,4882	1,4710	1,5974

Tableau III.4 : *Indices de réfraction des homopolymères*

Malgré une variation linéaire on observe un léger écart entre les valeurs théoriques et les valeurs expérimentales. Nous pouvons expliquer cette légère différence de 4 manières :

- Le CMS utilisé est un ***mélange de para et ortho-chlorométhylstyrène*** que nous n'avons pas cherché à séparer (les synthèses devant être réalisées industriellement d'après nos travaux), or la substitution influe sur la valeur de l'indice de réfraction (1,5932 pour l'ortho-méthoxystyrène et 1,5867 pour le para-méthoxystyrène)[210],

- Les valeurs théoriques sont basées sur une conversion de 100% des monomères, or dans la majorité des cas nous nous situons entre 95 et 98%. Or nous savons qu'une incorporation préférentielle du CMS peut mener à une surévaluation de n_{exp},

- Le calcul d'erreur sur la mesure (lecture de la valeur donnée par le refractomètre d'Abbe) nous donne une précision de 2,5‰,

- Nous avons également observé une variation de l'indice en fonction de l'épaisseur des disques sur lesquels nous effectuons les mesures (tableau III.5).

Epaisseur du disque	0,5 mm	1 mm
Indice de réfraction d'un PolyCMS	1,5974	1,5951

Tableau III.5 : *Variation de l'indice d'un copolymère MAM-ABu-CMS en fonction de l'épaisseur du matériau*

Cette observation est importante mais ne joue pas dans notre cas car l'épaisseur de nos disques varie très peu (0,9 à 1 mm). En revanche, il faut prendre en compte cette évolution de l'indice lorsqu'il s'agit de tailler des implants biconvexes. Une étude précise de l'Acrysof® d'Alcon montre l'évolution de l'indice de réfraction en fonction de l'épaisseur du matériau[211].

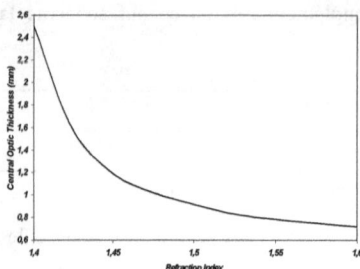

Figure III.5 : *Evolution de l'indice de l'Acrysof® en fonction de l'épaisseur de l'implant*

❖ Remplacement partiel de l'ABu par le CMS

Dans l'exemple suivant, nous avons réalisé des mélanges MAM-ABu-CMS à 20, 40 et 60% de CMS pour former la série de copolymères MAM-ABu-CMS 40/(60-x)/x.

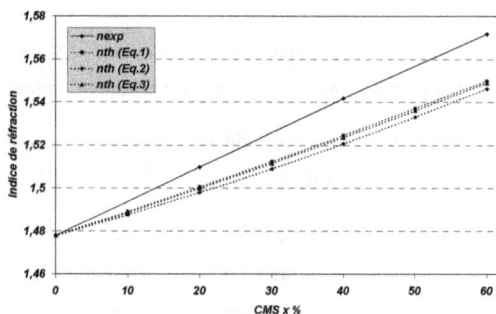

Figure III.6 : *Variation de l'indice de réfraction pour les copolymères MAM-ABu-CMS 40/(60-x)/x*

De manière identique à la série MAM-ABu-CMS (40-x)/60/x, une dérive des valeurs des indices de réfraction est observée. Ce phénomène peut également être expliqué par une conversion incomplète et par une incorporation préférentielle du CMS, menant à une fraction volumique en CMS plus importante que celle de la charge de monomères.

III.2.1.1.b Variation de la température de transition vitreuse

Les matériaux étant destinés à être utilisés comme implants pliables, nous avons mesuré la Tg des copolymères formés. Cette donnée technique est primordiale pour les matériaux utilisés en ophtalmologie. Certains brevets décrivent même l'avancée technologique de certains matériaux par la seule variation de la température de transition vitreuse. C'est le cas de l'Acrysof I et de l'Acrysof II (jusqu'alors implant leader sur le marché), décrits dans un brevet d'Alcon sur les tests d'adhésion cellulaire[212]. La première génération avait une Tg autour de 25°C qui nécessitait un préchauffage de l'implant sur la table d'opération alors que la seconde est moins sujette aux effets de température (Tg proche de 17°C). Les copolymères montrent en général une transition thermique franche (figure III.7) contrairement à l'homopolyCMS qui est très difficile à observer en DSC et dont la valeur se situe vers 84°C.

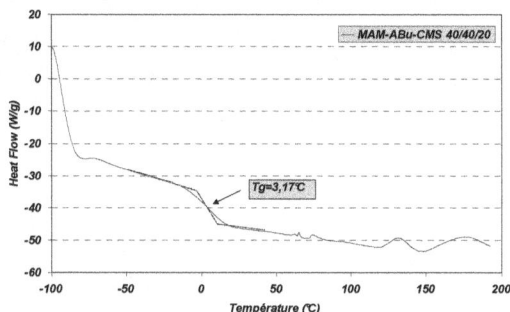

Figure III.7 : *Thermogramme du MAM-ABu-CMS 40/40/20*

Les mesures de DSC suivantes (tableau III.6) montrent l'évolution de la température de transition vitreuse en fonction du taux de CMS incorporé dans les copolymères.

CMS (%)	0	10	20	30	40	60	100
Tg (°C)	1	7[a]	3[a] / 38[b]	-5[a]	-13[a] / 54[b]	80[b]	84

[a] Tg pour la série MAM-ABu-CMS (40-x)/60/x, [b] Tg pour la série MAM-ABu-CMS 40/(60-x)/x

Tableau III.6 : *Evolution de la Tg en fonction du taux de CMS incorporé*

Nous constatons que la Tg d'un homopolyCMS est légèrement plus faible que celles de certains homopolymères styrèniques (PStyrène-100°C, PMéthoxystyrène-89°C, PChlorostyrène-110°C, PMéthylstyrène-93°C). De plus, le matériau étant réticulé, nous nous attendons à une Tg plus élevée. Indépendamment de ces considérations, plusieurs observations peuvent être faites :

1. Lorsque le MAM est remplacé par le CMS, on constate que pour de faibles taux de CMS, la Tg reste voisine de celle des copolymères MAM-ABu de départ,

2. Lorsque l'ABu est remplacé par le CMS, l'augmentation de la Tg est cette fois-ci trop importante et les matériaux ne sont plus intéressants quant à une utilisation comme implants pliables,

110

3. L'utilisation de CMS en remplacement du MAM est donc le bon choix et permet en outre *d'introduire une fonction réactive pour un éventuel greffage* (v. partie IV).

III.2.1.2 Caractérisations des copolymères MAM-ABu-CMS

L'analyse HATR-FTIR permet d'enregistrer les signaux caractéristiques des vibrations moléculaires *en surface* d'un matériau. Cette technique nous a permis d'identifier les signaux des unités CMS. Cette analyse est essentielle car nous verrons dans la suite du document que les techniques permettant de caractériser les greffages superficiels sont peu nombreuses (les modifications étant réalisées en surface).

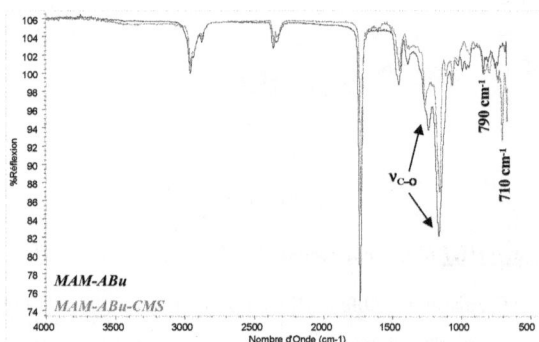

Figure III.8 : *Influence de l'incorporation du CMS dans un copolymère MAM-ABu*

Les bandes caractéristiques des vibrations des unités CMS sont identifiables à 710 cm^{-1} (ν_{C-Cl}) et 790 cm^{-1} (γ_{C-H} des hydrogènes du cycle aromatique). En revanche, certains signaux diminuent, tels que les vibrations à 1120, 1160 et 1240 cm^{-1} (ν_{C-O}), jusqu'à disparition totale pour un homopolyCMS (figure III.9).

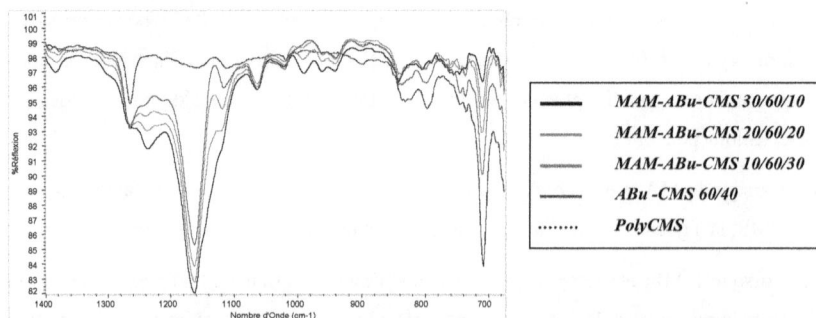

Figure III.9 : *HATR-FTIR des copolymères MAM-ABu-CMS*

III.2.2 Détermination des rapports de réactivité

Les méthodes de détermination des rapports de réactivité sont bien connues de nos jours. Cependant, aux méthodes classiques de détermination ne considérant que l'addition d'un monomère sur l'extrémité radicalaire (modèle terminal), sont venues s'ajouter des méthodes de détermination prenant en compte les effets pénultièmes (avant-dernier motif monomère). Les rapports de réactivité des couples MAM-CMS et ABu-CMS, mesurés en masse n'ayant jamais été cités dans la littérature, nous n'avons utilisé que le modèle terminal, dans les conditions de synthèse proches de celle des lentilles (80°C, en masse).

III.2.2.1   Généralités sur la détermination des rapports de réactivité

III.2.2.1.a   Equation de composition

L'addition d'un comonomère sur l'extrémité radicalaire (A ou B sur A°, et A ou B sur B°) conduit à quatre constantes de vitesse d'addition. Les équations de disparition des monomères (-dA/dt et –dB/dt) font intervenir dans leur développements les rapports des constantes d'addition r_A et r_B respectivement égaux à k_{AA}/k_{AB} et k_{BB}/k_{BA}. Si le rapport r_A est compris entre 0 et 1, le monomère B s'additionne préférentiellement sur le centre actif A* et si le rapport est supérieur à 1, c'est le monomère A qui s'additionne préférentiellement. Si r_A est égal à 0, cela traduit une incapacité du monomère A à s'homopolymériser. Si les deux rapports sont égaux à 1, nous avons une polymérisation aléatoire, de type Bernoulli. Si le produit $r_A r_B$ tend vers 0, l'alternance est favorisée et enfin si les deux rapports sont supérieurs à 1, la tendance à la formation de blocs s'affirme.

Le remplacement des concentrations par les fractions molaires conduit à l'équation classique de copolymérisation ou de composition utilisée pour la détermination de r :

$$F_A = \frac{\left(r_A.f_A^2 + f_A.f_B \right)}{\left(r_A.f_A^2 + 2f_A.f_B + r_B.f_B^2 \right)} \qquad \textit{Equation de composition}$$

où f_A et f_B sont les fractions molaires des comonomères A et B dans le milieu réactionnel et F_A et F_B les fractions molaires de A et B dans le copolymère formé.

La difficulté étant de connaître les concentrations instantanées des monomères dans le milieu à chaque instant, il est possible d'appliquer cette relation avec les concentrations initiales en se limitant aux faibles taux de conversion. Cette équation s'applique aussi bien aux polymérisations en chaîne de type radicalaire, cationique ou anionique, bien que les valeurs de r_A et r_B d'un couple de comonomères puissent varier considérablement selon le mode d'amorçage. Par exemple, avec le styrène (A) et le méthacrylate de méthyle (B), les valeurs de r_A et r_B sont égales à 0,52 et 0,46 en copolymérisation radicalaire, 10 et 0,1 en cationique et 0,1 et 6 en anionique[213,214].

III.2.2.1.b   *Méthodes de détermination*

Les méthodes de détermination des rapports de réactivité consistent soit à linéariser cette équation de composition (méthode de Fineman-Ross[215] et Kelen-Tudos[216]), soit à minimiser par itération l'écart des points expérimentaux et théoriques (Tidwell-Mortimer[217]).

La première méthode est assez peu précise lorsque les deux concentrations ou les rapports de réactivité sont éloignés, la deuxième est une méthode graphique pour minimiser cette imprécision et la troisième utilise la méthode des moindres carrés. Les trois méthodes ont été testées pour déterminer les rapports de réactivité et les résultats sont rassemblés dans le paragraphe suivant.

Expérimentalement, les mélanges de monomères sont introduits dans des tubes rotaflo et dégazés par des cycles congélation/décongélation dans l'azote liquide. Les tubes sont placés dans un bain d'huile à 110°C. (NB : cette température est plus élevée que celle utilisée pour le polymérisation en moules. En effet, dans la suite du manuscrit, nous verrons que des paliers de température à 110°C sont nécessaires afin d'obtenir des taux de conversion apparente proches de 100%. Nous avons donc souhaité effectuer la détermination à cette température, mais avec le perbenzoate de tertiobutyle qui se décompose moins rapidement que les amorceurs jusqu'alors employés (AIBN, PCCH ou POB).

Pour déterminer le temps de polymérisation, une étude préalable des conversions en fonction du temps est nécessaire afin de connaître l'intervalle de temps utile pour appliquer l'équation de composition. Pour cela nous avons choisi un mélange MAM80-CMS20 à une concentration de 5.10^{-2} mol/L en amorceur (1% en poids).

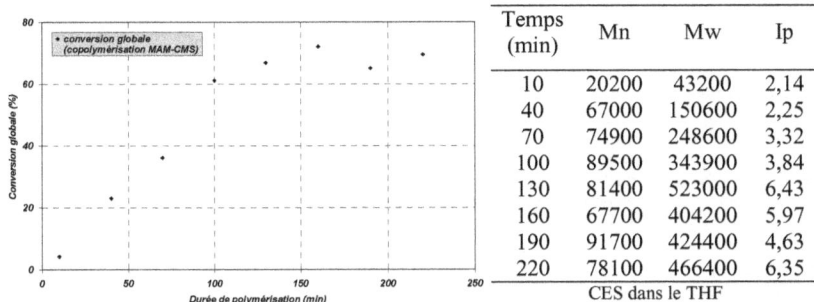

Temps (min)	Mn	Mw	Ip
10	20200	43200	2,14
40	67000	150600	2,25
70	74900	248600	3,32
100	89500	343900	3,84
130	81400	523000	6,43
160	67700	404200	5,97
190	91700	424400	4,63
220	78100	466400	6,35
		CES dans le THF	

Figure III.10 : *Copolymérisation du MAM et du CMS*

Nous voyons sur la figure III.10 qu'il est nécessaire d'arrêter la polymérisation à 15 minutes, durée au-delà de laquelle la conversion est supérieure à 10%. Pour mesurer cette dernière, les copolymères sont ensuite refroidis dans la glace pour éviter que la polymérisation ne continue, solubilisés dans du dichlorométhane, précipités dans du méthanol, filtrés sur fritté n°3 puis séchés au vide de la pompe à palette. La composition finale des copolymères est mesurée par RMN^{1}H à partir des intégrales caractéristiques des protons aromatiques vers 7 ppm et des protons du groupe CH$_2$Cl vers 4,5 ppm ainsi que celles des vibrateurs C-H des groupes O-CH$_3$ terminaux du MAM vers 3,7 ppm. On notera que dans le cas des copolymères ABu-CMS, la quantité d'amorceur utilisée est ramenée à 0,1% car les acrylates propagent plus rapidement que les méthacrylates.

III.2.2.1.c   Détermination de r$_{CMS-MAM}$

Un seul exemple de détermination de rapports de réactivité entre le CMS et le MAM, par la méthode Q-e, est répertorié dans la littérature. Les paramètres d'Alfrey-Price, fondés sur la stabilisation par résonance et la polarité des monomères et de leur radicaux ont été calculés[218] : Q=1,08 et e=-0,58. La copolymérisation CMS-MAM à 60°C amorcée par l'AIBN dans le benzène donne r$_{CMS-MAM}$=0,82 et r$_{MAM-CMS}$=0,37[219]. Dans chaque cas les auteurs font référence à des copolymères statistiques.

Le tableau suivant rassemble les conditions que nous avons utilisées pour la détermination expérimentale du rapport de réactivité r$_{CMS-MAM}$, :

Compositions de mélange CMS-MAM (% mol)	10/90	20/80	30/70	40/60	60/40	70/30	80/20	90/10

m_{CMS} en g (mol.L^{-1})	2,2094 (0,92)	4,2012 (1,78)	6,0000 (2,58)	7,6315 (3,34)	10,5016 (4,72)	11,7551 (5,35)	12,9326 (5,95)	13,9909 (6,51)
m_{MAM} en g (mol.L^{-1})	12,7912 (8,14)	10,7965 (6,99)	9,0230 (5,93)	7,3614 (4,91)	4,4989 (3,08)	3,2404 (2,25)	2,0773 (1,46)	1,0022 0,71)
m_{POTBU} en g (mol.L^{-1})	0,0162 (0,0071)	0,0157 (0,0069)	0,0153 (0,0069)	0,0148 (0,0067)	0,0143 (0,0067)	0,0142 (0,0067)	0,014 (0,0067)	0,0135 (0,0066)
Conversion (%)	4,01	3,38	2,61	3,62	2,38	2,69	1,2	1,8
Compositions finales calculées	*21/79*	*45/55*	*56/44*	*65/35*	*82/18*	*85/15*	*91/9*	*92/8*
Mn (10^{-3} g/mol)	34,4	29,3	24,6	25,3	13,2	14,7	14,5	24,4
Ip	1,72	1,75	1,65	1,84	1,6	1,54	1,48	8,16

Tableau III.7 : *Conditions expérimentales de la copolymérisation entre le CMS et le MAM*

Avec les compositions initiales des mélanges et celles des copolymères formés il est possible de tracer la courbe de composition :

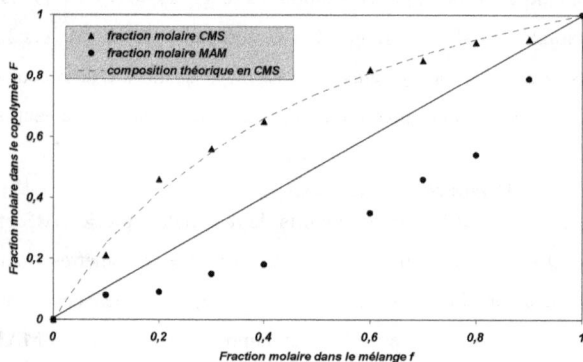

Figure III.11 : *Courbes de composition pour le CMS et le MAM*

L'application des trois méthodes de détermination de $r_{CMS-MAM}$ a conduit aux valeurs suivantes (tableau III.8) :

115

Expérience	Fineman-Ross		Kelen-Tudos		Tidwell-Mortimer	
	r_{CMS}	r_{MAM}	r_{CMS}	r_{MAM}	r_{CMS}	r_{MAM}
Copolymérisation CMS-MAM	2,44	0,27	2,52	0,30	2,76	0,33

Tableau III.8 : *Rapports de réactivité du CMS et du MAM*

Les valeurs des rapports de réactivité obtenus par les différentes méthodes sont relativement proches. Cependant, il faut noter que la méthode de Tidwell et Mortimer est celle pour laquelle les données expérimentales s'accordent le mieux. Nous retiendrons donc dans la suite du travail les valeurs lorsque nous passerons aux terpolymères :

$$r_{CMS/MAM}=2,76 \qquad\qquad r_{MAM/CMS}=0,33$$

III.2.2.1.d   Détermination de $r_{CMS\text{-}ABu}$

Le tableau suivant indique les conditions expérimentales ainsi que les valeurs de compositions obtenues par RMN^{1}H.

Compositions de mélange CMS-ABu (mol.L^{-1})	10/90	20/80	30/70	40/60	60/40	70/30	80/20	90/10
m_{CMS} en g (mol.L^{-1})	1,7807 (0,71)	3,4898 (1,42)	5,1324 (2,12)	6,7051 (2,83)	9,6845 (4,24)	11,0851 (4,94)	12,4378 (5,64)	13,7441 (6,34)
m_{ABu} en g (mol.L^{-1})	13,2138 (6,28)	11,5096 (5,58)	9,894 (4,88)	8,2908 (4,17)	5,3209 (2,78)	3,9144 (2,08)	2,5761 (1,39)	1,2733 (0,7)
m_{POTBU} en g (mol.L^{-1})	0,0156 (0,0067)	0,0153 (0,0065)	0,0149 (0,0064)	0,0146 (0,0064)	0,0145 (0,0066)	0,0140 (0,0065)	0,0138 (0,0065)	0,0139 (0,0067)
Conversion (%)	9,69	9,61	3,06	1,59	7,32	2,39	2,78	4,13
Compositions finales calculées	*27/73*	*43/57*	*55/45*	*63/37*	*77/23*	*83/17*	*92/8*	*94/6*

Tableau III.9 : *Conditions expérimentales des résultats de la copolymérisation entre le CMS et l'ABu*

Pour une même durée de copolymérisation (15 min), on constate une fluctuation importante des conversions mais ceci est à attribuer à une filtration difficile des échantillons car ceux-ci renferment beaucoup d'unités ABu rendant les polymères très collants. Quoiqu'il en soit, les conversions sont dans tous les cas inférieures à 10%.

Les courbes de compositions suivantes ressemblent à celles obtenues avec le MAM et nous montrent que dans les deux cas le CMS s'incorpore préférentiellement :

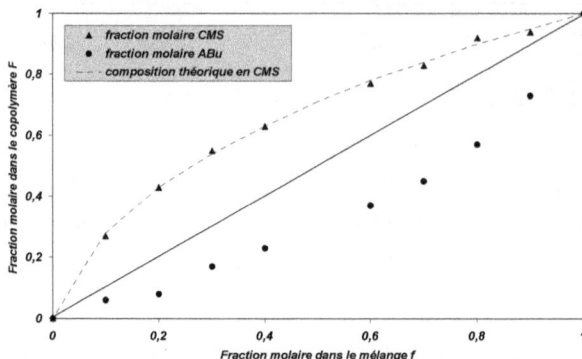

Figure III.12 : *Courbes de composition pour les copolymères du CMS et de l'ABu*

Les trois méthodes de détermination des coefficients de réactivité donnent les résultats suivants :

Expérience	Fineman-Ross		Kelen-Tudos		Tidwell-Mortimer	
	r_{CMS}	r_{ABU}	r_{CMS}	r_{ABU}	r_{CMS}	r_{ABU}
Copolymérisation CMS-ABu	1,6655	0,1359	1,9455	0,2337	2,0184	0,2412

Tableau III.10 : *Rapports de réactivité du CMS et de l'ABu*

De manière identique aux résultats trouvés avec le MAM, la méthode de Tidwell et Mortimer est celle pour laquelle les données expérimentales s'accordent le mieux. Nous retiendrons également les valeurs

$$r_{CMS/ABu}=2,02 \qquad\qquad r_{ABu/CMS}=0,24$$

lors de l'étude ultérieure.

III.2.3 Incorporation de monomères méthacryliques aromatiques soufrés

III.2.3.1 Brevet Acrysof®

Beaucoup de monomères fonctionnels, acryliques, méthacryliques ont été brevetés. L'implant actuellement leader sur le marché est l'Acrysof® d'Alcon. Cet implant pliable a été créé pour être inséré dans de petites incisions grâce à un indice de réfraction élevé (1,554 à 37°C pour 550 nm) et donc à une faible épaisseur de la lentille. La composition de cet implant[220], fait intervenir un mélange de monomères répondant à la formule suivante (v. figure III.13) et plus particulièrement les esters acryliques et méthacryliques de 2-phényléthyle (v. figure III.14) qui confèrent au matériau de bonnes propriétés optiques (indices) et mécaniques.

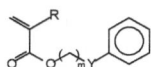

où Y = O, N ou S,
m = un nombre compris entre 0 et 10,
R = H ou CH₃

Figure III.13 : *Composants de l'Acrysof®*

Ci-dessous sont représentées les deux principaux composants de l'Acrysof® auxquels il faut ajouter l'anti-UV (« UV-blocker »), l'agent de réticulation et l'amorceur radicalaire. Les temps de polymérisation sont tout à fait propres aux monomères utilisés et aux amorceurs employés ainsi qu'au mode de polymérisation. En effet, une polymérisation par voie photochimique ne prendra que quelques minutes alors que les recettes de polymérisation par amorçage thermique classique peuvent durer plus de 10 heures.

MA2PE   A2PE

Figure III.14 : *Méthacrylate et acrylate de 2-phényléthyle*

III.2.3.2   Synthèse et incorporation du MA2TPE

Souhaitant réaliser des implants ayant pour formulation des méthacrylates soufrés, nous avons mesuré l'évolution de l'indice de réfraction d'une série analogue aux monomères de l'Acrysof®, possédant en plus un atome de soufre en substitution sur le cycle (v. figure III.15). Nous avons alors polymérisé des solutions contenant le MA2TPE (méthacrylate de 2-thiophényléthyle). *L'utilisation de ce monomère est impossible car couverte par les brevets, mais nous avons souhaité l'utiliser dans un premier temps pour étudier le comportement de ces matériaux soufrés dans le cas particulier de notre procédé de synthèse et nos méthodes d'extraction.*

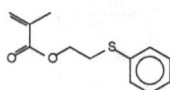

Figure III.15 : *Formule du MA2TPE*

La synthèse du MA2TPE est a été réalisée au L.C.O. de Metz. Elle est relativement simple et peut être réalisée suivant le schéma réactionnel suivant (figure III.16) :

La première étape de la synthèse est la préparation du thioalcool que l'on fait ensuite réagir dans un deuxième temps avec le chlorure de méthacryloyle (CMAO) pour former le MA2TPE.

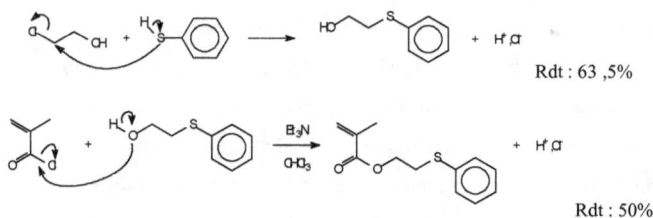

Rdt : 63 ,5%

Rdt : 50%

Figure III.16 : *Schéma de synthèse du MA2TPE*

La seconde étape fait intervenir une base tertiaire qui dans notre cas est la triéthylamine[221]. Le produit obtenu possédant une bonne stabilité, une purification par chromatographie sur gel de silice a été réalisée, occasionnant quelques pertes mais se révélant suffisante.

III.2.3.2.a   Influence sur la température de transition vitreuse Tg des polymères

L'objectif primaire étant de réaliser des implants pliables, nous avons évalué l'influence de l'incorporation du MA2TPE sur la température de transition vitreuse des matériaux MAM-ABu-MA2TPE :

Série de copolymères	x% en poids de MA2TPE	Tg (°C)
	0	0
	10	7
(40-x)/60/x	20	-5
	30	-3
	40	-15

119

	0	0
40/(60-x)/x	20	25
	40	46
	60	66
PolyMA2TPE	100	33

Tableau III.11 : *Tg des copolymères MAM-ABu-MA2TPE*

Les copolymères possèdent des températures de transition vitreuse comprises entre –15 et 66°C. L'influence de la composition sur la Tg montre que seuls les copolymères 40-x/60/x sont susceptibles d'être utilisés. Pour la série 40/(60-x)/x, les Tg sont trop élevées dès que l'on dépasse 20% de MA2TPE et les implants commencent à ne plus être pliables à température ambiante ce qui est rédhibitoire. Nous pouvons également constater que le MA2TPE se comporte assez peu comme un monomère rigidifiant la matrice ($Tg_{polyMA2TPE}$ = 33°C). Ce résultat est assez étonnant lorsque l'on connaît les propriétés des monomères phénylés, mais peut néanmoins s'expliquer par la longueur du bras espaceur.

III.2.3.2.b   *Variation de l'indice de réfraction des implants*

De manière identique, nous avons regardé l'évolution des indices de réfraction des différentes séries de copolymères synthétisées.

Série de copolymères	x% en poids de MA2TPE	n_D^{20}
(40-x)/60/x	0	1,4778
	10	1,4841
	20	1,4952
	30	1,5053
	40	1,5122
40/(60-x)/x	0	1,4778
	20	1,4948
	40	1,5184
	60	1,5132
PolyMA2TPE	100	1,5740

Tableau III.12 : *Indices de réfraction des copolymères contenant le MA2TPE*

Le tableau montre que l'évolution de l'indice avec un comonomère soufré est encourageante. Il est possible d'atteindre des valeurs supérieures à 1,50 ce qui correspond à un gain de 0,02 points d'indice par rapport au copolymère MAM-ABu

40/60. Notons que l'utilisation exclusive de monomère conduit à un homopolymère d'indice de réfraction de 1,57. Toutefois la Tg de cet homopolymère est trop élevée (33°C), et il est nécessaire de le copolymériser avec le MAM-ABu, ce qui évidemment diminue sensiblement le gain d'indice. Un monomère soufré (et son polymère) d'indice encore plus élevé autoriserait un terpolymère avec le MAM-ABu intéressant avec une incorporation en quantités limitée et donc sans perturbation notable de la méthode de synthèse et des propriétés finales (Tg, G', tanδ).

❖ *Remplacement partiel du MAM par le MA2TPE*

Si l'on suit l'évolution de l'indice pour la série MAM-ABu-MA2TPE (40-x)/60/x, un décalage important apparaît entre la théorie et l'expérience. Plus le taux de monomère soufré incorporé augmente et plus l'écart entre l'expérience et la valeur calculée selon les équations est élevé :

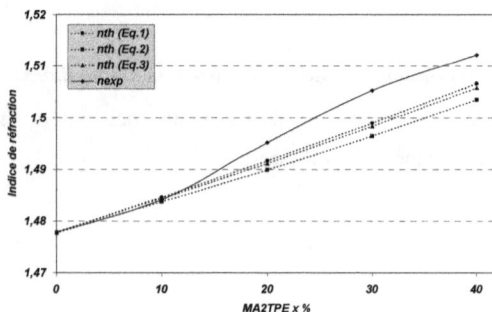

Figure III.17 : *Variation de n pour les copolymères MAM-ABu-MA2TPE (40-x)/60/x*

Plusieurs hypothèses peuvent être émises:

- Soit l'indice mesuré du polyMA2TPE est sous-estimé et par conséquent les valeurs théoriques des indices de réfraction calculés sur la base des indices des homopolymères l'est également,

- Soit l'incorporation du méthacrylate soufré dans les chaînes de polymère est favorisée du fait des rapports de réactivité entre les monomères. Dans ce cas tout le MA2TPE est incorporé et la conversion incomplète ne concerne que le MAM et l'ABu, ce qui conduit à un indice apparent plus élevé qu'attendu.

- On notera également que tous les disques utilisés pour la mesure d'indice n'ont pas la même épaisseur (0,9 à 1 mm) et que cela pourrait également contribuer à l'écart observé (v. III.2.1.1.a).

Indépendamment de ces considérations, les valeurs d'indice de réfraction supérieures à 1,50 place ce matériau acrylique hydrophobe soufré dans la famille des implants des plus réfringents par comparaison avec les acryliques hydrophiles ou les silicones.

❖ *Remplacement partiel de l'ABu par le MA2TPE*

L'évolution des indices pour la série MAM-ABu-MA2TPE 40/(60-x)/x quant à elle, est plus régulière et coïncide mieux avec les évolutions théoriques.

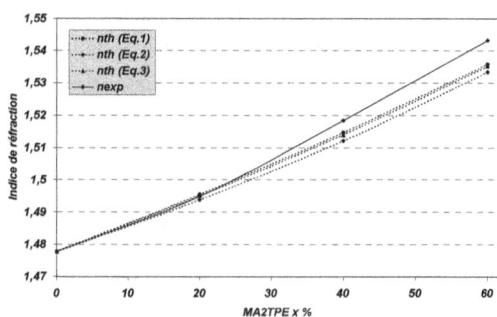

Figure III.18 : *Variation de l'indice de réfraction pour les copolymères MAM-ABu-MA2TPE 40/(60-x)/x*

L'indice de réfraction semble suivre la théorie jusqu'à une valeur approximative de 30% en MA2TPE incorporé. Ensuite, l'écart s'accroît mais reste plus faible que pour la série (40-x)/60/x.

Les hypothèses formulées au paragraphe précédent sont-elles donc encore valables ? En ce qui concerne la sous-estimation de la valeur de l'indice de l'homopolymère soufré, il est possible que cette erreur soit liée à la variation d'épaisseur du disque, mais la variation est minime et ne constitue le facteur essentiel. Quant à l'effet des rapports de réactivité, il est utile d'étudier les différences d'incorporation et de conversion sur la valeur de l'indice de réfraction. Considérons alors 2 possibilités :

- soit le MA2TPE est entièrement incorporé préférentiellement au MAM (cas 1),
- soit l'ABu est entièrement incorporé préférentiellement au MA2TPE (cas 2),

(NB : les rapports de réactivité pour le couple MAM-ABu[222] sont $r_{MAM} = 1,7$ et $r_{ABu} = 0,2$).

Si l'on considère un mélange de monomères MAM-ABu-MA2TPE 10/60/30 avec une conversion apparente de 95%, les corrections à faire sont :

- le mélange MAM-ABu-MA2TPE 10/60/30 entraîne la formation d'un poly(*MAM-ABu-MA2TPE*) *10,5/57,9/31,6* et la valeur théorique de l'indice est 1,500 au lieu de 1,498 (cas 1),

- le mélange MAM-ABu-MA2TPE 10/60/30 entraîne la formation d'un poly(*MAM-ABu-MA2TPE*) *10,5/63,2/26,3* et la valeur théorique de l'indice est 1,495 au lieu de 1,498 (cas 2).

Il s'avère donc que l'erreur faite sur la conversion correspond à 0,002 points d'indice si l'on considère que le MA2TPE s'incorpore mieux que l'ABu. Nous devons également tenir compte de l'imprécision faite sur les mesures (2,5‰), qui représente environ 0,00375 points d'indice.

Tenant compte de ces légères corrections, nous constatons que les *valeurs expérimentales sont en accord avec les valeurs théoriques*.

III.2.3.2.c   Caractérisation de surface

L'analyse HATR-FTIR nous montre que l'incorporation des méthacrylates aromatiques soufrés peut être suivie et identifiée qualitativement par les vibrations inférieures à 1000 cm^{-1}. Il est en effet assez difficile d'identifier quantitativement l'incorporation des monomères soufrés même si le traitement couplé de l'analyse thermique différentielle et de la mesure de l'indice de réfraction permet d'approcher cette valeur.

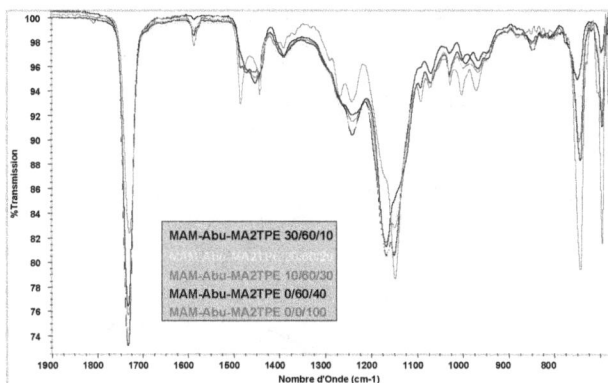

Figure III.19 : *Analyse HA-FTIR de copolymères de la série MAM-ABu-MA2TPE (40-x)/60/x et pour un polyMA2TPE*

III.2.3.3   Synthèse et incorporation du TMABz

Les hypothèses discutées dans le chapitre précédent trouvent bien évidemment leur réponse dans la détermination des rapports de réactivité. Cependant, nous avons préféré réaliser cette étude sur un thiométhacrylate et non un méthacrylate soufré. En effet, il est plus intéressant d'étudier la réaction entre une fonction ester et une fonction thioester plutôt que la copolymérisation entre deux méthacrylates. Notre choix s'est donc porté sur le TMABz thiométhacrylate de benzyl) sur lequel un compromis entre l'aromaticité et l'hétéroatomicité se fait au détour des brevets jusqu'alors déposés (v. figure III.20). Le paragraphe suivant est donc dédié à sa synthèse et à l'étude de la copolymérisation de ces monomères soufrés.

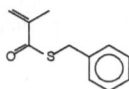

Figure III.20 : *formule du TMABz*

III.2.3.3.a   Les voies de synthèses de la littérature

La synthèse du TMABz est relativement simple malgré une odeur persistante et pestilentielle. Elle peut être réalisée suivant trois voies différentes (v. figure III.21) : La première fait appel à l'acide méthacrylique et les deux autres au chlorure de méthacryloyle[223]. Dans tous les cas, le nombre d'étapes est limité et une simple purification en fin de synthèse permet d'obtenir le TMABz.

Ce composé est également intéressant à l'échelle industrielle car il est réalisé à partir de produit commerciaux relativement bon marché et le faible nombre d'étapes réactionnelles ou de purification en font un bon candidat.

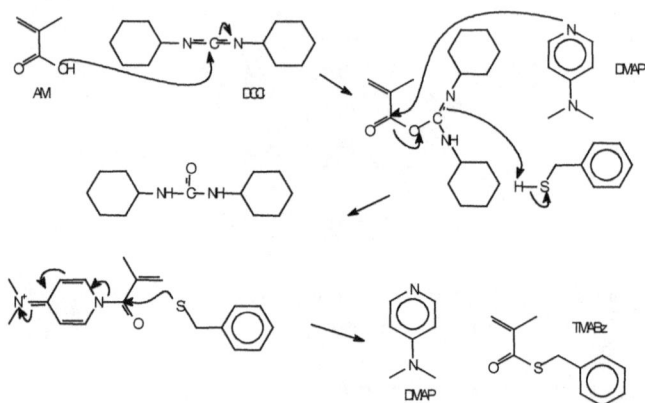

AM : acide méthacrylique, DCCI : dicyclohexylcarbodiimide, DMAP : diméthylaminopyridine

CMAO : chlorure de méthacryloyle, Si R=PhCH$_2$ alors RSNa : thiométhacrylate de sodium

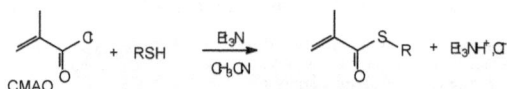

Figure III.21 : *Voies de synthèse du TMABz*

D'autres voies de synthèse existent cependant (v. figure III.22) : que ce soit la réaction entre un thiol et l'anhydride méthacrylique, l'utilisation du carbonyldiimidazole (CDI) ou du diéthylchlorophosphate par activation de la fonction acide de l'acide méthacrylique, les réactions mènent au thiométhacrylate (a) mais également au produit d'addition de Michaël (b) et la séparation de ces deux produits de réaction devient un frein à son utilisation.

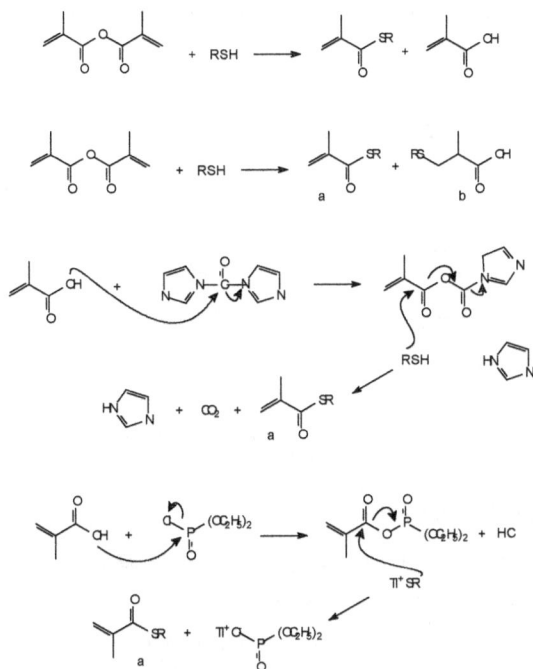

Figure III.22 : *Autres voies de synthèse possibles*

Tout naturellement, les voies de synthèse privilégiées ont été celles qui ne produisaient pas de sous-produits de réaction, facilitant ainsi la récupération du thiométhacrylate et sa purification avec de bons rendements. Les voies retenues furent la réaction mettent en jeu le thiolate de sodium et le chlorure de méthacryloyle (CMAO) en présence ou non d'amine tertiaire.

III.2.3.3.b   Synthèse du TMABz

❖ *Synthèse du thiolate de sodium*

Pour réaliser toutes les formulations nécessaires à l'étude de l'influence de l'incorporation du TMABz sur la température de transition vitreuse et sur l'indice de réfraction, nous avons dû synthétiser ce monomère en plus des quantités fournies par le L.C.O. de l'université de Metz. Pour se faire, nous avons synthétisé en premier lieu le thiolate de sodium et nous avons ensuite additionné le CMAO.

Dans un réacteur équipé d'une agitation mécanique, d'un bain d'huile, d'un Dean-Stark, d'un réfrigérant et d'une ampoule à brome, 1 équivalent d'α-toluènethiol est introduit ainsi que 200 mL de toluène. Un équivalent de soude à 15M est alors ajouté goutte à goutte. L'ensemble est porté à reflux pendant deux heures. L'azéotrope eau-toluène formé est éliminé à l'aide du Dean-Stark. Après filtration sur fritté ou élimination du solvant à l'évaporateur rotatif, le thiolate de sodium est récupéré (précipité blanc). Le rendement pour cette synthèse est de 93,6%.

Réactifs	Quantité	Quantité (mol)
NaOH 15M	20 mL	0,3
α-toluènethiol	35,5 mL	0,3
Toluène	200 mL	-
Remarque	Pour une température du bain d'huile de 105°C, l'azéotrope est porté à reflux et 21 mL d'eau sont récupérés	

Tableau III.13 : *Synthèse du thiolate de sodium*

❖ *Addition du thiolate de sodium*

Dans un réacteur équipé d'une agitation magnétique, d'un thermomètre, d'un réfrigérant et d'une ampoule à brome, sont introduits un équivalent de CMAO et 100 mL d'éther anhydre et quelques ppm de stabilisant (EMHQ éther méthylique d'hydroquinone ou encore 4-méthoxy phénol). La température est maintenue à -10°C et 0,9 équivalent de thiolate de sodium est ajouté. Après filtration on ajoute au filtrat quelques ppm de stabilisant, puis on élimine le solvant à l'évaporateur rotatif. Le thioester est séché sous le vide de la pompe à palette pendant une journée pour éliminer les derniers résidus de solvant. Du stabilisant est encore ajouté pour cette dernière étape.

Réactifs	Quantité	Quantité (mol.L^{-1})
Thiolate de sodium	5,26g	0,347
CMAO	4,2 g	0,387
Ether anhydre	100 mL	-
Remarque	L'EMHQ est nécessaire car une simple exposition du ballon à la lumière peut engendrer une polymérisation	

Tableau III.14 : *Synthèse du TMABz*

Le rendement total de la réaction est de 86,5%. Il est conseillé de conserver le thiométhacrylate de méthylphényle dans un flacon opaque à 4°C.

❖ *Synthèse du TMABz en une étape*

Cette synthèse fait appel à la condensation du CMAO sur l'α-toluènethiol en présence de la triéthylamine. Dans un réacteur équipé d'une agitation magnétique, d'un thermomètre, d'un réfrigérant et d'une ampoule à brome, sont introduits 55 mmol de

CMAO et 100 mL d'éther anhydre. Puis à 0°C sous azote est ajouté goutte à goutte un mélange thiol/amine (50 mmol/55 mmol) dilué dans 20 mL d'éther. La réaction est menée pendant 4 heures. Après filtration, on ajoute quelques ppm de stabilisant, puis on élimine le solvant à l'évaporateur rotatif. Une étape de reprise du résidu par du chloroforme est nécessaire afin d'effectuer un lavage à la soude 0,5N. La phase organique est ensuite séchée sur sulfate de sodium. La phase séchée est ensuite passée à l'évaporateur rotatif pour éliminer le solvant.

Réactifs	Quantités (mL)	Quantité (mol.L^{-1})
α-toluènethiol	5,9	1,286
CMAO	5,34	1,415
NEt₃	7,63	1,415
Remarque	Une seule étape est nécessaire pour obtenir le thiométhacrylate mais les purifications ralentissent la synthèse	

Tableau III.15 : *Synthèse en une étape du TMABz*

❖ *Caractérisation du TMABz*

L'avancement de la réaction est suivi par chromatographie sur couche mince avec pour phase éluante un mélange hexane/éther 85/15. Les Rf de l'α-toluènethiol, du CMAO et du TMABz sont respectivement de 0,87, 0 et 0,72. L'analyse RMN[1]H confirme que le le produit de la réaction du thiolate de sodium sur le CMAO est bien le TMABz :

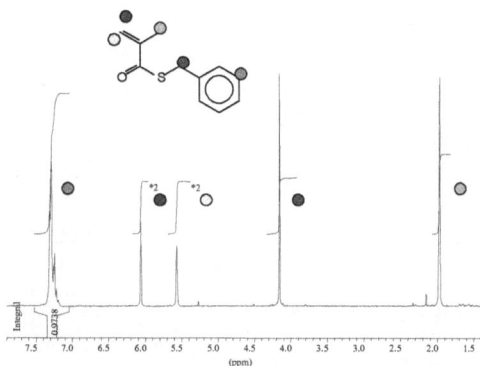

Figure III.23 : *Spectre RMN du proton du TMABz*

RMN[1]H (CDCl₃) (δ,ppm) : 7,3-7,1 (m,5H) / 6,1 (s,1H) / 5,6 (s,1H) / 4,2 (s,2H) / 2,0 (s,3H)

III.2.3.3.c Détermination des rapports de réactivité des couples MAM-TMABz et ABu-TMABz

Les conditions expérimentales de détermination des rapports de réactivité du TMABz sont identiques à celles employées pour la détermination des rapports $r_{CMS-MAM}$ et $r_{CMS-ABu}$.

Le calcul des compositions des copolymères en chacun des comonomères se fait par analyse RMN[1]H et par intégration des signaux caractéristiques du MAM (O-CH$_3$), et des protons aromatiques ou des S-CH$_2$- du TMABz à respectivement 7 et 4,2 ppm.

Compositions de mélange TMABz-MAM	20/80	40/60	60/40	80/20
m_{TMABZ} en g (mol.L^{-1})	2,455 (1,66)	4,225 (2,97)	5,598 (4,04)	6,636 (4,93)
m_{MAM} en g (mol.L^{-1})	5,082 (6,62)	3,298 (4,46)	1,9516 (2,70)	0,866 (1,23)
m_{POTBU} en g (mol.L^{-1})	0,0246 (0,022)	0,0551 (0,05)	0,0544 (0,051)	0,0698 (0,068)
Conversion (%)	35,0	33,0	26,8	22,3
Compositions finales calculées	81/19	64/36	56/44	77/23

Tableau III.16 : *Conditions expérimentales de la copolymérisation entre le TMABz et le MAM*

Comme nous pouvons l'observer dans le tableau, pour la durée habituelle de polymérisation utilisée dans les mesures précédentes, les conversions sont cette fois trop élevées, et ne nous autorisent pas quant à remplacer valablement les concentrations instantanées par les concentrations initiales dans l'équation de composition. Cependant, si les courbes de composition montrent une faible dérive de composition, l'appauvrissement ou l'enrichissement dans un des deux monomères est faible et le champ d'application de l'équation de composition devrait rester valable :

Les méthodes de détermination donnent les résultats suivants :

Expérience	Fineman-Ross		Kelen-Tudos		Tidwell-Mortimer	
	r_{TMABz}	r_{MAM}	r_{TMABz}	r_{MAM}	r_{TMABz}	r_{MAM}
Copolymérisation TMABz-MAM	0,742	1,021	0,789	1,064	0,799	1,094

Tableau III.17 : *Rapports de réactivité du TMABz et du MAM*

Les valeurs moyennes des rapports de réactivité sont :

$$r_{TMABz}=0,776 \qquad\qquad r_{MAM}=1,06$$

Ces valeurs nous permettent de tracer la courbe théorique de composition (figure III.24° et nous montre heureusement que la dérive de composition est très faible et que le calcul des valeurs des rapports de réactivité est suffisamment fiable.

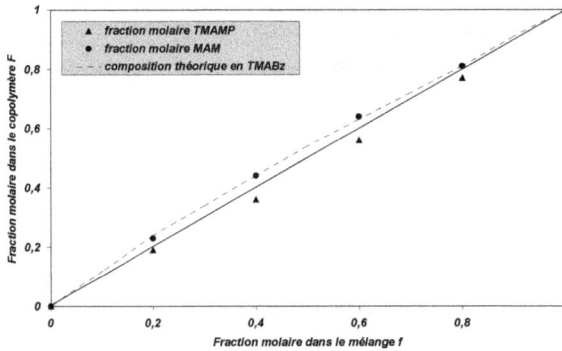

Figure III.24 : *Courbes de composition des copolymères TMABz-MAM*

Les données expérimentales concernant la copolymérisation entre le TMABz et l'ABu sont les suivantes :

Compositions de mélange TMABz-ABu	20/80	40/60	60/40	80/20
m_{TMABz} en g (mol.L^{-1})	2,12 (1,37)	3,761 (2,55)	5,199 (3,68)	6,446 (4,71)
m_{ABu} en g (mol.L^{-1})	5,469 (5,30)	3,790 (3,85)	2,307 (2,45)	1,0826 (1,19)
m_{POTBU} en g (mol.L^{-1})	0,0477 (0,059)	0,0333 (0,030)	0,0547 (0,051)	0,044 (0,042)
Conversion (%)	25,2	29,0	27,0	17,2
Compositions finales calculées	81/19	44/56	63/37	78/22

Tableau III.18 : *Conditions expérimentales de la copolymérisation entre le TMABz et l'ABu*

De manière identique au traitement des données expérimentales du MAM et du TMABz, il est nécessaire d'observer les diagrammes de composition pour savoir si l'influence de la dérive de composition nous empêche d'appliquer l'équation de composition :

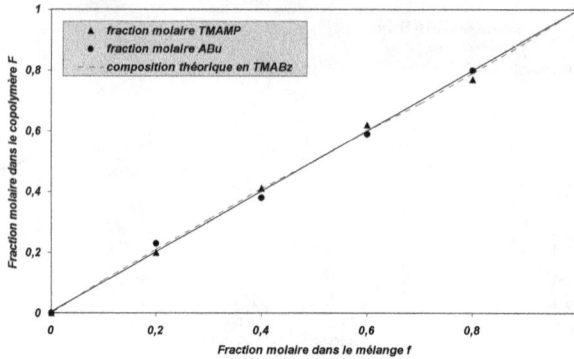

Figure III.25 : *Courbes de composition des copolymères TMABz-ABu*

Comme le montre la figure III.25, la dérive est également très faible nous permettant ainsi de valider la détermination des rapports de réactivité qui sont les suivants :

Expérience	Fineman-Ross		Kelen-Tudos		Tidwell-Mortimer	
	r_{TMABz}	r_{ABu}	r_{TMABz}	r_{ABu}	r_{TMABz}	r_{ABu}
Copolymérisation TMABz-ABu	0,915	0,89	0,983	0,982	0,861	0,882

Tableau III.19 : *Rapports de réactivité du TMABz et du MAM*

Les valeurs moyennes des rapports de réactivité sont :

$$r_{TMABz}=0,92 \qquad\qquad r_{ABu}=0,918$$

Etant données les valeurs quasi identiques des rapports de réactivité, il est donc envisageable qu'une conversion apparente incomplète n'entraîne aucune erreur sur la détermination des indices de réfraction. Nous avons donc étudié l'influence de l'incorporation du TMABz dans les copolymères de MAM-ABu et nous avons mesuré les indices de réfraction.

III.2.3.3.d   *Variation de l'indice de réfraction des implants*

❖ *Remplacement partiel du MAM par le TMABz*

Les indices de réfraction ont été mesurés à l'aide d'un réfractomètre d'Abbe et en utilisant l'eau comme liquide de référence. Afin de s'assurer de la mesure, et dans un souci de précision, une lumière polarisée a été utilisée dans certains cas. Notons que l'emploi de diiodométhane en tant que liquide de référence ne change pas la valeur de l'indice.

Copolymères	x% en poids de TMABz	Indice de réfraction
	0	1,4778
(40-x)/60/x	20	1,5064
	40	1,5313

Tableau III.20 : *Indices de réfraction pour la série (40-x)/60/x*

Une première remarque est que l'indice de réfraction augmente très rapidement et atteint des valeurs largement supérieures à 1,50. Ceci place également ces matériaux synthétisés dans la catégorie des implants acryliques hydrophobes à haut indice de réfraction.

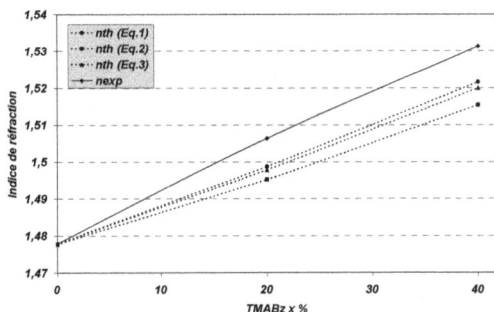

Figure III.26 : *Variation de l'indice de réfraction pour les copolymères MAM-ABu-TMABz (40-x)/60/x*

Nous pouvons faire la même remarque pour le TMABz que pour le MA2TPE. La valeur des indices expérimentaux s'écarte des valeurs théoriques. La conversion des matériaux se situe dorénavant à 93%. Tenant compte des rapports de réactivité qui montrent une incorporation préférentielle de MAM par rapport au TMABz, les corrections sont les suivantes:

Compositions MAM-ABu-TMABz	Valeurs théoriques (sans correction)	Valeurs théoriques (avec correction)	Valeurs expérimentales
40-60-0	1,4778	1,4779	1,4778
20-60-20	1,4988	1,5045	1,5064
0-60-40	1,5216	1,5315	1,5313

Tableau III.21 : *Valeurs corrigés des indices de réfraction pour la série MAM-ABu-TMABz (40-x)/60/x*

Une fois encore, les corrections permettent de voir que les valeurs théoriques sont très proches des valeurs expérimentales, ce qui permet de dire que l'incorporation de monomères soufrés à la place de MAM est contrôlable et contrôlée.

❖ *Remplacement partiel de l'ABu par le TMABz*

Cette fois-ci, nous avons remplacé l'ABu par le TMABz. La proportion d'ABu étant plus importante dans les copolymères (60% au lieu de 40% de MAM) nous avons pensé pouvoir obtenir des indices très élevés et même supérieurs à ceux des implants qui existent actuellement.

Copolymères	x% en poids de TMABz	Indice de réfraction
	0	1,4778
40/(60-x)/x	20	1,5119
	40	1,5472
	60	1,5715
PolyTMABz	100	1,620

Tableau III.22 : *Indices de réfraction pour les copolymères MAM-ABu-TMABz*

Pour cette série de copolymères, les valeurs atteintes sont largement supérieures à celles nécessaires à la réalisation d'implants compétitifs (1,55 pour l'Acrysof®). Cependant, il est important de noter que les copolymères commencent à être teintés en jaune à partir de 40% de TMABz incorporé dans le matériau.

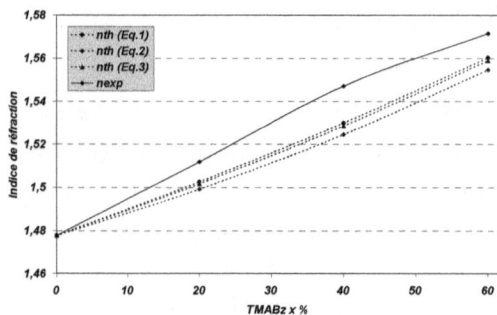

Figure III.27: *Variation de l'indice de réfraction pour les copolymères MAM-ABu-TMABz 40/(60-x)/x*

La variation de l'indice en fonction du remplacement partiel de l'ABu par le TMABz montre que l'écart entre les valeurs théoriques et expérimentales, qui n'est cette fois pas lié aux conversions incomplètes, est inévitable (imprécision de la mesure, épaisseur du matériau, sous-évaluation de l'indice des homopolymères).

133

III.2.2.3.e   Influence du TMABz sur la température de transition vitreuse Tg des terpolymères MAM-ABu-TMABz

Nous venons de voir que les valeurs des indices sont importantes à partir de 20% de TMABz incorporé, mais il ne faut pas oublier que la température de transition vitreuse est une donnée cruciale car elle permet de vérifier si le matériau demeure pliable (ou enroulable) afin de limiter la taille de l'incision de la cornée lors de l'implantation dans l'œil du patient.

Dans le tableau suivant sont rassemblés les températures de transition vitreuse des copolymères synthétisés. Nous pouvons ainsi constater que le remplacement du MAM n'implique par de problèmes quant à l'utilisation des matériaux. Cependant, dans le cas du remplacement de l'ABu, les conclusions sont opposées puisque les Tg augmentent très rapidement.

Copolymères	x% en poids de TMABz	Tg (°C)
(40-x)/60/x	0	0
	20	5
	40	-12
40/(60-x)/x	0	0
	20	36
	40	52
	60	64
PolyTMABz	100	32

Tableau III.23 : *Tg pour les copolymères MAM-ABu-TMABz*

Afin que l'implant soit pliable à 25°C, il est nécessaire que la température de transition vitreuse soit inférieure à 15°C. En effet, nous pouvons également définir la température de transition vitreuse comme étant la température du début du ramollissement d'un polymère. Or, dans notre cas, le matériau doit avoir une réponse visco-élastique importante et par conséquent avoir une Tg inférieure à sa température d'utilisation. Nous voyons donc que la série MAM-ABu-TMABz (40-x)/60/x est une bonne candidate si l'on remplace le MAM par le comonomère soufré, l'introduction d'un groupe aromatique rigidifiant étant atténuée par une longueur du bras espaceur plus importante.

III.2.4 Extraction des terpolymères au soxhlet

Les matériaux à haut indice de réfraction doivent subir au même titre que les matériaux non fonctionnalisés un traitement d'extraction des oligomères solubles et des monomères résiduels (v. partie II). L'étude du gonflement nous sert alors à visualiser l'aptitude des disques à être gonflés et à pourvoir être purifiés.

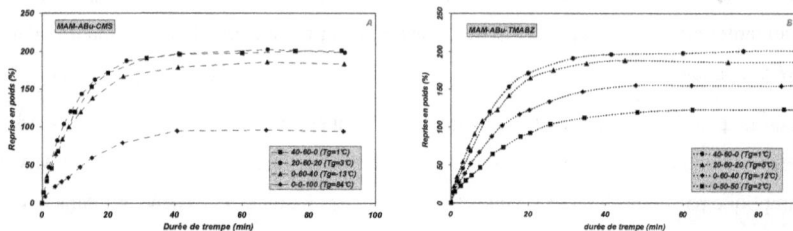

Figure III.28 : *Evolution de la reprise en poids à T_{amb} pour les copolymères MAM-ABu-CMS (A) et MAM-ABu-TMABz (B)*

La figure III.28 montre que le gonflement est étroitement lié à la composition car plus un matériau renferme de CMS ou de TMABz et moins son gonflement dans l'acétone est important. En tenant compte de l'expérience que nous avons de l'extraction des disques de MAM-ABu et des résultats de l'étude du gonflement des disques de MAM-ABu-CMS et MAM-ABu-TMABz, nous avons choisi l'acétone comme solvant d'extraction pour les disques fonctionnalisés.

Conclusion

La fonctionnalisation des matériaux par des monomères a été discutée dans cette partie et nous pouvons voir qu'elle se fait de manière contrôlée (évolution linéaire des indices) :

☺ L'incorporation de chlorométhylstyrène et des monomères soufrés augmentent l'indice de réfraction au-delà de 1,55,

☺ Il est possible de quantifier le taux de monomère fonctionnel réellement incorporé en faisant la mesure de l'indice de réfraction du matériau. Grâce aux rapports de réactivité, nous pouvons déterminer quels monomères sont incorporés préférentiellement. Ensuite, il est facile de remonter à la vraie composition en recoupant la conversion apparente et la valeur de l'indice de réfraction du matériau.

☺   Les matériaux soufrés supportent une extraction au soxhlet d'acétone de manière identique aux matériaux non fonctionnalisés,

☺   La synthèse des monomères soufrés (MA2TPE, TMABz) se révèle simple, ne nécessitant pas de nombreuses étapes de purification,

☹   L'apparition de coloration des matériaux empêche l'utilisation au-delà de 40% de monomère fonctionnel dans le cas du TMABz,

☺   Comme nous le verrons dans la partie IV certains monomères fonctionnels, tels que le CMS, peuvent avoir un double emploi. En effet, la fonction chimique chlorée permet dans un premier temps par sa réfractivité molaire d'augmenter les propriétés d'indice, et dans un second de permettre une substitution de l'atome de chlore par d'autres molécules bien choisies.

Nous voyons que le choix de la formulation n'est pas si simple et que de nombreux paramètres entrent en jeu. Outre *l'indice de rédaction* et *la température de transition vitreuse*, on peut citer la vitesse de retour à la position d'équilibre du matériau (visco-élastiques), la stabilité du matériau dans le sérum physiologique, l'effet de collant (« tack ») superficiel… Certaines de ces propriétés sont étudiées dans la partie VI de cette étude.

PARTIE IV : MODIFICATIONS CHIMIQUES DE SURFACE

Chapitre IV.1 : Greffage des copolymères MAM-ABu-CMS

Ainsi que nous l'avons vu précédemment, la cataracte, qui se définit comme l'opacification du cristallin nécessite l'élimination de celui-ci et la pose d'un implant intraoculaire par incision de la cornée. Une des complications majeures de cette cataracte est la cataracte secondaire ou encore opacification de la capsule postérieure. Elle résulte du développement et de la migration de cellules épithéliales entre la capsule postérieure et l'implant, opacifiant de ce fait cet espace et rendant inopérante la lentille synthétique.

Les solutions mécaniques telles que le « square edge » ont été utilisées et procurent une barrière mécanique à la migration cellulaire. Mais ces techniques consistent uniquement en une adaptation géométrique des matériaux. En ce qui concerne les solutions chimiques pour obtenir une meilleure biocompatibilité, l'hydrophilisation de surface a été testée, notamment par copolymérisation avec la NVP ou l'HEMA (v. partie I), et les résultats sont encourageants. Nous pouvons citer également la fluoration permettant de réduire les propriétés adhésives des surfaces. Les solutions biochimiques quant à elles ont été élaborées afin de pourvoir le matériau d'une défense active contre la migration cellulaire. Cette défense s'appuie sur deux facteurs :

- *la cytotoxicité, par activité biocide des fonctions présentes en surface,*

- *la cytostaticité qui inhibe la biosynthèse des cellules, les empêchant de proliférer.*

Les revêtements biocides et cytotoxiques[224], font le plus souvent intervenir des tensio-actifs cationiques, alors que les propriétés cytostatiques sont le plus souvent obtenues avec des tensio-actifs anioniques.

Nous avons étudié la modification de surface des copolymères afin de conférer à nos matériaux MAM-ABu et MAM-ABu-CMS des propriétés cytotoxiques, notamment par fonctionnalisation avec des ammoniums quaternaires.

Cette quatrième partie est consacrée au greffage chimique ainsi qu'au traitement de surface des implants, et aux techniques de caractérisation des surfaces modifiées.

IV.1.1 Activité cytotoxique des biocides polycationiques

Comme nous l'avons vu dans la partie III, les copolymères MAM-ABu-CMS sont de bons candidats à une utilisation en tant que lentilles intraoculaires. Outre leurs bonnes propriétés optiques et mécaniques qui garantissent leur usage et leur manipulation, ces matériaux sont de **bons précurseurs pour une fonctionnalisation de surface**. Grâce à la mobilité importante du chlore benzylique, les substitutions nucléophiles sont nombreuses et aisées. Elles sont possibles sur le monomère CMS (et laissent la double liaison intacte suivant les conditions), mais aussi sur les chaînes de polymère renfermant des unités CMS. Les principales substitutions peuvent mener à la formation de liaisons carbone-oxygène (éther et ester), carbone-azote (amine, ammonium, urée) et autres hétéroatomes (P, Si, Ge, Sn…)[225].

Peu à peu, l'émergence des « polymères supports » a mené au remplacement des molécules antiseptiques. Il s'avère en effet, que les polymères sont de très bons candidats en comparaison des molécules isolées. Les polymères actifs peuvent être divisés en deux catégories[226]. D'une part, les polymères auxquels sont greffées des biomolécules actives de façon covalente, et d'autre part, les polymères possédant des propriétés intrinsèques (polyacides aminés). Les polymères actifs ou biocides sont également classés en fonction de leur cible. **La première catégorie** concerne les polymères qui inhibent la biosynthèse et préviennent la croissance cellulaire :

- inhibition de la biosynthèse des peptidoglycanes au niveau de la membrane cellulaire (β-lactames, pénicillines, céphalosporines),

- inhibition de la biosynthèse des acides aminés (azarésine, actinomycine D, mitomycine)

- inhibition de la biosynthèse des protéines (puromycine, streptomycine, tetracycline, chloramphenicol).

La seconde concerne les polymères qui agissent physiquement sur les cellules en désorganisant la structure du cytoplasme et qui par conséquent sont bactéricides.

- désorganisation du cytoplasme [phénols (crésols), sel d'ammonium quaternaire (QAS), biguanide (chlorhexidine), oligopeptides cycliques (tyrocidine A, gramicidine S, polymyxine B)],

- inversion de la perméabilité des membranes [ionophores (valinomycine, nonactine)].

Dans notre cas, c'est la formation de cations[227] doués de propriétés microbicides (bactéricides) qui nous intéresse. La majeure partie des cellules et bactéries sont chargées négativement en surface, et le mode d'action des cations biocides peut être divisé en étapes successives élémentaires [228,229,230] :

- adsorption du cation et diffusion à travers la membrane cellulaire,

- établissement d'une liaison chimique avec la membrane cytoplasmique,

- rupture de la membrane et dispersion des constituants cytoplasmiques tels que les ions K^+, l'ARN et l'ADN,

- mort de la cellule (apoptose).

Indépendamment de ce mode d'action, l'activité biocide s'accompagne parfois d'une activité biostatique (immobilisation des cellules les empêchant de migrer). Certains polymères expriment même leurs propriétés bactériostatiques à faibles concentrations et sont par contre de bons agents biocides à fortes concentrations. Il est très difficile de discerner quelle est la proportion de chaque phénomène dans l'activité du polymère actif, même si des mesures de concentration minimum d'inhibition (MIC) peuvent être effectuées. De manière générale, plus cette valeur est basse et meilleure est l'activité bactériostatique. Il est également difficile de prédire l'efficacité des molécules car de nombreux paramètres influencent l'activité biocide :

1)Influence du contre-ion :

Certaines études montrent que l'efficacité des cations est étroitement liée à la nature du contre-ion et que la densité de charge effective ainsi que la constante de dissociation des paires d'ions sont responsables de l'activité biocide. Le tableau IV.1 montre l'évolution du nombre de survivants staphylocoques dorés (*S. aureus*) en fonction du contre-ion pour un polycation phosphoré :

Contre-ion	Cl^-	BF_4	ClO_4	PF_6
K_{sp}[a]		$9,2.10^{-6}$	$8,1.10^{-7}$	$2,0.10^{-7}$
Log (survivants) (cellules/mL)	0 (30 min[b])	0 (120 min[b])	3	5

[a] Constante du produit de solubilité, [b] temps pour lequel il n' y a plus aucun survivant

Tableau IV.1 : *Efficacité du contre-ion sur le nombre de survivants*[231]

En revanche, Panarin et al.[232] montrent que pour des copolymères de vinylamine (a) ou de méthacrylate quaternarisé (b) avec la NVP (v. figure IV.1), l'influence du contre-ion (Cl⁻, Br⁻, I⁻) vis-à-vis des propriétés biostatiques est nulle.

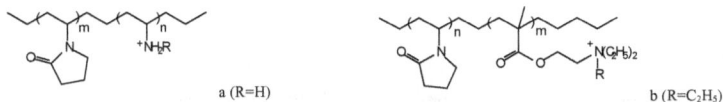

a (R=H)   b (R=C₂H₅)

Figure IV.1 : *Copolymères de NVP et de MAM-g-QAS ou de vinylamine*

2)Influence des masses molaires :

Qu'il s'agisse de copolymères obtenus par polycondensation[233,234] (figure IV.2b) ou par polymérisation radicalaire classique de monomères cationiques modifiés[235] (figure IV.2a), l'influence des masses moléculaires joue très souvent un rôle important :

Mw (g/mol)	94000	36900	32200	16000
Log (survivants) (cellules/mL)	0 (60 min)	2,2	2,6	3,2

Tableau IV.2 : *Influence de la masse moléculaire sur l'activité biocide d'un polychlorure de phosphonium (tributyl-4-benzylstyrène)*[236] (figure IV.2a où R=Bu)

En dessous de 90000g/mol, le seuil d'efficacité est dépassé et les polymères perdent beaucoup de leur activité biocide.

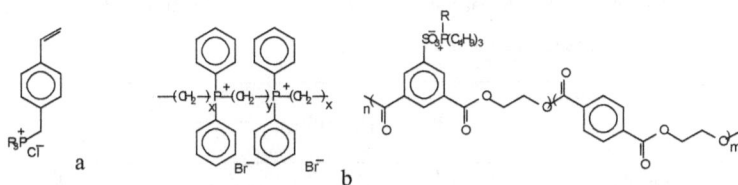

Figure IV.2 : *Polymères phosphorés obtenus par polycondensation et polymérisation radicalaire classique*

D'autres études des mêmes auteurs[237] montrent que l'influence des masses sur l'efficacité biocide en fonction de la longueur des chaînes d'un même polymère passe par un maximum avant de décroître : il s'agit des méthacrylates greffés par les biguanides (v. figure IV.3d), pour lesquels une masse des chaînes comprise entre 50 et 100 000 g/mol correspond au maximum d'efficacité. Pour une masse inférieure à 50 000 et supérieure à 100 000g/mol, l'activité est très faible voire inexistante. En

140

revanche, pour les homologues acryliques, plus les chaînes sont longues et plus l'activité est bonne[238]. Dans ces deux cas, la copolymérisation des monomères actifs [(méth)acrylates greffés par les biguanides] avec l'acrylamide conduit à une baisse de l'efficacité.

3)Influence des greffons :

Dans le cas où les cations se situent sur la chaîne principale, Ikeda[239] montre que les polymères a, b et c expriment de bonnes propriétés biocides pour x=6 et y=10, ou lorsque m=3. En revanche, si x et y sont supérieurs, l'activité diminue.

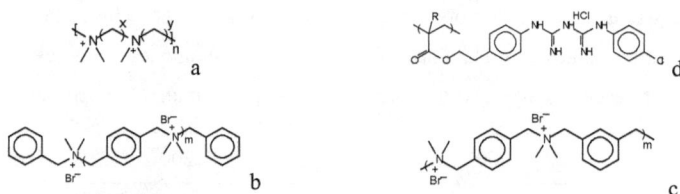

Figure IV.3 : *Exemples de polymères cationiques biocides*

En ce qui concerne les polymères cationiques où les espèces actives sont intégrées dans les chaînes pendantes, la balance hydrophile/lipophile (HLB) est un critère essentiel. Dans l'exemple suivant (tableau IV.3), en substituant le groupement R par C_2H_5, C_4H_9, puis $C_{12}H_{25}$, les auteurs ont montré que plus le monomère est hydrophobe plus son efficacité augmente contre S. aureus (x 10^4) alors que l'activité des polymères correspondants n'est pas grandement améliorée :

	R	$[\eta]^a$ (dl/g)	MIC (µg/ml)	
			Polymère	monomère
n/m=75/25	CH_3	1,05	50	10 000
	C_2H_5	1,05	50	1 000
	C_4H_9	0,90	50	1 000
	C_6H_{13}	0,80	50	1 000
	C_8H_{17}	0,72	50	100
	$C_{12}H_{25}$	0,54	45	1

Tableau IV.3 : *Effet de la balance hydrophile/lipophile sur l'acitivité biostatique*

La même tendance est observée pour un polychlorométhylstyrène quaternarisé[240] ainsi qu'un polymère de sels de pyridinium[241].

Si la nature du contre-ion, la masse des polymères ou encore la balance HLB sont des facteurs influençant l'activité biocide, la structure des espaceurs entre les charges positives est également importante. Ainsi, des espaceurs rigides tels que les para-xylylènes expriment une activité bien supérieures à celles obtenues avec les espaceurs hexaméthylènes[16]. Par contre, dès que l'hydrophilie d'un espaceur rigide est augmentée, une baisse de l'activité est observée.

De manière générale, les polycations sont bien plus efficaces que les monomères, et montrent une activité plus importante contre les bactéries Gram(+) que contre les variétés Gram(-).

Il est néanmoins important de prendre en compte la complexation par des composés acides des espèces actives le long des chaînes polymères. Ces influences groupées de la masse molaire, de la nature du contre-ion, des groupements latéraux nous ont conforté dans le choix du CMS et de la formation de cations à partir des copolymères MAM-ABu-CMS. D'après les études de Nurdin et Sauvet[242], les matériaux hydrophiles ont une efficacité moindre que les matériaux hydrophobes du fait de leur reprise en eau qui engendre une modification des espèces actives (ammoniums quaternaires) par établissement d'un équilibre entre l'amine, l'halogénure d'alkyl et l'ammonium quaternaire. Ils préconisent même une incorporation dans la masse des espèces biocides pour assurer la pérennité des espèces cytotoxiques.

Afin d'incorporer des cations biocides aux copolymères MAM-ABu-CMS, nous avons d'abord étudié des réactions modèles de substitution avec des amines et des phosphines simples, pour ensuite étudier l'incorporation de polyéthylèneimines.

IV.1.2 Greffage ONTO sur des disques de MAM-ABu-CMS

IV.1.2.1   Greffage de petites molécules

IV.1.2.1.a   Greffage de triphénylphosphine Pϕ_3

Afin d'incorporer des cations phosphonium à la surface d'un matériau, nous avons greffé la triphénylphosphine Pϕ_3 sur un copolymère ABu-CMS 60/40. Le disque (1mm d'épaisseur, 10 mm de diamètre) est introduit sous azote dans un tricol surmonté d'un réfrigérant, ainsi que 18 mL d'hexane et 2,1g de Pϕ_3.

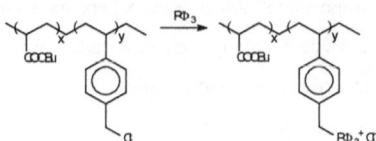

Figure IV.4 : *Greffage de triphénylphosphine Pϕ₃*

La réaction est menée à température ambiante pendant 48 heures. Après lavage abondant à l'hexane, le disque est séché au dessicateur chauffant. La masse du disque passe de 0,0870g à 0,0930g pour un gain de masse de 6,9%.). Cet accroissement de masse correspondrait à 5.10^4 équivalents $-Pϕ_3^+Cl^-$ par nm^2 ! ! Il est donc évident que le faible gonflement du disque dans l'hexane (20% en masse) implique une diffusion de la phosphine dans le disque. L'angle de contact passe de 85° à 74° et montre que la surface devient plus hydrophile. La caractérisation des disques greffés par Pϕ₃ est effectuée grâce à l'analyse ESCA qui mesure l'énergie de liaison des électrons de cœur P_{2p} à 128 eV.

IV.1.2.1.b   Greffage d'amine tertiaire NEt3

Les greffages sont réalisés à partir de disques de polymères synthétisés et extraits suivant les procédés décrits dans les parties précédentes. Un implant de MAM-ABu-CMS 30/60/10 (0,1112g) est introduit dans un ballon, ainsi que 10 mL de triéthylamine pure en grand excès. L'implant gonfle légèrement dans la triéthylamine ce qui favorise l'accessibilité des fonctions chlorées par l'amine tertiaire. La réaction est menée sous agitation magnétique pendant 3 jours à température ambiante.

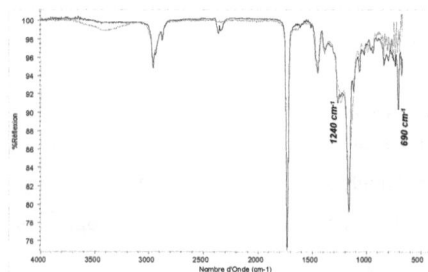

Nombre d'onde (cm⁻¹)	Vibrations
690	ν_{C-Cl}
1290-1300	ν_{C-N} et $\delta_{C-H\,(CH3)}$

Figure IV.5 : *Analyse HATR-FTIR d'un copolymère MAM-ABu-CMS greffé par la triéthylamine (rouge) et non greffé (noir)*

Après réaction, l'implant est lavé abondamment à l'eau jusqu'à masse constante. La masse de l'implant après greffage est de 0,1190g soit une **augmentation de masse de**

7,1%. L'analyse HATR-FTIR (figure IV.5) montre que les vibrations caractéristiques des unités CMS (690 cm^{-1}) diminuent lors du greffage. Cette observation montre que la substitution du chlore est effective. Une large bande est également visible vers 3400 cm^{-1} et correspondrait aux vibrateurs N-H non liés. L'analyse ESCA montre également l'apparition du signal de l'azote à 398 eV correspondant à l'énergie de liaison des électrons de cœur N$_{1s}$.

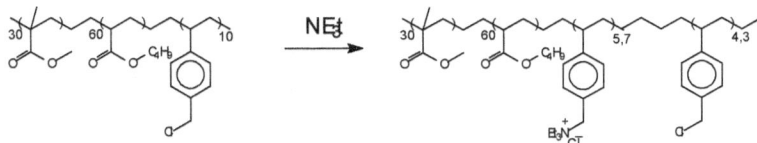

Figure IV.6 : *Schéma de substitution nucléophile par la triéthylamine*

La valeur de l'angle de contact pour la surface greffée est de 81° contre 89° sans quaternisation. Le caractère hydrophile de la surface est donc amélioré.

IV.1.2.1.c   *Greffage de tertiobutylamine tBuNH$_2$*

La tertiobutylamine est une amine primaire encombrée. L'obtention d'un ammonium quaternaire est possible après quaternisation de cette amine par le iodométhane CH$_3$I par exemple.

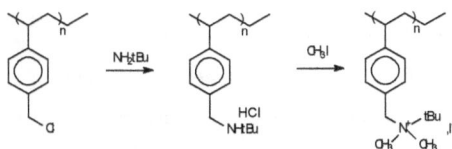

Figure IV.7 : *Schéma de greffage par une amine encombrée*

Le disque utilisé pour le greffage correspond au même matériau MAM-ABu-CMS (30/60/10) que précédemment. La réaction est réalisée dans un mélange acétone/amine (4v/1v) pour gonfler légèrement le matériau, à température ambiante, sous agitation magnétique, pendant 3 jours. La réaction terminée, le disque est lavé abondamment puis séché jusqu'à masse constante. Nous ne pouvons malheureusement pas conclure sur la réactivité de l'amine et sur l'encombrement stérique du groupe tertiobutyle car ***l'augmentation de masse qui s'élève à 12,6%*** est également dépendante de la diffusion de l'amine dans le matériau. L'apparition d'une vibration à 3320 cm^{-1} caractéristique des vibrateurs N-H montre également que la réaction de greffage est effective (v. figure IV.6) :

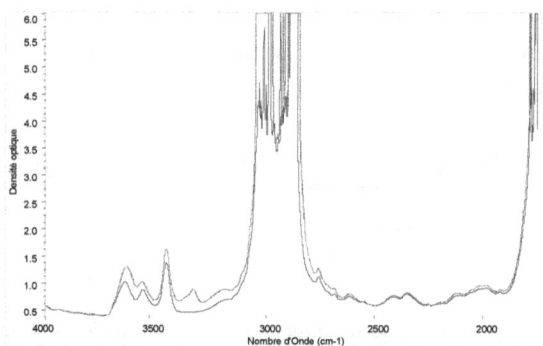

Figure IV.8 : *Spectre HATR-FTIR du copolymère MAM-ABu-CMS 30/60/10 après traitement par tBuNH$_2$*

La valeur de l'angle de contact passe de 89° à 81° après greffage. Cette fois-ci encore on observe une nette augmentation de l'hydrophilie de surface.

Nous venons de voir que la formation d'ammonium quaternaire s'effectue bien lorsque l'on greffe une amine tertiaire sur la surface, et que l'encombrement stérique d'une amine primaire encombrée diminue les quantités greffées mais que cette réaction se produit néanmoins et augmente le caractère hydrophile du matériau.

IV.1.2.2 Greffage de polyéthylèneimines PEI

Afin d'incorporer le maximum de fonctions aminées en surface du matériau, nous avons choisi d'utiliser des polyéthylèneimines ramifiées (v. figure IV.9). Ces molécules possèdent de nombreuses fonctions amines primaires, secondaires et tertiaires facilement quaternisables.

Plusieurs polyéthylèneimines sont commerciales et disponibles. Nous avons sélectionné trois PEI afin d'étudier l'influence de leur masse et de leur structure sur le greffage :

- une PEI branchée, pure, de masse Mn=600 g/mol (Mw=800 g/mol),
- une PEI branchée, à 50% en eau, de masse Mn=1800 g/mol (Mw=2000 g/mol),
- et une PEI branchée, pure, de masse Mn=10 000 g/mol (Mw=25 000 g/mol).

145

Les PEI linéaires sont souvent de faibles masses et possédent moins de fonctions aminées quaternisables.

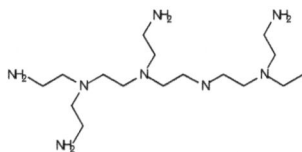

Figure IV.9 : *Formule générale des polyéthylèneimines utilisées*

La substitution du chlore des unités CMS est permise par les fonctions amines des PEI, mais la nucléophilie de ces dernières varie avec la substitution : la réaction est généralement plus rapide avec les amines tertiaires (points de branchements) qui sont plus nucléophiles que les amines secondaires (chaînes) et primaires (extrémités). Nous pouvons penser que l'encombrement stérique des amines tertiaires joue également un rôle. Il est important de connaître le schéma de réaction car la morphologie de surface est influencée par le mode de substitution (v. figure IV.10).

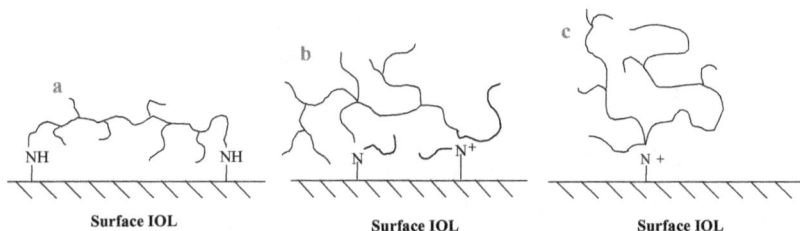

Figure IV.10 : *Représentation du greffage de surface suivant la substitution par les amines primaires (« bridge »,a), secondaires (b) et tertiaires (« tree » ou « brosse »,c)*

Les PEI liquides en masse et en solution sont très visqueuses et il est très difficile de mener la réaction dans la PEI pure. Nous avons déterminé le mélange adéquat acétone-eau (3v/1v) pour que les polyéthylèneimines demeurent solubles mais aussi que les implants gonflent légèrement. Les copolymères utilisés sont toujours les MAM-ABu-CMS 30/60/10 et la réaction est menée à température ambiante avec les PEI en grand excès, pendant 3 jours. Les disques sont ensuite lavés à l'eau puis séchés jusqu'à masse constante. Les résultats des greffages sont rapportés dans le tableau suivant :

Polyéthylèneimines	PEI_{600}	PEI_{1800}	PEI_{10000}	NEt_3	$tBuNH_2$
Augmentation de la masse (%)	1,2	0,9	0,3	7,1	12,6
Equivalent NH greffés	$1,2.10^{19}$	$1,3.10^{19}$	$2,9.10^{18}$	$4,6.10^{19}$	$1,7.10^{20}$
Angle de contact ($\theta_{initial}$ 89°)	81	83	80	81	81

Tableau IV.4 : *Influence de la masse des PEI sur le greffage*

L'augmentation de la masse des disques montre que nous greffons beaucoup moins qu'avec des petites molécules comme la triéthylamine ou la tertiobutylamine. *Mais la PEI ne diffuse pas dans le matériau et se retrouve toute en surface.* En ce qui concerne le nombre d'amines greffées en surface, nous voyons qu'il varie peu. Dans chaque cas, l'apparition de la bande de vibrations caractéristiques des vibrateurs NH à 3300 cm^{-1} est visible :

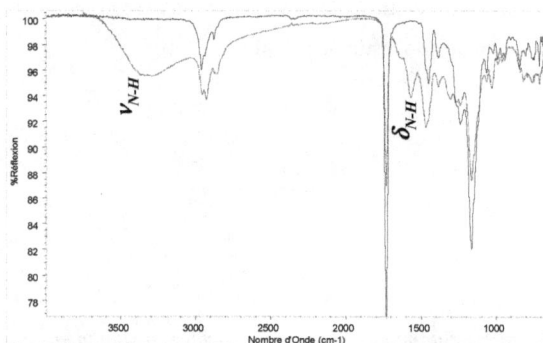

Figure IV.11 : *Influence du greffage de PEI$_{600}$ sur un MAM-ABu-CMS 30/60/10*

En ce qui concerne les valeurs des angles de contact, on s'aperçoit que pour de très grosses molécules (PEI$_{10000}$), l'influence sur la surface est très importante. On voit d'ailleurs clairement sur le spectre que nous avons plus d'amines en surface. Il est nécessaire de trouver un compromis entre une bonne réactivité de la part des PEI (nucléophilie, accessibilité de l'amine, encombrement stérique) et une bonne influence sur les propriétés de surface (angle de contact, hydrophilisation, biocompatibilité). Dans l'ensemble, la PEI$_{600}$ conduit à de bons résultats et nous avons tenté d'étudier un peu plus précisément le mode de greffage de ces polyéthylèneimines.

IV.1.2.2.a   Influence du taux de CMS incorporé dans les copolymères

Nous venons de voir que les copolymères MAM-ABu-CMS 30/60/10 se prêtent bien au greffage de PEI_{600} mais qu'en est-il de l'influence de la composition de la surface sur le mode de greffage ? Pour étudier cette influence, nous avons testé le greffage de PEI_{600} sur des copolymères MAM-ABu-CMS 20/60/20, 10/60/30, 0/60/40 et un polyCMS.

Les réactions sont menées en grand excès d'amine dans le méthanol à 55°C pendant 8 heures, pour supprimer le gonflement et cibler le greffage en surface des disques. Les disques deviennent progressivement blancs en surface ce qui montre que la réaction a bien lieu mais redeviennent transparents une fois lavés à l'eau. Ils sont ensuite séchés jusqu'à masse constante.

N.B : Notons que des tests préliminaires de greffage dans l'eau ont montré que la réaction était plus rapide et que les masses greffées étaient plus importantes dans le cas du méthanol.

Copolymères MAM-ABu-CMS	30/60/10	20/60/20	10/60/30	0/60/40	0/0/100
Augmentation de masse (%)	$7,6-1,2^b$	7,7	5,5	5,4	3,4
Equivalent NH greffés	$6,2.10^{19}$	$7,7.10^{19}$	$5,7.10^{19}$	$4,4.10^{19}$	$4,1.10^{19}$
Angle de contact $(°/\Delta°)^a$	69/-14	69/-18	64/-21	65/-20	56/-25

[a] Δ :différence d'angle de contact pour un copolymère greffé et son homologue non greffé, [b] acétone/eau (3v/1v)

Tableau IV.5 : *Influence du taux de CMS sur le greffage de PEI_{600} dans le méthanol*

Même si le nombre de macromolécules greffées est relativement identique pour tous les copolymères, d'importants changements interviennent, notamment au niveau des propriétés de surface qui sont très sensiblement modifiées. Plus le taux de CMS dans les copolymères est important dans le copolymère et plus la variation d'angle de contact augmente. Cette observation est contradictoire avec la diminution du nombre de molécules greffées. Nous expliquons ce phénomène par la morphologie de la surface créée lors du greffage :

En effet, plus le taux de CMS est important dans les copolymères et plus la densité superficielle de groupes CH_2Cl est importante. Ainsi, la probabilité qu'une molécule réagisse plusieurs fois augmente, ce qui a pour effet d'augmenter l'étalement de la molécule sur la surface. Les conséquences sont une grande influence sur l'hydrophilie de surface, et une diminution de l'accessibilité des autres fonctions CH_2Cl de cette molécule de PEI.

Cette observation est importante car nous voyons que pour des concentrations faibles en unités CMS, le mode de greffage se rapproche du mode « tree » (v. figure IV.10), alors que pour des concentrations plus élevées, le mode « bridge » est privilégié. Un calcul basé sur l'espace moyen entre deux unités CMS les plus proches montre qu'effectivement à partir des copolymères MAM-ABu-CMS 20/60/20, le mode « bridge » a une forte probabilité de se produire (v. tableau IV.6). Cependant ce calcul est effectué à partir de plusieurs hypothèses :

- les macromolécules sont en conformation zigzag plan (v. figure IV.12) auquel cas la PEI_{600} mesure 37Å en moyenne et possède 14 motifs (dont 3 à 4 greffons),

- la distance entre deux monomères est égale à 2,43 Å,

- les chaînes de polymère ont toutes la même composition moyenne.

Figure IV.12 : *Schéma représentatif de la conformation zigzag plan des macromolécules*

Cette dernière hypothèse est nécessaire pour le calcul mais l'évolution des compositions en fonction de la conversion montrent que la tendance « blocs » est prononcée pour les copolymères MAM-ABu-CMS. La figure ci-dessous indique l'enchaînement des triades pour un copolymère MAM-ABu-CMS 20/60/20 et nous montre que les unités CMS sont incorporées préférentiellement alors que l'ABu est incorporé en fin de polymérisation.

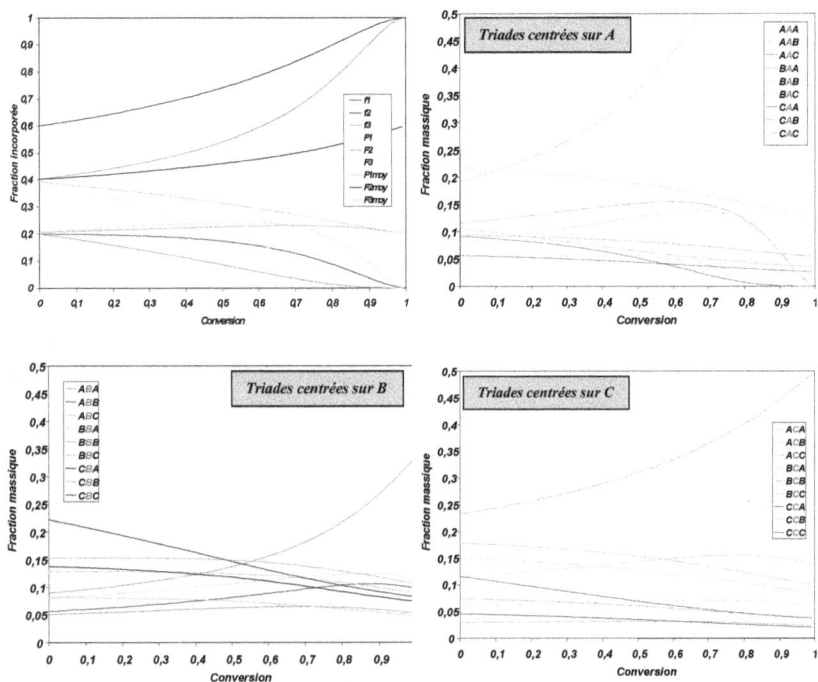

Figure IV.13 : *Etude de la terpolymérisation du MAM (A), de l'ABu (B) et du CMS (C)*

Nonobstant ces dérives, le calcul d'espacement entre deux motif CMS mène aux résultats suivants :

Copolymères	30/60/10	20/60/20	10/60/30	0/60/40	0/0/100
Distances moyennes (Å)	30,3	14,6	9,7	6,8	2,4

Tableau IV.6 : *Distances entre les unités CMS pour les copolymères MAM-ABu-CMS*

Sous réserve des hypothèses émises, nous voyons que l'effet de la composition de surface est importante, et nous pensons que l'influence de la concentration en PEI dans le milieu peut avoir des conséquences sur le mode de greffage. C'est pourquoi nous avons étudié l'influence de la dilution.

IV.1.2.2.b   Influence de la dilution sur le greffage

L'influence de la dilution est-elle identique à celle observée par Lehn pour la synthèse de cryptands à haute dilution[243] (v. figure IV.14), à savoir une même macromolécule de PEI va t-elle réagir plusieurs fois si la dilution est importante ?

Figure IV.14 : *Effet de la dilution selon Lehn (a : haute ;b : faible)*

Pour étudier ce phénomène, nous avons réalisé des solutions allant de 1 à $2,1.10^{-2}$ mol/L de PEI_{600} dans le méthanol. Les copolymères utilisés sont des MAM-ABu-CMS 20/60/20 d'angle de contact 87° pour lesquels nous pensons que les deux modes de greffage sont possibles (« tree » et « bridge »). La réaction de greffage de la PEI est menée pendant 8h à 55°C. Une fois la réaction terminée, les disques sont lavés puis séchés jusqu'à masse constante. Le tableau ci-dessous rassemble les résultats :

Concentration PEI_{600} (mol.L^{-1})	1	0,5	0,25	$8,3.10^{-2}$	$4,16.10^{-2}$	$2,1.10^{-2}$
Densité de fonctions amine (/nm^2)[a]	8,1	11,7	19,4	30,6	41,7	67
Angle de contact (°)	82	77	75	72	67	70

[a] **obtenue par dosage par dérivatisation du bleu de bromophénol (v. partie expérimentale)**
Tableau IV.7 : *Influence de la dilution sur le greffage de PEI_{600}*

L'observation essentielle est que plus la concentration en PEI est faible et plus la densité de fonctions amines en surface est élevée. Ceci va à l'encontre de la théorie des hautes dilutions mais équivaut également à dire que si la densité augmente alors que la composition en surface de fonctions CH_2Cl reste identique, le mode « tree » ou « brosse » du greffage est privilégié.

IV.1.2.3 Quaternisation des amines greffées

Le protocole expérimental utilisé pour la quaternisation des amines greffées est simple et repose sur la réaction du iodométhane CH_3I sur les amines III, II et I[244].

Les disques sont introduits dans un ballon, ainsi que 4 mL de iodométhane, 40 mL de méthanol et 3 g de $NaHCO_3$ pour tamponner le milieu. Les disques sont ensuite lavés et séchés jusqu'à masse constante. L'exemple suivant concerne un copolymère ABu-CMS 60/40 greffé par la PEI_{600}.

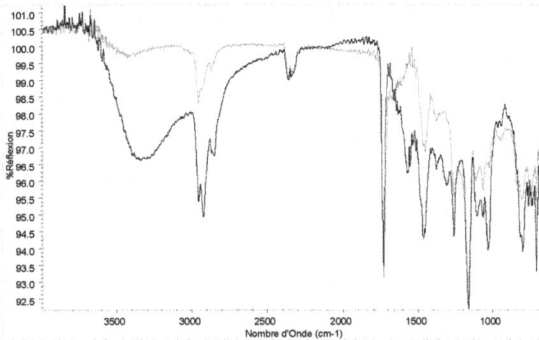

Figure IV.15 : *Spectre FTIR après quaternisation par CH₃I (rouge)*

La bande très large relative aux amines I, II à 3320 cm^{-1} diminue d'intensité et se déplace légèrement vers 3430 cm^{-1} alors que d'autres bandes caractéristiques disparaissent dans la zone des δ_{NH} vers 1570 et 1470 cm^{-1}, ce qui est la preuve de la quaternisation.

Les matériaux ainsi greffés et quaternisés en surface ont fait l'objet d'une étude in vitro d'adhésion cellulaire de kératocytes in vitro. Les résultats seront détaillés dans la partie V.

IV.1.3 Greffage FROM

Alors que les réactions de greffage ONTO permettent de fonctionnaliser une surface par des macromolécules de masse définie, le greffage FROM est une technique qui permet de polymériser à partir de la surface (v. figure IV.16).

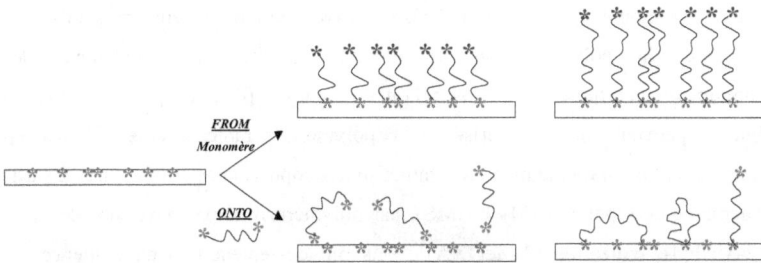

Figure IV.16 : *Greffages FROM et ONTO*

Dans le cas du greffage ONTO, la chaîne de polymère déjà formée est greffée sur la surface, alors que dans le cas du greffage FROM, la chaîne de polymère se forme depuis la surface. Dans ce deuxième cas et en particulier pour les copolymères de CMS, le chlore benzylique mobile peut être utilisé comme amorceur de polymérisation d'un certain nombre de monomères hétérocycliques dont les polymères présentent une hydrophilie variable. C'est en particulier le cas de la famille des 2-oxazolines :

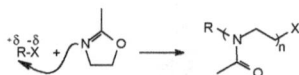

Figure IV.17 : Schéma de polymérisation de la *famille des 2-oxazolines substituées R-OXA*

Ces monomères sont susceptibles d'être polymérisés cationiquement par ouverture de cycle généralement amorcée par les amorceurs tel que BF_3-Et_2O, dans le DMF à 80°C[245], pour former des poly(N-acétyléthylèneimines), polymères qui présentent des propriétés plus ou moins amphiphiles en fonction de la substitution du cycle[246]. Par exemple, il est possible d'obtenir des chaînes solubles dans l'eau lorsque le groupe alkyle est court (Me, Et) tandis que le caractère hydrophobe apparaît pour des groupes plus longs (Pr, Bu). Nuyken[247] a montré ainsi que des surfaces peuvent devenir hydrophiles comme dans le cas du greffage des particules d'or greffées. De même, Riffle renforce le caractère amphiphile des poly(butyl vinyléther-co-2-chloroéthyl vinyléther) par greffage de poly(2-MeOXA)[248]. L'amorçage de la polymérisation des oxazolines par les composés halogénés est aussi largement utilisé[249] et mène également à des polymérisations qui s'effectuent sans réactions de transfert ou de terminaison, ce qui permet de synthétiser des blocs ou des polymères greffés très bien définis[250,251]. Ainsi, des macromonomères fonctionnalisés de polyoxazoline peuvent être synthétisés pour amorcer la polymérisation de méthylstyrène[252], mais également des macromonomères acryliques ou méthacryliques obtenus à partir de poly(2-Methyl-2-oxazoline)[253] peuvent être polymérisés ou copolymérisés radicalairement[254]. Rueda-Sanchez et al. ont de la même manière synthétisé des copolymères amphiphiles à partir d'un macroamorceur poly(MAM-*co*-CMS), par polymérisation par ouverture de cycle de la 2-Methyl-2-oxazoline (2-MeOXA)[255]. Ils ont également mis en évidence les propriétés de solubilité inverses dans l'eau et le méthanol de ces copolymères en fonction de la longueur du greffon.

Dans notre cas, nous allons utiliser la 2-méthyloxazoline pour greffer des chaînes linéaires en surface de nos copolymères halogénés MAM-ABu-CMS. Cependant, nos travaux sont basés sur les polymérisations en masse, or très peu d'exemples de polymérisation de la 2-méthyloxazoline en masse sont relevés dans la littérature. Nous avons donc étudié l'amorçage de cette polymérisation en utilisant des molécules modèles comme le chlorure de benzyle, puis le CMS et avant d'utiliser nos copolymères.

On notera toutefois, contrairement aux travaux de Nuyken[256], que les polymères et les copolymères synthétisés ne sont pas solubles dans le THF et leur caractérisation par CES avec éluant THF n'est pas possible. Les mesures de masse sont donc réalisées à partir des spectres RMN^{1}H par intégration des résonances des protons aromatiques du CH_2 benzylique (vers 7,2ppm) et du CH_3 du cycle de la 2-méthyloxazoline qui passe de 4,7ppm à l'état monomère à 2,2ppm pour le polymère.

IV.1.3.1   *Polymérisation de la 2-méthyloxazoline 2-MeOXA*

L'étude cinétique de polymérisation de la 2-méthyloxazoline est bien connue. La littérature rapporte tant les travaux concernant les études cinétiques de la polymérisation (propagation, transfert...) que les études des copolymères d'oxazoline greffés dont les applications sont nombreuses. Concernant la polymérisation de la 2-méthyloxazoline, Saegusa et al. montrent que les paramètres d'activation de la polymérisation ($E^{\neq}$, $\Delta S^{\neq}$) par des espèces chlorées sont *identiques* à celles engendrées par le iodométhane CH_3I[257]. En revanche, des disparités apparaissent suivant les espèces halogénées utilisées, notamment pour la constante de propagation qui est trouvée 40 fois plus élevée pour des espèces covalentes bromées que pour des espèces chlorées[258]. La nature du contre-ion joue sur le mécanisme réactionnel (v. figure IV.18).

Le temps de vie de l'ion oxazolinium est très court et l'attaque du contre-ion Cl⁻ est rapide et a pour conséquence la formation de l'espèce covalente. Dans le cas du brome, c'est l'attaque du monomère sur le bromure d'oxazolinium qui s'effectue. Il s'avère donc que l'échelle de nucléophilie (Fuchs et Mahendran[259]) doit être modifiée suivant le schéma suivant :

Cl⁻> 2-méthyloxazoline> Br⁻> I⁻> OTs⁻.

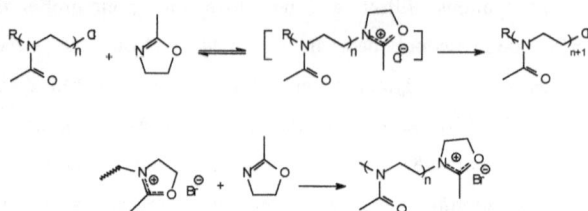

Figure IV.18 : *Influence du contre-ion sur le processus réactionnel*

En présence d'amorceur chloré (R-Cl), nous voyons que les extrémités de chaînes sont essentiellement des groupes N-acétyl-N-(-2-chloroéthyl)amine et non des oxaziliniums.

IV.1.3.1.a   Amorçage par le chlorure de benzoyle BzCl

Dans un tube de Schlenk muni d'un barreau aimanté surmonté d'un Rotaflo®, sont introduits la 2-méthyloxazoline, le chlorure de benzoyle (produits commerciaux non repurifiés (quantités :v. tableau IV.8). En absence de réaction de transfert et de terminaison, le rapport molaire monomère/amorceur définit le degré théorique de polymérisation DPn_{th} et $DPn_{th}=30$ dans notre cas. La réaction est menée pendant 22 heures à 110°C. Le polymère obtenu est dissous dans 50mL de méthanol, précipité dans l'éther, filtré sur fritté, et enfin séché au dessicateur chauffant. Le rendement de réaction est de 97%.

Réactifs	2-méthyloxazoline	Chlorure de benzoyle
Quantités (mol.L^{-1})	11,2	0,373

Tableau IV.8 : *Polymérisation de la 2-méthyloxazoline*

L'analyse RMN^{1}H (figure IV.19) montre que les signaux du monomères ont disparu au profit des signaux caractéristiques du polymère :

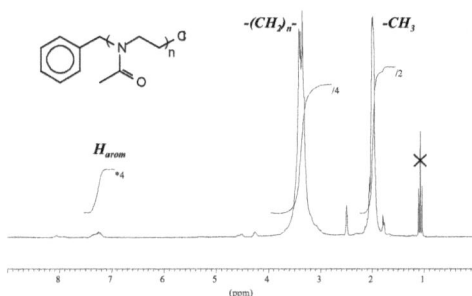

Figure IV.19 : *RMN^{1}H de la poly(2-méthyloxazoline), référence DMSO 2,49ppm*

RMN^{1}H (DMSO) polymère (δ,ppm) : 7,4-7,1 (m,5H) / 3,3 (t,4H) / 1,9 (s,3H)

RMN^{1}H (D$_2$O) monomère (δ,ppm) : 4,1 (t,2H) / 3,5 (t,2H) / 1,7 (s,3H)

Le DPn expérimental calculé d'après les protons en α de cycle aromatique et les protons COCH$_3$ étant égal à 44, nous en déduisons que l'amorçage est lent. Une explication possible ferait intervenir une période d'induction nécessaire à l'établissement des premières espèces actives. Nous avons voulu vérifier si ce comportement se retrouvait lors d'un amorçage par les motifs CMS et nous avons donc réalisé l'étude cinétique.

IV.1.3.1.b   Amorçage par le chlorométhylstyrène CMS

Dans un premier temps, nous avons suivi la conversion en fonction du temps. Des solutions de 2-méthyloxazoline ont été introduites dans des tubes de Schlenk surmontés de Rotaflo®. Les tubes furent ensuite introduits dans un bain d'huile thermostaté à 110°C (quantités : v. tableau IV.9) :

Réactifs	2-méthyloxazoline	CMS
Quantités (mol.L^{-1})	11,2	0,373

Tableau IV.9 : *Mélange réactionnel de polymérisation de la 2-méthyloxazoline*

Les polymères obtenus après des durées variables sont dissous dans le méthanol, précipités dans l'éther, filtré sur fritté n°3, puis séchés au dessicateur chauffant. L'évolution de la conversion globale en fonction de la durée de polymérisation est représentée sur la figure IV.20. Nous constatons que la période d'induction est de l'ordre de 10 heures.

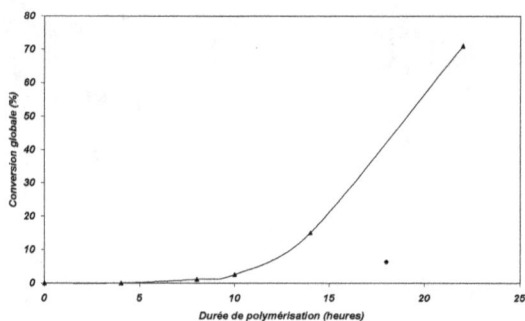

Figure IV.20 : *Cinétique de polymérisation de la 2-méthyloxazoline*

Dans un deuxième temps, nous avons voulu vérifier si la double liaison vinylique du CMS se copolymérisait ou non avec la 2-méthyloxazoline. Pour cela, nous avons polymérisé 0,0327mol de 2-méthyloxazoline en présence de 0,0011mol de CMS (DPn$_{th}$=30), à 110°C pendant 22h. Le spectre RMN^{1}H du polymère obtenu est donné par la figure IV.21 :

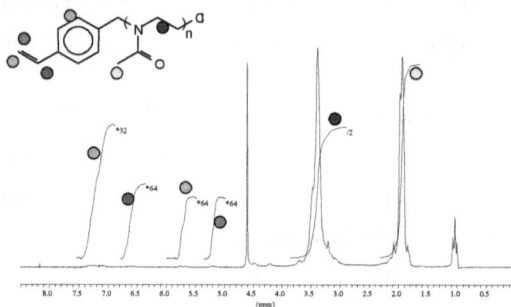

Figure IV.21 : *RMN^{l}H de la poly(2-méthyloxazoline) amorcée par le CMS, référence D$_2$O*

RMN^{1}H (D$_2$O) (δ,ppm) : 7,3-7,1 (m,4H) / 3,4 (m,4H) / 1,9 (m,3H)

RMN^{1}H (DMSO) monomère CMS (δ,ppm) : 7,3-7,6 (m,4H) / 6,7 (q,1H) / 5,8 (d,1H) / 5,3 (d,1H) / 4,7 (s,2H). Des signaux de la double liaison du CMS sont présents sur le spectre du poly(2-méthyloxazoline) et les intégrations montrent que la liaison est intacte. Le DPn$_{exp}$ calculé est de 36 pour un rendement de réaction de 100%. Cette valeur du DPn$_{exp}$ est très proche de DPn$_{th}$ et montre que la polymérisation est relativement contrôlée. L'intérêt de cette polymérisation réside dans le fait que la double liaison du CMS intacte permet ensuite la polymérisation du macromère obtenu (CMS greffé par la 2-méthyloxazoline). Shimano[260] détermine ainsi les rapports de réactivité pour la copolymérisation en solution entre les macromères de CMS-g-PolyMeOXA hydroxylés avec l'HEMA. Il rapporte également que les macromères de degrés faibles (<4) présentent une très grande réactivité qui diminue avec la longueur des greffons du fait de la gêne stérique. En revanche la grande réactivité des greffons courts est expliquée par un état pseudo-micellaire (notamment en solution dans l'éthanol) qui favoriserait la copolymérisation. Dans notre étude, la copolymérisation du macromère n'a pas été étudiée car il s'agit uniquement de le greffer sur la surface de nos copolymères. Pour cela, nous avons tenté de polymériser la 2-méthyloxazoline sur des disques de MAM-ABu-CMS. Avant cette étape, une polymérisation de 2-MeOXA amorcée par le CMS en présence de copolymère MAM-ABu 40/60 a montré que la présence de chaînes (méth)acryliques n'a aucune influence sur la polymérisation de l'oxazoline.

IV.1.3.1.c   Greffage FROM de poly(2-méthyloxazoline)

Pour étudier le greffage FROM de 2-méthyloxazoline à la surface des matériaux, nous avons choisi un copolymère MAM-ABu-CMS 10/60/30. Un demi-disque est introduit dans un tube de Schlenk rempli de 2-méthyloxazoline. La réaction est menée pendant 22h à 110°C. Le demi-disque est ensuite lavé, séché, puis extrait au soxhlet d'acétone. La masse du demi-disque passe de 45,0 à 50,3 mg, soit un accroissement de la masse de 11,7% et le matériau demeure transparent. L'analyse IR de la phase organique montre qu'aucun amorçage spontané de l'oxazoline n'a eu lieu dans la solution. L'ouverture du cycle de la 2-méthyloxazoline a pour effet de modifier la position du vibrateur C=O (monomère, v_{C-O} 1677 cm^{-1} ; polymère, $v_{C=O}$ 1628 cm^{-1}). Ainsi, le greffage sur le copolymère chloré est facilement identifiable (v. figure IV.22) :

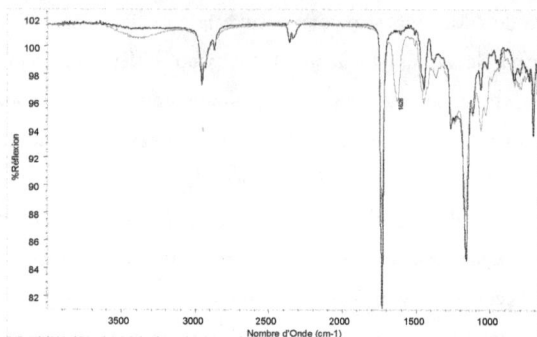

Figure IV.22 : *Influence du greffage de 2-MeOXA sur un copolymère MAM-ABu-CMS (rouge)*

Si l'on utilise des copolymères MAM-ABu-CMS de plus en plus riches en CMS, on constate (figure IV.23) que le taux de greffage augmente régulièrement.

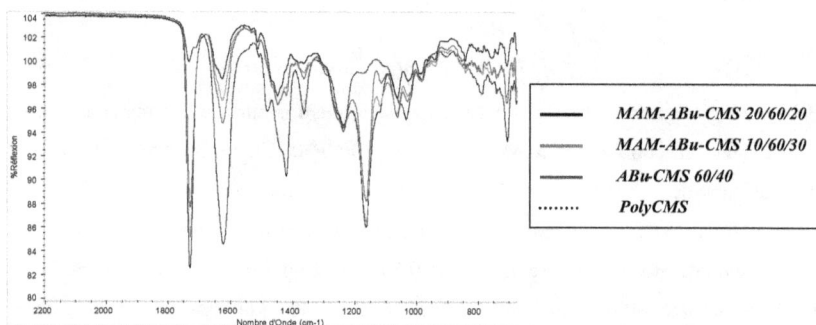

Figure IV.23 : *Influence du taux de CMS dans les copolymères MAM-ABu-CMS*

En mesurant les aires du pic caractéristique du vibrateur $\nu_{C=O}$ des greffons de polyMeOXA à 1628 cm^{-1} et l'accroissement de la masse des disques (tableau IV.10) nous obtenons une quasi linéarité des résultats en fonction du taux de CMS des copolymères (v. figure IV.24), ce qui implique un amorçage quasi complet des surfaces pour la polymérisation de la 2-méthyloxazoline. On notera que le polyCMS n'est pas une bonne référence car la densité superficielle de CH$_2$Cl est trop élevée.

Taux de CMS (% en masse)	20	30	40	100
Augmentation de la masse Δm (%)	6,3	11,7	15,6	61,1

Tableau IV.10 : *Influence du taux de CMS sur le greffage de 2-méthyloxazoline*

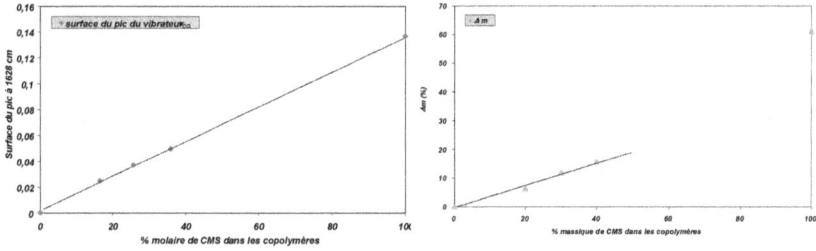

Figure IV.24 : *Influence du taux de CMS des copolymères sur le greffage FROM*

La quasi linéarité de l'accroissement des masses en fonction du taux de CMS des copolymères nous permet également de penser que la longueur des chaînes est proportionnelle au rapport [monomère]/[amorceur]. On déduit de Δm et de la densité du polyMeOXA ($d_{PolyMeOXA}=1,15$ g.cm^{-3}) un accroissement de volume Δv et l'épaisseur de la couche greffée pour chaque demi-disque. On notera que la valeur exacte de l'épaisseur se situe dans un intervalle correspondant aux deux cas extrêmes illustrés sur la figure suivante :

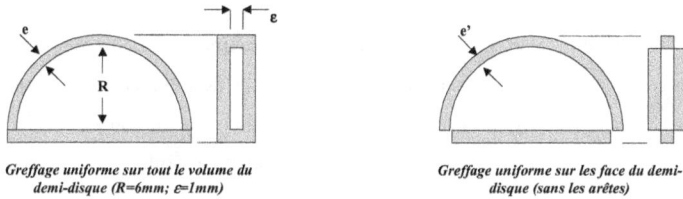

Greffage uniforme sur tout le volume du demi-disque (R=6mm; ε=1mm)

Greffage uniforme sur les face du demi-disque (sans les arêtes)

Figure IV.25 : *Cas extrêmes de la représentation de la couche greffée*

Les équations permettant de calculer les épaisseurs e et e' sont :

$$\Delta v = \left\{ \left(\frac{1}{2}\right)\!\left((\pi.(R+e)^2).(\varepsilon+2e)) + ((2R+2e).(\varepsilon+2e).e)\right) \right\} - \left\{ \left(\frac{1}{2}\right)\!(\pi.R^2).\varepsilon \right\}$$

$$\Delta v = \left\{ \left(\frac{1}{2}\right)\!(\pi.(R+e')^2).\varepsilon + 2(\pi.R^2).e' + 2R.e'.\varepsilon \right\} - \left\{ \left(\frac{1}{2}\right)\!(\pi.R^2).\varepsilon \right\}$$

Cette détermination est très utile car il est impossible de mesurer l'épaisseur de la couche greffée par ellipsométrie, les valeurs des indices de réfraction des polymères (disque et greffage) n'étant pas assez éloignées. La mesure sur des images de cryofracture au microscope électronique à balayage est également impossible, la précision n'étant pas assez grande avec des polymères mous. Il faut en effet augmenter l'énergie du faisceau d'électrons (>20 KeV) pour avoir une très bonne résolution et les échantillons fondent.

Taux de CMS (% en masse)	20	30	40	100
Epaisseurs des greffons e-e' (µm)	19,1-19,3	30,9-31,4	43,8-44,7	173,9-187,8

Tableau IV.11 : *Influence du taux de CMS sur l'épaisseur de la couche greffée*

Même si l'épaisseur de la couche greffée est importante (19 à 188 µms) et que l'accroissement de la masse des disques est considérable (jusqu'à 61%), nous avons cherché à intégrer la 2-méthyloxazoline dans la masse du matériau par « copolymérisation simultanée du système » afin d'étudier l'aspect cinétique de ce type de copolymérisation.

IV.1.3.2   Copolymérisation simultanée « IN ONE POT »

Les copolymères MAM-ABu-CMS sont obtenus par amorçage radicalaire et les greffons sont synthétisés par polymérisation cationique par ouverture de cycle de la 2-méthyloxazoline. Nous avons copolymérisé tous les monomères en « ONE POT ». Cette technique permet de s'affranchir des étapes multiples de synthèse lorsque les cinétiques ne créent pas de réactions parasitaires. Aucun exemple dans la littérature ne fait référence à une polymérisation radicalaire, réalisée simultanément avec une polymérisation cationique par ouverture de cycle, les deux systèmes étant en masse. En effet, ces polymérisations nécessitent généralement de conditions de synthèse incompatibles. Nous avons essayé de copolymériser le MAM, l'ABu, le CMS et la 2-MeOXA en présence d'AIBN. L'amorceur radicalaire génère le polymère support tandis que les CH_2Cl génèrent simultanément les greffons. On notera que tant le CMS monomère que les unités CMS du copolymère peuvent théoriquement amorcer la polymérisation de l'oxazoline. On devrait donc obtenir des (MAM-ABu-CMS)-g-(MeOXA) formés par greffage direct et par copolymérisation avec des macromères CMS-g-poly(MeOXA), ainsi que des macromères non copolymérisés.

IV.1.3.2.a   Conditions expérimentales et résultats

Nous avons vu dans la partie II que le squelette des chaînes de polymère est synthétisé dans un intervalle de temps court (3-5h). Il a été montré au paragraphe IV.1.3.1.b que la période d'induction relative à la polymérisation de la 2-méthyloxazoline est d'environ 10 heures. Les polymérisations radicalaires et cationiques peuvent donc être réalisées en même temps, les intervalles de temps nécessaires ne se chevauchant pas (v. Figure IV.26).

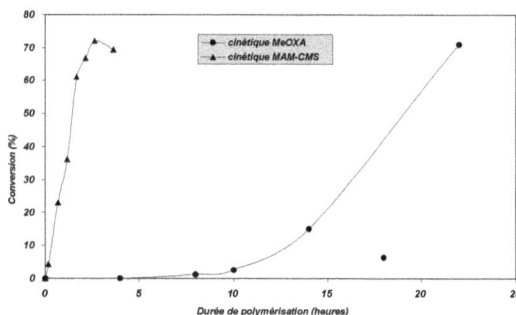

La cinétique de copolymérisation entre le CMS et le MAM est réalisée en masse / [POTBu]=0,05 mol/L

Figure IV.26 : *Cinétiques de polymérisation de la 2-MeOXA et de copolymérisation du MAM et du CMS*

Il est donc probable que le greffage de l'oxazoline se fasse essentiellement par les CH$_2$Cl du copolymère et non par ceux du CMS monomère.

Les monomères sont introduits simultanément dans des tubes de Schlenk surmontés de Rotaflo®. Les tubes sont ensuite placés dans un bain thermostaté à 110°C pendant 22h. Les polymérisations (tableau IV.12) sont réalisées sans agent de réticulation pour permettre d'analyser les copolymères formés par RMN[1]H et HATR-FTIR. Dissous dans le dichlorométhane, les copolymères sont ensuite séchés au dessicateur chauffant.

Réactifs	MAM[a]	ABu[a]	CMS[a]	2-MeOXA[b]	AIBN
Quantités (g/100 g)	11,15	22,31	3,68	62,12	0,74
(mol.L^{-1})	1,09	1,71	0,24	7,16	0,044

[a] quantités nécessaires à la synthèse d'un copolymère MAM-ABu-CMS 30/60/10, [b] DPn$_{th}$=30

Tableau IV.12 : *Réaction ONE POT*

Les bandes de vibration caractéristiques du squelette (méth)acrylique (ν_{CO} 1730 cm^{-1}), et des greffons de poly(2-MeOXA) (1630-1420-1360 cm^{-1}) sont présentes. Les copolymérisations radicalaire et cationique se sont donc bien produites successivement.

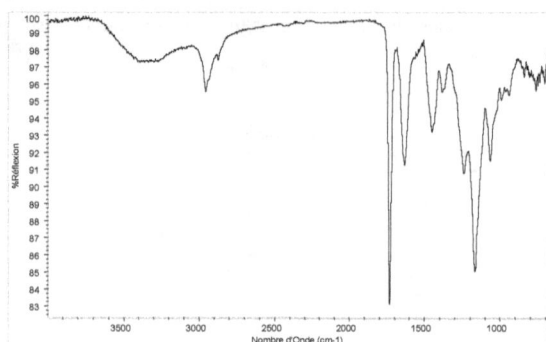

Figure IV.27 : *Spectre HATR-FTIR des copolymères (MAM-ABu-CMS)-g-MeOXA*

IV.1.3.2.b   *Contrôle du Degré moyen de Polymérisation DPn*

Afin d'étudier la copolymérisation simultanée « ONE POT » et l'influence des compositions sur le DPn, nous avons réalisé 3 solutions simulant des copolymères MAM-ABu-CMS 30/60/10 et 20/60/20 et nous y avons introduit les quantités de 2-MeOXA nécessaires pour obtenir un DPn égal à 30 et 15. Les quantités (en g) sont regroupées dans le tableau suivant :

Solutions	MAM	ABu	CMS	2-MeOXA	AIBN
ONE POT 1[a]	0,5	1	0,165	2,785	0,033
ONE POT 2[b]	0,5	1	0,165	1,3925	0,033
ONE POT 3[c]	0,33	1	0,33	2,785	0,033

[a] DPn_{th}=30 et [b] DPn_{th}=15 avec un MAM-ABu-CMS 30/60/10, [c] DPn_{th}=15 avec un MAM-ABu-CMS 20/60/20

Tableau IV.13 : *Solutions ONE POT pour l'étude sur le DPn*

Les conditions expérimentales sont identiques pour toutes les polymérisations (22h/110°C). Une fois les copolymères filtrés pour éliminer les monomères résiduels, ils sont agités vivement dans un erlen meyer d'eau pendant quelques heures. Les copolymères sont ensuite séchés et l'eau surnageante est analysée en RMN[1]H (v. Figure IV.28 et 29). L'intégration des protons $CO-CH_3$ de la 2-méthyloxazoline ainsi que les protons ϕCH_2 du greffon sur le CMS nous donnent les résultats suivants :

Copolymères	DPn$_{th}$	DPn$_{exp}$
ONE POT 1	30	28 ± 5^a
ONE POT 2	15	16 ± 3^a
ONE POT 3	15	12 ± 3^a

[a] estimation de l'erreur 20%

Tableau IV.14 : *Comparaison DPn$_{th}$/DPn$_{exp}$*

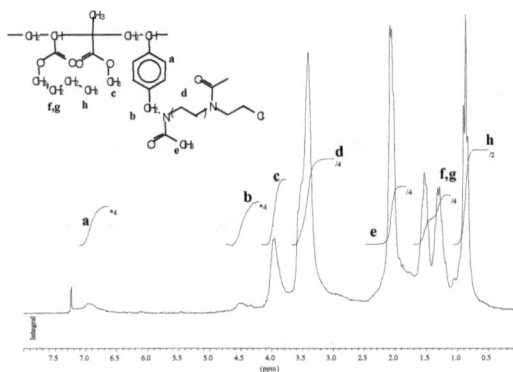

Figure IV.28 : *Spectre RMN^{1}H du copolymère ONE POT 3, référence CDCl$_3$*

D'après le tableau IV.14, les résultats expérimentaux correspondent aux estimations. Il semble donc que l'étape d'amorçage de la polymérisation de la 2-méthyloxazoline soit totale. On notera que les chaînes riches en unités CMS qui sont créées en début de polymérisation (v. rapports de réactivité), amorcent parfaitement la polymérisation de la 2-méthyloxazoline sans introduire de gêne stérique. Cette remarque est confirmée lorsque l'on regarde le spectre RMN^{1}H de l'eau de lavage des copolymères (figure IV.29) qui montre que très peu de motifs MAM ou ABu sont incorporés dans ces chaînes à fort caractère hydrophile. Notons tout de même que la miscibilité de ces chaînes dans le milieu réactionnel est bonne puisque aucune démixtion n'est observée dans les tubes de Schlenk.

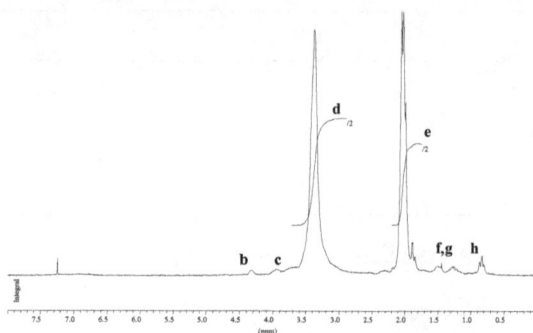

Figure IV.29 : *Spectre des copolymères solubilisés en phase aqueuse*

Nous constatons ici la limite du système qui est étroitement liée à la copolymérisation du squelette qui favorise l'incorporation massive de CMS dans les chaînes et de ses capacités à amorcer la polymérisation de la 2-méthyloxazoline. *Il serait intéressant de contrôler la polymérisation du MAM, de l'ABu et du CMS pour synthétiser des chaînes équilibrées du point de vue du caractère hydrophile et hydrophobe. Il est tout de même très intéressant de voir que la longueur des greffons est très proche des attentes et que le contrôle du DPn dans ce genre de copolymérisation simultanée « ONE POT » est bon.*

N.B : Afin d'étudier la possibilité de synthétiser un disque réticulé de (MAM-ABu-CMS)-g-MeOXA, nous avons utilisé la solution ONE POT 1 en ajoutant 2% en masse d'agent de réticulation (EGDMA) et nous avons polymérisé l'ensemble dans un moule en polypropylène (v. partie II). Les disques produits sont très souples mais seulement translucides. La transparence des disques est toutefois légèrement améliorée lorsque les greffons sont hydrogonflés en présence d'eau.

Nous avons ensuite testé les modifications chimiques des copolymères de 2-méthyloxazoline pour voir leur impact sur les tests d'adhésion.

IV.1.3.3   Hydrolyse et quaternisation des copolymères de 2-MeOXA

IV.1.3.3.a   Hydrolyse basique par la soude

De nombreux exemples d'hydrolyse de polyoxazoline sont référencés dans la littérature, les poly(N-acétyléthylèneimines) se transforment en polyéthylèneimines (Figure IV.30).

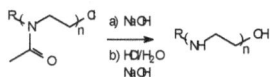

Figure IV.30 : *Hydrolyse des poly(N-acétyléthylèneimines)*

Les conditions d'hydrolyse sont multiples. Que ce soit à 80°C[261] pendant 3 heures ou à 98°C[262] pendant 100 heures, l'hydrolyse à la soude (ou éventuellement à l'acide chlorhydrique) mène à la précipitation des polymères modifiés lors du refroidissement des solutions. La filtration et la neutralisation (dans le cas de l'hydrolyse acide) permettent ensuite de récupérer un précipité de couleur blanche. L'hydrolyse des groupes N-acétyl induit des bandes de vibration en HATR-FTIR à 1480 cm^{-1} (δ_{OH} acide),1560 cm^{-1} (ν_{CO} carboxylate et δ_{NH}), 1627 cm^{-1} (δ_{NH})[263]. Il y a également une disparition quasi totale des fonctions esters ($\nu_{C=O}$ à 1730 cm^{-1}) et sans doute une diminution de la bande du vibrateur amide I ($\nu_{C=O}$ à 1630 cm^{-1}), mais cette dernière se situe au niveau des δ_{NH} ce qui ne nous permet pas de déterminer quantitativement la part de l'hydrolyse des amides.

Suite à une hydrolyse en milieu basique (soude 7,5N) pendant 3 heures à 98°C, le copolymère *non réticulé* (MAM-ABu-CMS)-g-MeOXA a été analysé en Infra-Rouge (figure IV.31).

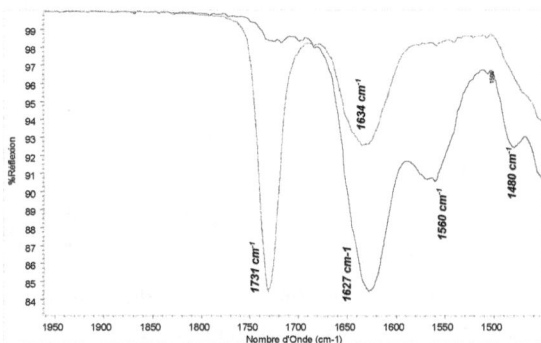

Figure IV.31 : *Influence de l'hydrolyse basique (noir) d'un (MAM-ABu-CMS)-g-MeOXA (rouge)*

L'hydrolyse quasi totale des fonctions esters a mené involontairement à la formation de copolymères greffés d'acide méthacrylique (MA), d'acide acrylique (AA) et de chlorométhylstyrène (MA-AA-CMS)-g-PEI, provoquant leur solubilisation dans l'eau de lavage. Cette modification nous a amené à répéter l'hydrolyse sur un disque *réticulé* de (MAM-ABu-CMS)-g-MeOXA dans les mêmes conditions expérimentales.

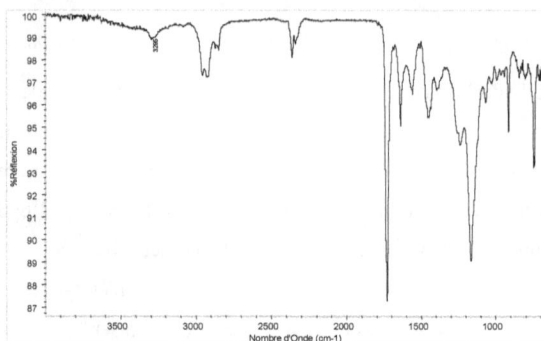

Figure IV.32 : *Hydrolyse d'un disque réticulé de copolymère (MAM-ABu-CMS)-g-MeOXA*

Cette fois-ci, l'attaque se faisant essentiellement en surface, on voit que les fonctions esters sont beaucoup moins hydrolysées. La réticulation semble donc être une solution pour garantir la modification en surface même si certaines fonctions esters sont certainement hydrolysées. Des essais d'hydrolyse en milieu acide ont été réalisés et mènent aux mêmes conclusions.

IV.1.3.3.b   Quaternisation des copolymères hydrolysés

Les exemples de quaternisation rapportées dans la littérature sont nombreux. Que ce soit à température ambiante pendant 48 heures[264] ou à 80°C dans l'éthanol[265] ou le nitrobenzène, elles mènent à la formation d'ammoniums quaternaires. Nous avons retenu la quaternisation par l'iodométhane CH$_3$I pour les copolymères greffés par les amines ainsi que les copolymères greffés par PEI$_{600}$ (v. chapitre IV.1.2.3). Le spectre IR suivant (figure IV.34) réalisé sur le produit de quaternisation du (MAM$_{30}$-ABu$_{60}$-CMS$_{10}$)-g-MeOXA hydrolysé confirme la disparition des vibrateurs N-H à 1550 et 1630 cm^{-1}, et donc la quaternisation.

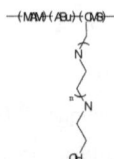

Figure IV.33 : *Formule générale des copolymères hydrolysés*

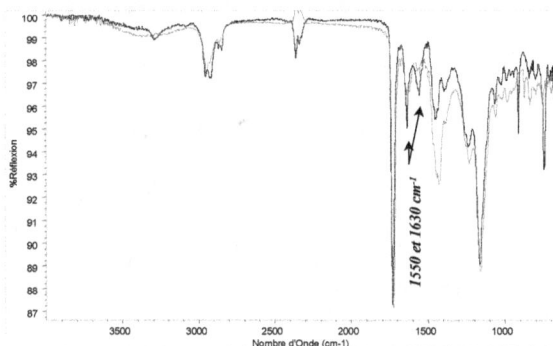

Figure IV.34 : *Quaternisation (rouge) des copolymères hydrolysés*

Nous voyons que les réactions de greffages ONTO et FROM sont possibles et que les disques de MAM-ABu-CMS s'y prêtent aisément.

Nous constatons en général qu'avec le greffage ONTO, les réactions sont moins nombreuses, mais les masses greffées sont assez faibles (5,4% en masse pour un ABu-CMS 60/40). En revanche, pour le greffage FROM, la polymérisation de la 2-méthyloxazoline puis l'hydrolyse permettent un important gain en masse (jusqu'à 16% pour un ABu-CMS 60/40). Nous avons également réussi à synthétiser des disques de (MAM-ABu-CMS)-g-PEI via des disques de (MAM-ABu-CMS)-g-MeOXA pour lesquels la réticulation permet de cibler l'hydrolyse en surface. Ces copolymères sont d'ailleurs le premier exemple de synthèse « ONE POT »de copolymères greffés.

Il reste maintenant à vérifier si ce greffage est homogène à la surface des matériaux et nous avons entrepris une analyse par microscopie électronique de la surface de nos disques modifiés.

IV.1.4 Analyse par MEB de la surface des matériaux

IV.1.4.1 Disques de copolymères MAM-ABu-CMS greffés par la PEI et la 2-MeOXA

L'analyse MEB a été réalisée pour un faisceau d'électrons d'énergie comprise entre 10 à 15KeV. Au-delà, les disques qui sont préalablement extraits à l'acétone craquent et se fissurent. Nous avons d'abord examiné les disques greffés par la PEI_{600} (figure IV.35).

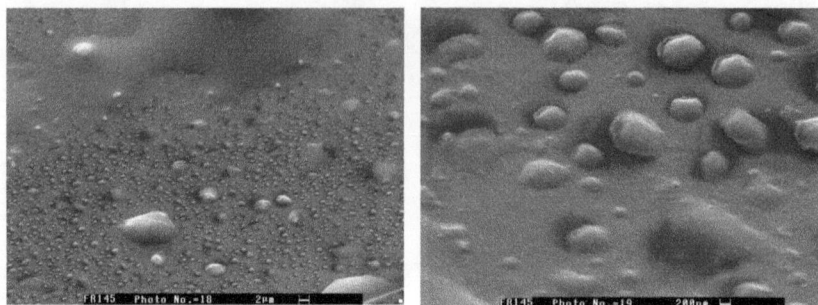

Figure IV.35 : *Clichés de MEB d'un ABu-CMS 60/40 greffé par la PEI$_{600}$*

La polyéthylèneimine est distribuée par nodules répartis de façon aléatoire sur la surface. Il n'y a pas d'étalement et de couverture isotrope de la surface. Une des explications pourrait être l'incompatibilité entre les polymères acryliques hydrophobes et la PEI hydrophile. On notera que la vapeur d'eau contenue dans l'air pourrait justifier l'aspect gonflé de la PEI en surface. Un passage en étuve dans des conditions drastiques (3h/130°C) montre en effet une évolution des nodules (figure IV.36) :

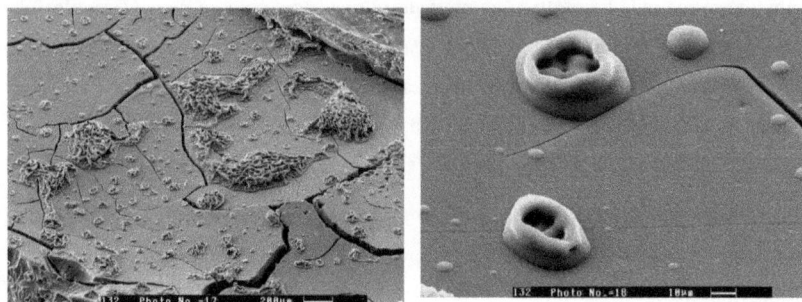

Figure IV.36 : *Etat de surface d'un copolymère greffé par la PEI$_{600}$ après séchage*

Malgré ce greffage hétérogène, nous verrons dans la cinquième partie que les tests d'adhésion cellulaire peuvent néanmoins être réalisés sans problème. Pour ce qui concerne les disques greffés par la 2-méthyloxazoline, nous avons vu que ce greffage peut se faire de façon importante (6 à 15% d'augmentation de masse lorsque le taux d'unités CMS passe de 20 à 40% massique). L'analyse MEB (figure IV.37) le confirme effectivement. Les greffons de polyoxazolines vraisemblablement incompatibles avec le matériau support ne s'étalent pas mais la couverture est néanmoins régulière.

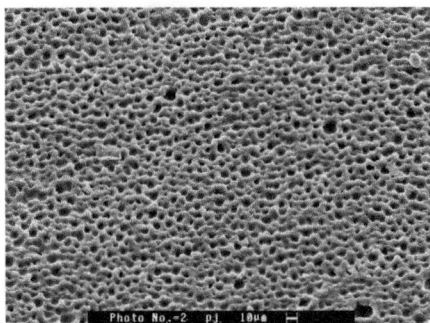

Figure IV.37 : *Etat de surface de disques (MAM-ABu-CMS)-g-MeOXA*

Les copolymères MAM-ABu-CMS sur lesquels nous avons fait réagir la triéthylamine, la tertiobutylamine et la triphénylphosphine n'expriment aucun changement de l'état de surface. Seule la quaternisation peut dégrader très légèrement la surface par frottements entre la poudre de NaHCO$_3$ et le disque et des conditions douces d'agitation.

IV.1.5 Conclusion

Les modifications chimiques réalisées dans ce chapitre ont permis d'incorporer très facilement des ammoniums quaternaires biocides en surface des matériaux. Les réactions utilisées sont simples et les conditions expérimentales sont douces.

☺ Les copolymères MAM-ABu-CMS permettent le greffage de molécules simples telles que les amines et les phosphines sans endommager les surfaces. Nous n'avons pu cependant calculer la densité de fonction en surface car les disques gonflent légèrement dans les solvants de réaction, et les petites molécules diffusent dans le matériau,

☺ Le greffage ONTO de polyéthylèneimines est une réaction simple et rapide. Nous avons obtenu un accroissement de masse compris entre 4 et 6% suivant les copolymères MAM-ABu-CMS testés. Bien que le greffage de surface ne soit pas très homogène (nodules de PEI répartis aléatoirement), les polyéthylèneimines gonflent facilement en milieu aqueux ce qui permet d'avoir un fort potentiel bioactif,

☹ Il a été montré que le greffage est conditionné par le taux d'unités CMS des copolymères. Plus le taux d'unités CMS est élevé plus le pontage des chaînes de PEI et leur étalement sur la surface est favorisé. En revanche lorsque le taux d'unités CMS est faible, la formation de brosse en surface est privilégiée,

☺   Les mesures d'angle de contact montrent que le greffage ONTO permet d'améliorer grandement les propriétés d'hydrophilie de la surface,

☹   Le greffage FROM est une technique très efficace car elle permet un accroissement de masse d'environ 15% dans le cas d'un copolymère ABu-CMS 60/40 greffé par la 2-méthyloxazoline. L'amorçage des fonctions CH_2Cl présentes en surface semble total puisque nous avons montré qu'il y a une linéarité de l'accroissement des masses en fonction du taux de CMS. L'hydrolyse des copolymères ne pose pas de problème dès lors que les matériaux sont réticulés et qu'ils empêchent une modification en profondeur,

☺   Les essais de copolymérisation simultanées ont été réalisés avec succès puisqu'il est possible d'obtenir des copolymères greffés en une seule étape. Le contrôle de la longueur des greffons est possible et leur modification chimique est facilement réalisable,

☹   Néanmoins, nous avons atteint les limites de la technique de copolymérisation croisée car elle engendre la formation de macromères polyCMS-g-MeOXA solubles dans l'eau. Il serait souhaitable de trouver une technique de contrôle de la formation des chaînes du squelette (par Polymérisation Radicalaire Contrôlée notamment) pour s'assurer du caractère hydrophile et hydrophobe des copolymères greffés.

Nous avons vu au chapitre précédent que certaines modifications chimiques sont facilement réalisables sur nos copolymères mais elles nécessitent préalablement une étape de fonctionnalisation dans la masse par le CMS ce qui complique la synthèse. Or, du point de vue industriel il est très intéressant de pouvoir traiter directement une surface. Nous avons donc traité directement les copolymères MAM-ABu non modifiés?

Dans un premier temps, l'hydrolyse basique des copolymères a été étudiée afin de rendre la surface plus hydrophile. Cette étape nous a permis d'isoler des facteurs rédhibitoires pour la réalisation de tests in vitro tel que l'état de surface après modification.

Dans un deuxième temps, nous avons choisi une technique dite « par voie sèche » qui est apparue depuis quelques années : « le traitement plasma ». Cette technique utilise l'ionisation d'un gaz qui devient réactif et qui réagit avec la surface. L'essor de ces modifications est important car elles permettent de fonctionnaliser un matériau rapidement (quelques secondes) par simple ajustement des paramètres telles que la composition des gaz utilisés et le temps de traitement.

Ce chapitre est donc dédié aux modifications chimiques des copolymères MAM-ABu.

Chapitre IV.2 : Modifications chimiques des copolymères MAM-ABu

IV.2.1 Modification par la soude

IV.2.1.1 Hydrolyse par NaOH

L'hydrophilisation de la surface peut se faire par greffage de molécules (paragraphes précédents) mais également par modification directe de la couche superficielle. Cette dernière peut se faire par hydrolyse basique des fonctions esters méthacryliques. Une simple réaction des copolymères MAM-ABu avec de la soude concentrée permet d'hydrolyser les esters pour former des fonctions carboxylates de sodium. Une neutralisation redonne alors la fonction carboxylique. Plusieurs durées de réaction ont été testées, et des analyses de surface ont permis de caractériser la nouvelle morphologie des copolymères.

Des disques de MAM-ABu 40/60 sont introduits dans une cuve en acier inox muni d'un réfrigérant. Le bain contenant de la soude concentrée (12,5M) est thermostaté à 80°C. Les disques sont retirés à différents temps pour analyse.

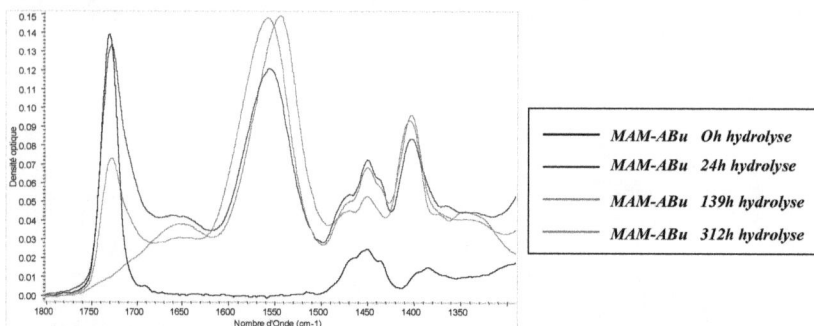

Figure IV.38 : *Evolution des bandes IR caractéristiques des acides carboxyliques*

La bande des esters diminue bien au fur et à mesure de l'hydrolyse au profit d'une nouvelle bande à 1550 cm^{-1} (ν_{CO} carboxylate). Les spectres étant normalisés on peut comparer l'hydrolyse des fonctions suivant le temps de réaction. Cela donne les résultats suivants :

Durée d'hydrolyse (h)	0	24	139	312
Fonctions hydrolysées[a] (%)	0	30	56	100

[a] calculées sur l'aire des bandes de vibration des spectres normalisés HATR-FTIR

Tableau IV.15 : *Hydrolyse des fonctions esters*

L'analyse EDS (Spectroscopie à Dispersion d'Energie) ainsi que l'analyse ESCA (énergie de liaison des électrons de cœur Na_{1s} égale à 1073 eV) révèle bien la présence de l'élément sodium à la surface des disques et indique la formation des ions carboxylates de sodium. Des tests de gonflement dans l'eau montrent que l'hydrolyse de surface augmente le caractère hydrophile (v. figure IV.39) tout en laissant les disques transparents. En revanche, Sheets et Ryan qui ont étudié la reprise en eau d'un implant Acrysof® recouvert d'une couche de polyvinylpyrrolidone (0,5-1 micron), montrent que l'augmentation de masse dépasse les 57% (après 25 jours) en s'accompagnant d'une opacification des matériaux[266]. Nous verrons dans la sixième partie que la diffusion d'eau dans le matériau entraîne également une opacification du matériau.

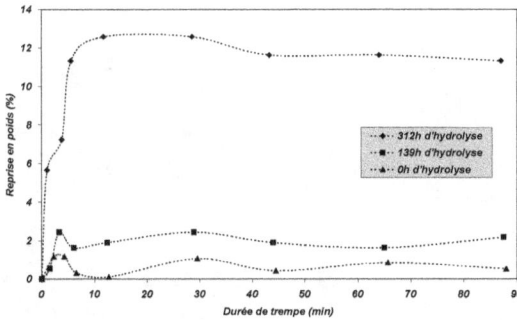

Figure IV.39 : *Gonflement dans l'eau des copolymères hydrolysés par la soude*

Si l'hydrolyse de surface est un bon moyen de rendre plus hydrophile le matériau, elle entraîne également une détérioration de la surface. La microscopie MEB nous montre effectivement que la surface est « piquée » (figure IV.40) :

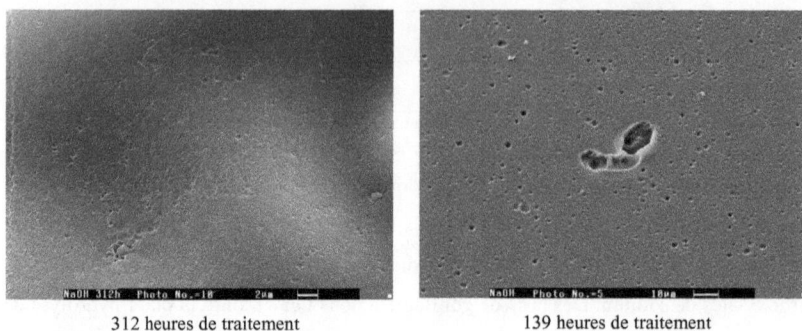

312 heures de traitement · 139 heures de traitement

Figure IV.40 : *Clichés de la surface d'un disque MAM-ABu hydrolysé 312h par la soude*

Indépendamment de l'état de surface qui se dégrade, on s'aperçoit que le matériau devient plus dur et moins élastique (bien que cet effet demeure indétectable en DSC). Les clichés ci-dessous sont ceux d'échantillons ayant été analysés en IR de surface. On voit que la surface garde les stigmates des contraintes occasionnées par la pointe de l'analyseur HATR-FTIR.

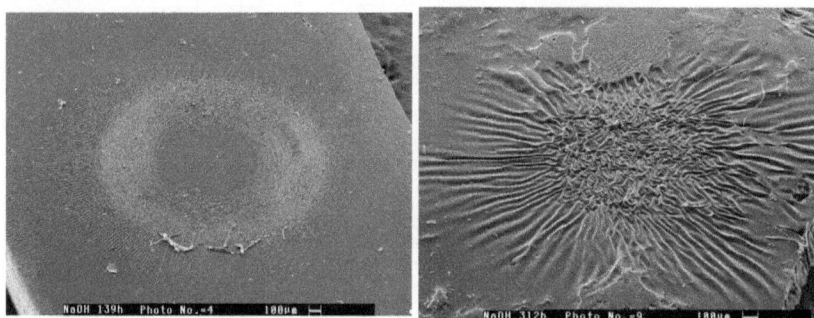

Figure IV.41 : *Rigidification de la surface par hydrolyse des fonctions esters*

Le traitement appliqué aux copolymères MAM-ABu (hydrolyse basique par la soude concentrée) ne semble donc pas approprié et une chimie plus douce serait souhaitable (techniques par « voie sèche »). Malgré l'impossibilité d'estimer la concentration de fonctions carboxylate en surface par titrage conductimétrique en retour, nous avons testé les effets de cette modification lors des tests d'adhésion cellulaire (v. partie V).

IV.2.2 Modifications chimiques par voie sèche : les réactions plasma

IV.2.2.1   Introduction

Les plasmas sont apparus dans les années 60^{267} et sont beaucoup utilisés depuis une vingtaine d'années dans l'industrie automobile. Afin d'améliorer l'adhésion polymère-peinture, les industriels employaient des techniques dites « voies humides » utilisant des acides ou des bases très fortes pour modifier les propriétés physico-chimiques des matériaux. Mais les normes environnementales les ont obligés à s'orienter vers des procédés plus propres, les « voies sèches », comme le flamage ou le traitement plasma. Ce dernier est facile à contrôler, reproductible, et utilise des gaz non polluants (N_2, O_2, H_2) dont les rejets gazeux sont contrôlés. Elle est peu onéreuse (faible puissance nécessaire et temps de traitement très courts). Des brevets sur les traitements plasma de matériaux intraoculaires signalent la limitation de l'effet « tack » en surface[268] ou encore l'activation de la surface dans le but de la greffer[269,270,271].

Les traitements par plasma peuvent être faits soit à partir d'une décharge couronne à pression atmosphérique soit par décharge luminescente à pression réduite (micro-ondes, radiofréquence ou continue). Dans tous les cas, la modification ne s'effectue qu'en surface, dans les premières dizaines de nanomètres.

IV.2.2.2   Définition

Les phénomènes de base de la physico-chimie des plasmas reposent sur l'excitation moléculaire ou atomique par un électron accéléré grâce à un champ électrique. Les collisions élastiques (échauffement du gaz) et inélastiques (excitation des molécules ambiantes), conduisent à un transfert d'énergie en milieu gazeux responsable de la création d'espèces gazeuses radicalaires présentant différents états électroniques (vibrationnels et rotationnels), et des espèces ionisées. Les réactions plasmagènes sont établies hors équilibre thermodynamique (la température des électrons, 10^4 à 10^5 K, est très supérieure à celle du gaz 300 à 350 K), donc hautement réactives. Elles ont la capacité de modifier la surface d'un matériau sans altérer les propriétés de cœur du polymère, et cette caractéristique est très utile pour les matériaux qui ont des températures de transition vitreuse assez basses (<373 K).

176

IV.2.2.3 Présentation des différents plasmas

IV.2.2.3.a Décharges luminescentes

Lorsque l'on applique une différence de potentiel à l'intérieur d'une phase gazeuse, il se produit au-delà d'une valeur seuil du potentiel Vs une décharge électrique due à l'avalanche d'ionisations primaires et secondaires. Ce phénomène est appelé « avalanche électronique » ou « décharge de Townsend » et est stabilisé par les désexcitations radiatives émettant dans le visible, rendant la décharge luminescente (v. figure IV.42). La source d'excitation générant la plasma peut être continue, radio-fréquence (RF) ou micro-onde.

Les décharges RF sont obtenues par la combinaison de la source d'excitation (mode continue ou alternatif) et du mode de couplage (type d'électrodes). Le couplage peut être inductif (électrodes externes) ou capacitif (internes). Le dispositif le plus employé est la configuration diode où une des électrodes est reliée à un générateur RF. Placés sur une des électrodes, les matériaux sont exposés aux espèces neutres et chargées.

Figure IV.42 : *Réacteur plasma basse pression – Décharge luminescente d'un plasma d'ammoniac NH₃(rose)*

Les décharges micro-ondes sont adaptées aux réacteurs de grand volume car elles utilisent des espèces neutres (O, N, H) qui interagissent avec les matériaux placés en post-décharge (quelques centimètres de la décharge). Les bonnes propriétés adhésives produites par ce traitement servent notamment lors de l'aluminisation des blocs optiques des phares de voiture (polypropylène)[272,273].

IV.2.2.3.b   Décharges couronnes

On appelle décharge couronne, une décharge auto-entretenue en milieu gazeux à pression réduite dans laquelle la non uniformité du champ électrique joue un rôle prépondérant. Il en résulte un confinement des processus d'ionisation dans une zone proche de l'électrode haute tension et la présence d'une charge unipolaire hors de la zone d'ionisation. La décharge possède une géométrie particulière puisque l'électrode sous contrainte est entourée de la zone d'ionisation suivie d'une zone de dérive à champ faible, dans laquelle les ions se déplacent le long des lignes de champ et réagissent avec les espèces présentes. La fréquence d'avalanche dépend du gaz, de la pression et de la distance inter-électrodes (kHz-MHz). Les procédés industriels impliquant les décharges couronne permettent de créer des espèces polaires à partir des espèces oxygénées (carbonyles, hydroxyles, éthers, carboxyles...) ou azotées (amines, amides...)[274,275].

IV.2.2.4   Mécanismes de modification de surface

Les traitements de surface sont connus pour améliorer la mouillabilité par incorporation de nouvelles fonctions. La décharge produit une multitude d'espèces (cations, radicaux, photons...) qui activent la surface par arrachement d'hydrogène ou par coupure homolytique des liaisons carbone-carbone. Ces nouvelles espèces créées sont de courte durée de vie (de l'ordre de la seconde) mais diverses réactions interviennent avant leur neutralisation et engendrent une fonctionnalisation, une réticulation ou une dégradation du polymère.

IV.2.2.4.a   Réactions de fonctionnalisation

Les radicaux issus de l'activation par le plasma peuvent réagir avec l'oxygène et l'eau pour donner respectivement des peroxydes (et ultérieurement des aldéhydes, des esters et des acides carboxyliques) et des alcools. Si le gaz utilisé est azoté (N_2, NH_3...), la fonctionnalisation se fait via des fonctions amines (primaires, secondaires) ou via des amides si des mélanges de gaz (N_2/O_2...) sont utilisés. Ces fonctionnalisations ne s'opérant que dans les couches de surface (<10 nm), leur détection est difficile et les spectroscopies de photoélectrons induits par les rayons X (ESCA) sont couramment employées. Les figures IV.43 et IV.44 représentent la fonctionnalisation d'un film de polypropylène (PP) par l'ammoniac (NH_3).

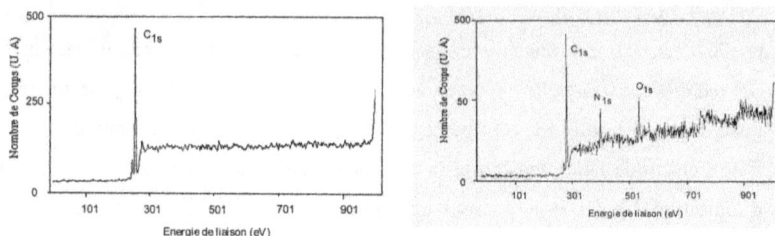

Figure IV.43 : *Spectre XPS d'un film de PP non traité (gauche) et traité par plasma NH₃ (1 sec, 100 Pa, 100 cm³/min, 8 W, 70 kHz)-(Laboratoire ITODYS, Université Paris VII)*

L'analyse des ces spectres par déconvolution des pics relatifs aux éléments (figure IV.44) permettent de définir les modifications. La cinétique d'incorporation est très rapide puisque pour de telles expériences, la présence des nouvelles fonctions est détectée à partir de 0,1 sec de traitement.

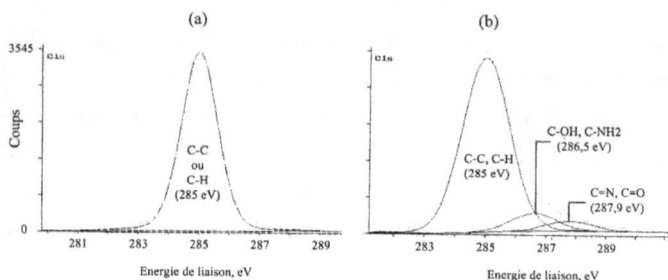

Figure IV.44 : *Déconvolution des spectres XPS du film de PP non traité (gauche) et traité 1s (droite)*

(on notera que pour des temps de traitement supérieurs (>2 sec), sont observés des groupes amides et esters.)

IV.2.2.4.b Réactions de réticulation ou de branchement

Les réactions de réticulation et de branchement ont lieu préférentiellement à partir des radicaux formés lors de l'étape d'activation lorsque l'on travaille avec des gaz inertes (Ar, Ne...). La recombinaison de deux radicaux mène à un pontage inter-chaîne. La réticulation peut s'effectuer pour des épaisseurs allant jusqu'au µm lors de temps de traitements élevés. Des études ont montré que les espèces excitées de gaz inertes (He, Ar, N_2 ou H_2) peuvent convertir des couches pauvres en propriétés mécaniques en couches à forte résistance mécanique[276,277]. Certains auteurs attribuent la valeur de la force cohésive du matériau modifié à l'existence de cette couche réticulée (jusqu'à 50 nm)[278].

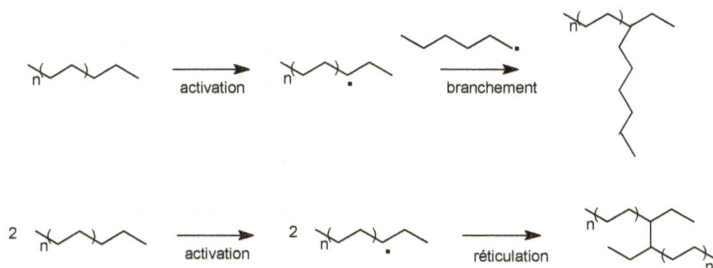

Figure IV.45 : *Schéma de réticulation et de branchement*

Leboeuf et al. associent ainsi ces réactions de réticulation de surface à une diminution de l'adhésion du matériau[279] qui permet un enroulement de la lentille intraoculaire sur elle-même dans une seringue d'insertion.

IV.2.2.4.c   *Réactions de dégradation*

Lors d'un traitement plasma, différentes réactions physico-chimiques peuvent conduire à la perte de propriétés (décarboxylation, β-scission). Elles résultent généralement d'un surtraitement du matériau, favorisant la formation de fragments à poids moléculaires importants. La décarboxylation intervient sous l'action d'un rayonnement UV, en excitant les électrons délocalisés des groupes carboxyles à l'état triplet ce qui provoque la rupture de la liaison R-C[280]. Les β-scissions ont lieu lorsque le radical est stabilisé par un groupement méthyle (v. figure IV.46). Les fonctions vinyliques qui résultent de cette dégradation sont très sensibles à l'ozonolyse. On a alors création d'aldéhydes, de cétones ou de carboxyles. Ceci dépend des conditions opératoires telles que le temps de décharge ou le temps de traitement. Afin d'optimiser le traitement, on se doit de trouver les conditions expérimentales qui ne génèrent pas de dégradation.

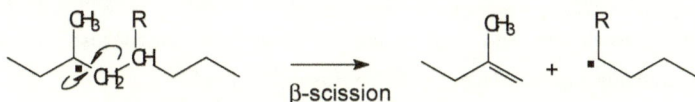

Figure IV.46 : *Schéma d'une β-scission d'une polyoléfine*

La dégradation s'accompagne d'une perte de masse qu'il faut contrôler notamment lors d'une gravure. La dégradation dans un plasma d'oxygène va principalement éliminer des composés volatils comme CO, CO_2, H_2O et H_2 alors qu'un plasma NH_3 favorise l'élimination de fragments hydrocarbonés C_nH_m (mécanisme d'élimination de couches à faible cohésion). L'influence de la dégradation sur l'adhésion peut alors être de deux ordres :

- soit on coupe les chaînes en surface et on produit des fragments de poids moléculaires importants de grande mobilité ayant la capacité d'interdiffuser avec d'autres couches (diffusions interfaciales entre polymères),

- soit le nombre de ces fragments est très élevé ce qui constitue autant d'amorces de rupture aux interfaces.

Certains polymères sont résistants devant ces phénomènes de dégradation, notamment les polymères aromatiques[281,282].

IV.2.2.5 *Modification des propriétés physico-chimiques, et énergétiques des matériaux*

Les plasmas sont utilisés pour modifier certaines propriétés physico-chimiques des polymères, telles la mouillabilité, l'énergie de surface, la cristallinité, mais aussi pour effectuer des décapages chimiques ou pour apporter plus de résistance mécanique à des matériaux amorphes[283,284,285].

• Le décapage chimique est essentiel car il a été démontré qu'un dépôt an surface de 0,01 $\mu g/cm^2$ de contamination organique altérait l'adhésion les propriétés (adhésion…)[286]. La plupart des polymères commercialisés contiennent des additifs ou des contaminants (oligomères, anti-oxydants, huiles…), présents sur des épaisseurs allant de 1 à 10 nm et diffusant vers la surface. Selon, Bikerman[287,288], ces additifs sont responsables de la perte de propriétés des couches externes du matériau et les traitements oxydants actuels ont le pouvoir d'éliminer cette couche de faible cohésion[6].

• Indépendamment des nouvelles fonctions chimiques créées, la fonctionnalisation établit différents types de liaisons :

(i) liaisons primaires ioniques (~40 kcal/mole) et covalentes (60 à 700 kJ/mole),

(ii) liaisons secondaires de type Van der Waals :

- les forces de Keesom (dipôle permanent-dipôle permanent C-OH, C-Cl, C=O de 4 à 20 kJ/mole),

- les forces dispersives, telles que les forces de Debye (dipôle permanent-dipôle induit <2 kJ/mole), les forces de London (dipôle induit-dipôle induit de 0,1 à 40 kJ/mole) et les liaisons hydrogène (<50 kJ/mole).

• La variation de la cristallinité peut être analysée par Infra-Rouge (IR) mais dans certains cas l'apparition de phases cristallines peut altérer les propriétés optiques d'un matériau (objets macroscopiques diffractants). Des charges électriques peuvent faire leur apparition en surface dans un premier temps (augmentation de la conductivité superficielle)[289] puis migrer vers des couches plus profondes faisant chuter la valeur du potentiel de surface.

• La mouillabilité est appréciée par les angles de contact. Deux méthodes permettent de l'évaluer. La méthode de Kaelbe[290] permet de déterminer les composantes polaires et dispersives de la tension de surface en mesurant les angles de contact obtenus avec deux liquides différents. En revanche, selon la méthode de Fowkes[291], le travail d'adhésion total entre un liquide et un solide est décomposée en deux termes (interactions dispersives entre les molécules et interactions acide-base). Le travail d'adhésion total est mesuré à l'aide d'un liquide de tension superficielle connue, alors que la contribution dispersive de l'énergie de surface et du travail total d'adhésion sont obtenus en utilisant un liquide neutre sans caractère acide-base. Cependant, la mouillabilité dépend non seulement des couches superficielles mais aussi de la densité des fonctions réactives. Cette valeur peut varier en cas de reptation des molécules (phénomène de vieillissement après traitement) ou en cas d'établissement de liaisons hydrogène entre molécules greffées. Dans ce dernier cas, le processus d'internalisation des fonctions polaires, responsable de la perte des propriétés hydrophiles d'un matériau traité est limité[292].

• L'énergie de surface (somme de tous les excès d'énergie des atomes dans le plan atomique le plus externe) est un facteur important de l'adhésion. Si la tension superficielle du liquide ou des molécules qui sont en contact avec la surface est inférieure à l'énergie de surface, il y a un bon mouillage. A titre d'exemple, un PMMA possède une énergie de surface d'environ 36 mJ/m^2 contre 19 mJ/m^2 pour le polytétrafluoroéthylène (PTFE-Téflon). C'est pourquoi l'adhésion sur un polymère fluoré n'est pas bonne, car il est difficile de trouver des molécules (macromolécules, protéines…) ayant une tension superficielle inférieure[293].

Le traitement plasma est une méthode de modification en vogue, car bon nombre de propriétés physico-chimiques résultent du contact d'un gaz plasma avec une surface. L'adhésion, la résistance mécanique ou la fonctionnalisation peuvent être modifiées en 1 seconde d'exposition ! Cependant, tous les polymères ne réagissent pas de la même manière au plasma et il est important de connaître les comportements des polymères pour estimer les limites d'utilisation afin de ne pas subir de dégradation du matériau.

IV.2.3 Traitements des disques de MAM-ABu par plasma

Le traitement des matériaux est simple et s'organise autour de trois temps. Le premier temps consiste à placer les disques sur le cylindre (v. figure IV.42) puis à soumettre la cloche à vide poussé (<10^{-4} mbar), puis sous vide chimique (100 Pa). Ensuite, le débit de gaz est réglé dans l'enceinte et la décharge électrique est réalisée entre les électrodes (200 cm^3/min – 5W – 70Hz). La luminescence du gaz nous montre que le plasma est actif. Le traitement (passage du matériau devant la décharge) est alors réalisé durant le temps nécessaire (0,1-5 sec et plus). Une fois le traitement terminé, le vide est cassé et la mesure de l'angle de contact est effectuée avec de l'eau permutée.

IV.2.3.1   Espèces réactives du gaz plasmagène

Les copolymères MAM-ABu-CMS sont susceptibles d'être fonctionnalisés en surface par des ammonium quaternaires via des amines. Afin de reproduire cette modification chimique sur les copolymères non fonctionnalisés de MAM-ABu, nous avons choisi d'utiliser l'ammoniac comme gaz plasmagène. Ce gaz, permet en effet de créer des fonctions aminées à partie de substrat hydrocarbonés tels que nos copolymères méthacryliques.

Une simple étude de spectroscopie d'émission de la décharge permet de visualiser les espèces hydrogénoaminées réactives à 336 nm dans la région 310-450 nm pour une pression du gaz de 100 Pa, pour une puissance de 5W avec un débit de gaz de 200cm^3/min et une fréquence de 70Hz. Ces conditions sont celles généralement employées pour des élastomères souples. Une trop grande fréquence augmente les phénomènes de désexcitation et diminuent l'efficacité de l'ionisation du gaz.

Ces espèces aminées sont responsables de la modification de surface. Cette modification s'accompagne tout de même d'une évolution dans le temps.

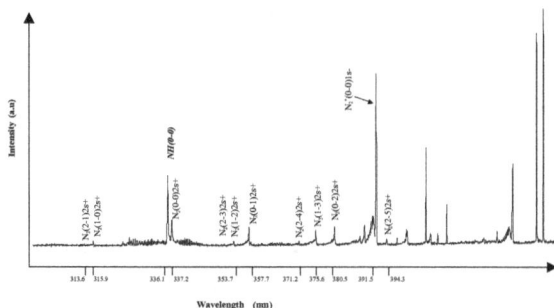

Figure IV.47 : *Spectre d'émission d'une décharge d'ammoniac*

IV.2.3.2   *Phénomène de vieillissement du matériau*

Du fait de la création d'espèces actives telles que les ions, les radicaux et polarons (ion-radical), certaines recombinaisons entre les espèces s'opèrent dans le temps. Nous observons alors un changement des propriétés de surface du matériau modifié. Cette évolution s'effectue souvent sur plusieurs semaines et la figure ci-après montre que notre copolymère atteint l'équilibre au bout de quelques mois.

L'évolution de l'angle de contact montrée sur la figure IV.48 concerne un copolymère MAM-ABu traité 2,6 secondes au gaz NH_3. La valeur initiale de l'angle de contact est égale à 77°.

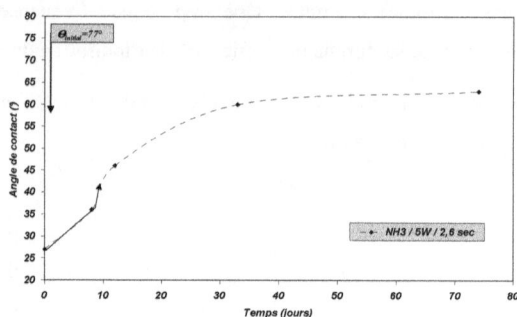

Figure IV.48 : *Evolution de l'angle de contact avec le temps*

La figure IV.48 nous montre que le traitement plasma a pour conséquence directe de faire chuter drastiquement la valeur de l'angle de contact (77 à 27°). Cette importante hydrophilisation de la surface diminue alors pour atteindre un palier au bout de 2,5 mois avec une valeur de l'angle de contact égale à 63°. Ce phénomène est appelé « vieillissement du matériau ».

Plusieurs réactions peuvent être responsables de ce phénomène telle que la désorption des charges, la recombinaison de radicaux, la diffusion d'espèces chargées dans la matrice polymère… On peut également citer le changement de polarité ou d'hydrophilie des chaînes de polymère qui a pour effet l'internalisation des fonctions. Ce dernier phénomène est à l'origine d'une conséquence étonnante. Un simple passage en solution du matériau traité permet un recouvrement des propriétés hydrophiles apparemment perdues. Dans notre cas, nous n'avons pas pu mettre en évidence l'internalisation des fonctions après remise en solution du matériau (v. figure IV.52). Cependant, ces effets ne sont pas problématiques pour nous car le gain en hydrophilie est conséquent et les étapes de quaternisation et de test d'adhésion sont réalisées en milieux aqueux ce qui limite le phénomène.

IV.2.3.3   Caractérisation des matériaux

IV.2.3.3.a   Analyse ESCA/XPS
Nous avons vu que l'étude de l'angle de contact montre bien le greffage de surface de fonctions hydrohiles supposées être des fonctions aminées. Afin de mieux caractériser les nouvelles fonctions présentes en surface, des mesures de spectroscopie ESCA (Electron Spectroscopy for Chemical Analysis ou XPS) ont été effectuées au

Laboratoire de Chimie-Physique de la matière et des rayonnements (Paris VI) et au Laboratoire Itodys (Paris VII). La figure IV.49 illustre les résultats d'un traitement de 2 secondes au plasma NH₃ et montre que l'azote est le nouvel élément présent à la surface du matériau.

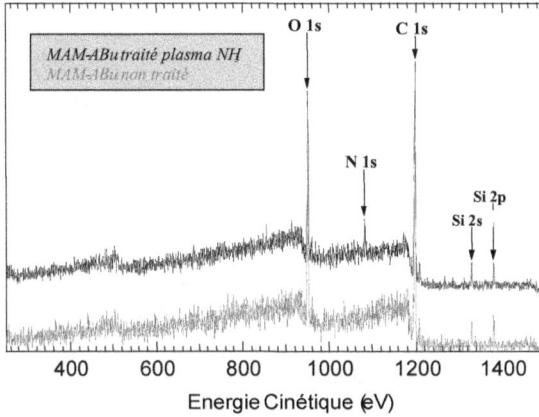

Figure IV.49 : *Spectre général des copolymères MAM-Abu*

Les signaux du silicium correspondent à l'agent de démoulage contenu dans les moules en polypropylène nécessaires à la production des disques de polymère.

La figure IV.44 quant à elle illustre les déconvolutions des signaux du carbone. Le spectre de gauche illustre le matériau non traité et celui de droite le matériau traité 2 secondes au plasma NH₃.

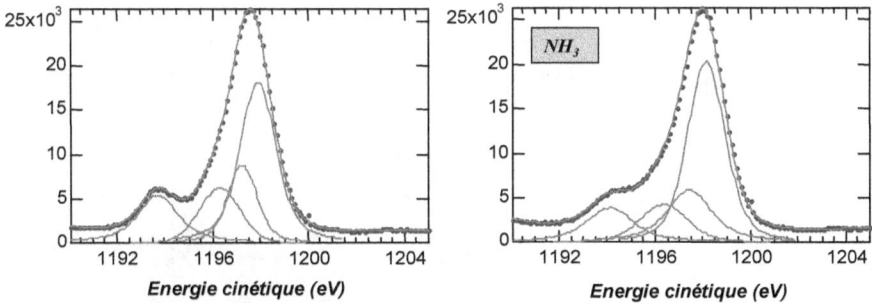

Figure IV.50 : *Déconvolutions des signaux des électrons de cœur C$_{1s}$*

Notons que les énergies cinétiques données ne sont pas les énergies vraies des électrons de cœur C_{1s}. En effet, pour revenir aux énergies réelles des niveaux électroniques, il est nécessaire d'effectuer le calcul suivant :

E_{niveau}= hν - E_c où hν représente l'énergie du faisceau caractéristique de la raie Kα de l'aluminium égale à 1486,6 eV et où E_c est l'énergie cinétique de l'électron de cœur expulsé. Il est possible ainsi de déterminer les énergies des niveaux d'énergies des électrons expulsés et de trouver les liaisons dans lesquels ils sont engagés :

Energies E_c (eV)	1194,25	1196,5	1197,5	1198,25
$E_{liaison}$ mesurée (eV)	292,35	290,1	289,1	288,35
$E_{liaison}$ recentrée (eV)[a]	289,0	286,75	285,75	285,0
Electrons impliqués	O-C=O,O-C=N	C=O, C=N	C-O, C-N	C-C

[a] recalculée à partir des valeurs des CH_2 et CH_3 aliphatiques de la littérature

Tableau IV.16 : *Energies de liaisons*

Les électrons impliqués nous renseignent sur les groupements chimiques correspondants. Pour les plus basses énergies nous trouvons les CH_2 et CH_3 aliphatiques, ensuite les CH_2 en α du carbonyle et les carbones asymétriques, puis les CH_3 méthacryliques et enfin les carboxyles. L'étude montre donc que les électrons engagés dans les liaisons carboxyles diminuent fortement au profit de la formation de CH_2 et CH_3 aliphatiques. D'après les observations de Poncin[294], l'analyse du signal de l'azote montre qu'il y a formation de liaisons amines (R-NH_x à 399,0 eV), imines et amides (CH=NH, $CONH_2$ à 400,2 eV).

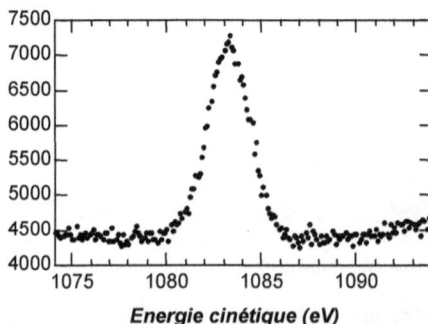

Figure IV.51 : *Signal des électrons de cœur N_{1S}*

Si l'on regroupe les données concernant les électrons C_{1s} et N_{1s}, il est raisonnable de penser que peu de fonctions amides sont créées à l'inverse des fonctions amines et imines.

IV.2.3.4   Influence du temps de traitement

IV.2.3.4.a   Influence sur la teneur en azote

Nous verrons dans la partie V quelle est l'influence du temps de traitement sur les propriétés de surface et sur l'adhésion cellulaire. Mais la première conséquence du traitement au gaz plasma est l'incorporation d'azote à la surface du matériau. L'analyse élémentaire des disques est une bonne méthode pour évaluer quantitativement l'incorporation de fonctions aminées.

Temps de traitement	% Carbone	% Oxygène	% Azote[a]
O sec (nt)[b]	70,3	29,7	0
2 secondes	74,2	17,9	7,9
5 secondes	76,0	17	6,7

[a] Intensité totale, [b] référence d'un disque de MAM-ABu non traité

Tableau IV.17 : *Evolution de la teneur en azote en fonction du temps de traitement d'un copolymère MAM-ABu 40/60*

Nous constatons que l'incorporation d'azote est rapide mais qu'au-delà de 2 secondes de traitement la teneur en azote diminue. Ceci confirme la dégradation du matériau (IV.2.2.4.c). Pour des temps courts d'exposition au plasma, la fonctionnalisation s'opère, alors que pour des temps plus longs, la réticulation puis la dégradation interviennent. La baisse de la teneur en oxygène nous renseigne indique également la perte des groupements oxygénés.

Cette étude fait apparaître une des limites de la méthode de modification chimique par « voie sèche plasma ». En effet, à partir d'une certaine durée d'exposition, les nouvelles fonctions incorporées sont éliminées par scission des chaînes qui les portent. Nous verrons lors des tests d'adhésion que le changement des propriétés de surface intervient bien pour des traitements de 2 secondes et plus.

IV.2.3.4.b   Influence sur la valeur de l'angle de contact

Nous savons dorénavant que la durée du traitement est importante car nous passons successivement par les étapes de fonctionnalisation, de réticulation puis de dégradation. En revanche quelle est l'influence de ce temps de traitement sur la valeur de l'angle de contact. Pour répondre à cette question, nous avons exposé plusieurs disques a des temps différents.

Traitement (sec)	0	0,11	0,5	1	2	2,6	5
Angle de contact (°)	77	70	36	34	30	27	51

Tableau IV.18 : *Influence du temps de traitement sur l'angle de contact d'un copolymère MAM-ABu 40/60*

De manière identique à l'influence sur la teneur en azote, l'expérience nous montre que plus le temps est long (>2,6 sec) et moins la surface devient hydrophile. Ce phénomène est une preuve supplémentaire sur la valeur limite de 2,6 secondes au-delà de laquelle la dégradation apparaît. Les chaînes qui portent les fonctions aminées sont alors détériorées et le traitement ne sert plus à rien. Il est bien évidemment important de différencier le phénomène d'internalisation des fonctions qui est responsable du vieillissement du matériau et le phénomène de scission des chaînes qui élimine les fonctions créées. La figure IV.52 illustre ces effets de surface différents.

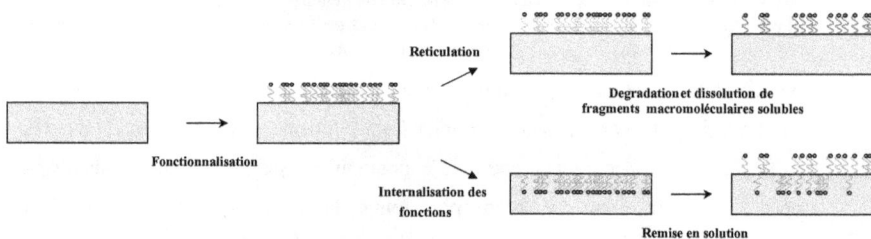

Figure IV.52 : *Phénomène de dégradation vs vieillissement par internalisation du matériau*

Aucune variation n'ayant été observée lors de l'examen en lumière polarisée croisée et avec les tests de gonflement des échantillons, nous n'avons pu situer la limite entre la fonctionnalisation et la réticulation.

IV.2.3.4.c   Influence sur l'état de surface

La microscopie électronique à balayage nous montre que les différences sont infimes.

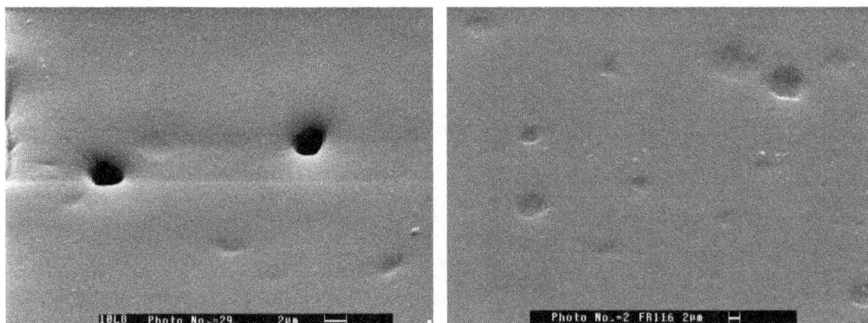

Figure IV.53 : *Polymères traités plasma NH₃ (1,1 sec gauche/ 2,6 sec droite)*

Si l'on compare ces disques aux surfaces greffées par la PEI$_{600}$ ou la 2-MeOXA, nous pouvons dire qu'il est préférable d'incorporer des fonctions aminées par la technique plasma. D'une part, l'incorporation d'azote (7,9% en masse) est similaire à celle obtenue avec le greffage ONTO de PEI (7,7%) et légèrement inférieure à celle du greffage FROM de 2-méthyloxazoline (15%). D'autre part, la technique de modification est moins stressante pour les disques (durées de traitement très courtes, températures faibles, atmosphère dite sèche, faible influence sur la qualité de la surface pour des temps courts d'exposition). On notera également que la réaction de modification par plasma n'est pas sujette au gonflement des disques et que la densité de fonctions incorporées est très facilement contrôlable. De plus la quaternisation s'effectue dans les mêmes conditions que pour les copolymères MAM-ABu-CMS.

IV.2.4 Conclusion

Les méthodes de modification chimique des copolymères MAM-ABu ont montré leur efficacité. Cependant, certaines limites sont apparues :

⊗ L'hydrolyse des fonctions esters est aisée mais la dégradation de la surface est trop importante,

⊗ La maîtrise des conditions expérimentales d'hydrolyse sont nécessaires mais les méthodes de dosage des fonctions hydrolysées ne sont pas assez précises,

⊗ Il est nécessaire de déterminer avec précision la durée limite de traitement plasma pour ne pas atteindre l'étape de dégradation qui inverse le processus de modification chimique et qui empêche l'incorporation de fonctions aminées.

En revanche, le traitement plasma possède certains avantages qui favorisent son utilisation :

☺ La durée du traitement nécessaire est inférieure à 2,6 secondes et il permet une incorporation massive de fonctions aminées,

☺ L'hydrophilisation de la surface est conséquente. L'angle de contact passe de 77° à 63°. Cependant, il est nécessaire de prendre en compte le vieillissement du matériau qui peut faire apparaître des phénomènes quelques semaines après le traitement,

☺ L'avantage d'une technique de modification sur des copolymères non fonctionnalisés est très importante. Les problèmes liés à l'incorporation des monomères fonctionnels (synthèse, détermination des rapports de réactivité, influence sur les propriétés optiques et mécaniques) ne se posent pas.

De manière générale, que ce soient les copolymères MAM-ABu ou MAM-ABu-CMS, nous venons de voir qu'ils peuvent être fonctionnalisés par des ammoniums quaternaires. Ces copolymères possèdent ainsi potentiellement des propriétés anti-adhésives vis-à-vis des cellules. Les tests d'adhésion cellulaire de kératocytes sont alors nécessaires afin de déterminer si l'homogénéité d'un traitement plasma est plus utile qu'un greffage de macromolécules gonflées en milieu aqueux. La cinquième partie est consacrée à ces essais in vitro d'adhésion de kératocytes mais également aux essais in vivo des copolymères MAM-ABu et MAM-ABu-TMABz sur le lapin.

PARTIE V : ETUDE DE LA BIOCOMPATIBILITE DES COPOLYMERES

Les matériaux à usage biomédical sont très largement soumis à des tests biologiques en vue de l'expertise des propriétés in vitro et in vivo. Leur utilisation nécessite une bonne connaissance des propriétés de surface (inhibition de l'adhésion et du développement cellulaires) et de la biocompatibilité (tolérance intrinsèque du matériau par le corps humain).

Dans un premier temps, les tests in vitro d'adhésion de kératocytes (fibroblastes de la cornée) sont réalisés et discutés afin de déterminer l'apport éventuel d'une activité biocide de surface ou d'anti-adhésion. Cette étude ne concerne en rien les tests de prolifération qui étudient les temps nécessaires pour arriver à la confluence des cellules migrantes.

Nous avons réalisé dans un deuxième temps l'implantation in vivo sur le lapin des copolymères MAM-ABu et MAM-ABu-TMABz, afin de rendre compte de la réelle tolérance du corps humain vis-à-vis de ces corps étrangers.

Cette partie est donc dédiée aux tests biologiques réalisés aux hôpitaux Hôtel-Dieu Paris et Montsouris (CERA).

Chapitre V.1 : Etude in vitro des propriétés anti-adhésives

V.1.1   Préparation des échantillons de kératocytes et des disques

Le but des tests d'adhésion est d'observer la fixation des kératocytes de cornée sur des matériaux, traités ou non traités par voie chimique, devant servir à la fabrication de prothèses oculaires (implants intraoculaires). La culture cellulaire se décompose en 2 étapes :

- Les cellules sont des kératocytes de cornées humaines (cellules de type fibroblaste) obtenues au laboratoire par culture d'explants. Les collerettes de cornée (partie périphérique des greffons, non utilisée par le chirurgien qui a greffé la partie centrale) sont récupérées au bloc ophtalmologique dans leur milieu de transport. Après un lavage dans un tampon PBS et une attente de 10 à 15 minutes dans du PBS contenant 10% d'antibiotiques PS (penicilline + streptomycine) et d'antifongiques F (fungisone), des explants de cornée sont prélevés sous la hotte de culture stérile. Ils sont ensuite mis en culture dans les boîtes de Pétri de 60, dans un milieu DMEM (Dulbecco's Modified Eagle's Medium) contenant 10% de SVF (sérum de veau fœtal) et 1% PSF (antibiotiques et antifongiques) à 37°C en atmosphère humide contenant 5% de CO_2. Dix à quinze jours après le dépôt des explants, les kératocytes sortent et envahissent la surface de la boîte de Pétri. L'explant est alors éliminé et la culture cellulaire poursuivie. Lorsque la totalité de la boîte est couverte par les kératocytes (cellules à confluence), les cellules sont détachées du plastique par une enzyme, la trypsine, et déposées à part égales dans 3 boîtes de Pétri dans lesquelles elles vont se fixer et proliférer, c'est le premier passage (P1).

- Lorsqu'elles arrivent à nouveau à confluence, elles sont encore trypsinisées et réparties dans les boîtes de Pétri selon le même procédé. C'est le deuxième passage (P2) avec multiplication cellulaire.

En ce qui concerne les copolymères MAM-ABu, les tests devant être effectués en milieu stérile, la première étape est donc la stérilisation des disques. Pour cela, la chaleur sèche (150°C) étant agressive vis-à-vis des surfaces, la stérilisation par trempage durant une nuit dans l'éthanol 95% est réalisée. Ensuite, nous procédons à la fixation des disques sur les plaques de culture. Pour cela, nous utilisons une goutte de colle Cell Tak non toxique pour les cellules, qui maintient les disques au fond du puits de culture et qui permet de les récupérer ensuite à la pince sans les dégrader.

V.1.2   Tests d'adhésion

V.1.2.1 Conditions expérimentales

Les disques de polymère MAM-ABu et MAM-ABu-CMS modifiés chimiquement (v.tableau V.1) d'après les techniques décrites dans les parties précédentes sont soumis au dépôt de kératocytes (fibroblastes de la cornée). Certains essais préliminaires sont effectués afin de mettre au point la méthode.

Echantillons	Copolymère	Modification chimique[a]
1-2	MAM-ABu 40/60	Traitement plasma NH_3 0,1 sec
3-4	MAM-ABu 40/60	Traitement plasma NH_3 0,5 sec
5-6	MAM-ABu 40/60	Traitement plasma NH_3 1,0 sec
7-8	MAM-ABu 40/60	Traitement plasma NH_3 2,6 sec
9	MAM-ABu 40/60	Traitement plasma NH_3 5,0 sec
10	MAM-ABu-CMS 30/60/10	Greffage PEI_{600}
11	ABu-CMS 60/40	Greffage PEI_{600}
12	polyCMS	Greffage PEI_{600}
13	PolyCMS	Greffage NEt_3
14	ABu-CMS 60/40	Greffage $P\phi_3$
15	MAM-ABu 40/60	Traitement NaOH 12,5M
16	MAM-ABu 40/60	Non traité

[a] tous les échantillons sont suivis d'une quaternisation excepté l'hydrolyse basique

Tableau V.1 : *Copolymères modifiés chimiquement*

Le premier essai est effectué sur 4 disques pris au hasard des modifications chimiques (n°3, 7, 9 et 13). Les échantillons déposés dans une plaque de culture 12 puits Costar sont couverts de 2mL d'éthanol 95% et laissés la nuit en attente (aspect toujours transparent des disques). L'éthanol est ensuite totalement éliminé par évaporation pendant la nuit sous la hotte stérile. Les disques fixés au centre des puits de la plaque sont conservés ainsi.

On prélève un aliquot des kératocytes P2 trypsinisés pour le comptage des cellules (environ 400 000 cellules par mL), puis un autre pour le dépôt sur les disques. Le reste est repiqué pour poursuivre la multiplication cellulaire. 75 000 cellules sont déposées dans les puits sur chaque disque, dans 2 mL de culture (DMEM contenant 10% SVF et 1% PSF), puis déposés dans l'étuve de culture à 37°C sous 5% de CO_2 pendant la nuit pour déterminer la fixation des kératocytes sur les différents matériaux.

Après 20 heures en culture, les échantillons 3, 7 et 9 ont une coloration blanchâtre et perdent un peu de leur transparence. Il devient difficile d'observer les cellules au microscope inversé. Le milieu de culture est récupéré, les puits avec les disques sont lavés 3 fois dans 1 mL de PBS. Les disques sont récupérés et déposés dans les puits d'une plaque de culture Costar 12 puits. Le fond des puits et les nouveaux disques sont alors recouverts de 100μL de trypsine, puis laissés 10 minutes à 37°C pour décrocher les cellules qui adhèrent. Les cellules sont ensuite reprises dans 900μL de milieu de culture. Les cellules présentes dans les différents extraits sont comptées par comptage automatique sur Coulter. Le deuxième essai est effectué dans des conditions identiques sur les 12 autres disques avec les kératocytes du passage P3.

V.1.2.2   *Résultats*

Des cellules se sont fixées dans le puits de culture en plastique et sur les échantillons de matériaux après 20 heures de culture. L'affinité des cellules est variable d'un disque à l'autre, le témoin ayant une affinité moitié par rapport au plastique de la plaque (v. tableau V.2).

Echantillon	Milieu de culture[a]	Tampons PBS de lavage[a]	Plastique des puits de culture[a]	Disques[a]
1-2	2180-2080	4660-4160	21640-17340	2600-2840
3-4	3600-2260	0-7660	36140-21080	1260-6260
5-6	1660-1640	9500-5300	19000-19580	1800-3540
7-8	2220-2840	0-4820	28520-18900	11420-11480
9	2360	0	38980	7500
10	2480	2160	39180	760
11	2940	5900	37420	1260
12	8080	20000	12380	4720
13	3260	0	28860	2020
14	3180	6560	32800	1680

| 15 | 2300 | 3020 | 33760 | 4860 |
| 16 | 1920 | 2540 | 40360 | 3200 |

[a] nombre de cellules comptées

Tableau V.2 : *Répartition des cellules keratocytes*

Les résultats du tableau V.2 montrent que les échantillons 1-2, 3-4, 5-6, 10, 11, 13 et 14 ont une affinité fortement diminuée (entre 20 et 50% de l'affinité des cellules pour le témoin). Les échantillons 2, 6 et 12 ont une affinité proche de celle du témoin. et de l'échantillon 4 a une affinité légèrement augmentée. Les échantillons 4, 7, 8, 9, 12 et 15 ont une affinité plus importante avec un taux de fixation des cellules voisins de celui du plastique de la plaque de culture.

Afin de représenter les affinités des kératocytes vis-à-vis des copolymères modifiés, la figure V.1 montre le nombre de cellules qui adhèrent à la surface des disques par rapport aux cellules qui recouvrent le reste de la boîte de Pétri. Ainsi, nous pouvons voir que certaines modifications chimiques induisent de bonnes propriétés anti-adhésives. Tel est le cas du traitement plasma, du greffage de PEI, suivis de l'immobilisation d'antibactériens couramment utilisés.

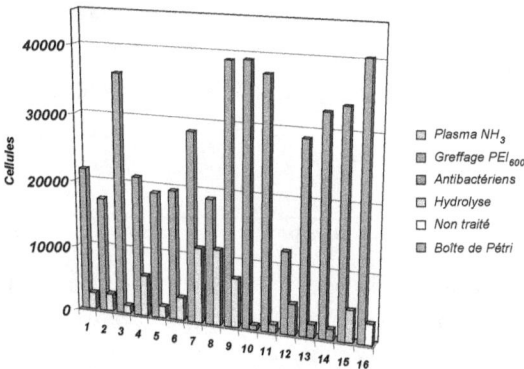

Figure V.1 : *Comparaison entre l'adhésion sur les disques modifiés et sur la boîte de Pétri dans laquelle ils reposent*

Si l'on compare les concentrations surfaciques en cellules des disques (v. tableau V.3) avec l'échantillon de référence 16 qui est un disque de copolymère MAM-ABu 40/60 non modifié (~5700 cellules/cm^2), on distingue deux groupes :

- Pour les disques soit traités plasma NH_3 (<2,6 sec), soit greffés par la PEI_{600} (avec un pourcentage de CMS<40% en masse), soit modifiés avec des antibactériens connus, la concentration en cellules est inférieure à celle du témoin non traité.

- Pour les disques soit traités plasma (>2,6 sec), soit greffés PEI_{600} (avec un pourcentage de CMS >40% en masse), soit hydrolysés par la soude, la concentration de cellules est supérieure à celle du témoin.

On notera qu'à chaque fois, la concentration de kératocytes est beaucoup plus importante sur la boîte de Pétri au fond de laquelle reposent les disques.

Echantillon	Surface échantillon (cm^2)	Surface libre du puits (cm^2)	Cellules / cm^2 plastique	Cellules / cm^2 disques
1-2	1,13-1,13	2,33-2,33	9287-7442	2300-2513
3-4	1,13-1,13	2,33-2,33	15511-9047	1115-5540
5-6	1,13-1,13	2,33-2,33	8154-8404	1593-3133
7-8	1,13-1,13	2,33-2,33	12240-8111	10106-10159
9	1,13	2,33	16730	6637
10	0,56	2,9	13510	1357
11	0,38	3,08	12149	3315
12	0,85	2,61	4743	5580
13	0,74	2,72	10610	2730
14	0,56	2,9	11310	3000
15	0,38	3,08	10961	12789
16	0,56	2,9	13917	5714

Tableau V.3 : *Nombre total de cellules sur les échantillons et sur le plastique des puits*

L'influence des modifications chimiques n'est donc pas identique et un seul mode de traitement peut présenter des efficacités variables (figure V.2) :

- Dans le cas des traitements plasma NH_3 des disques, on s'aperçoit que les dépôts cellulaires sont inférieurs à la référence pour des temps inférieurs à 2,6 sec (3000 cells/cm^2 contre 5700), témoignant ainsi d'une activité de surface. Cette observation est en accord avec l'incorporation de fonctions azotées (tableau IV.17 : 7,9% d'azote pour 2 secondes de traitement) et l'évolution de l'angle de contact (tableau IV.18 : $\Delta\theta=7°$ pour 0,11 sec de traitement et $\Delta\theta=47°$ pour 2 sec). Il apparaît ensuite clairement que le temps de traitement influence aussi les propriétés d'adhésion puisque pour ces temps courts d'exposition (<2,6 sec), la fonctionnalisation de surface s'opère alors que pour des temps supérieurs, l'activité biologique est perdue.

- Pour le greffage ONTO de PEI$_{600}$, les résultats montrent que *l'activité de surface est inversement proportionnelle au taux de CMS incorporé dans le matériau*. Ces observations nous mènent donc à considérer, d'une part l'activité biologique apportée par les fonctions en surface mais également par la conformation des chaînes en surface puisque nous avons vu que le mode de greffage est étroitement liée au taux de CMS incorporé dans le matériau. Ainsi, nous pouvons dire que *plus le taux de CMS est faible et plus le nombre d'ammoniums quaternaires en surface est important et plus l'activité est forte.*

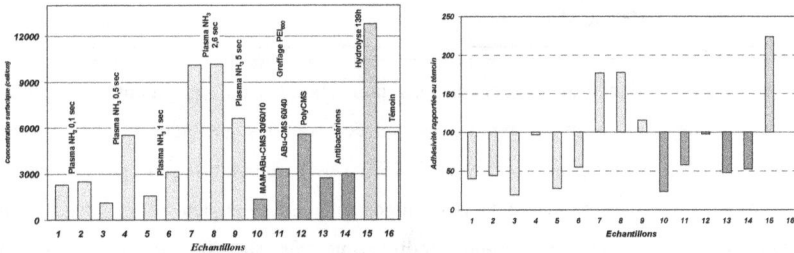

Figure V.2 : *Concentrations surfaciques des kératocytes (gauche) et comparaison avec le témoin (droite)*

V.1.2.3 Conclusion

Nous constatons globalement que les modifications apportent une activité biologique anti-adhésive par rapport au disque témoin à l'exception des échantillons non pourvus d'ammoniums quaternaires (MAM-ABu hydrolysé) ou dégradés en surface.

☺ Afin d'augmenter les propriétés anti-adhésives des surfaces, *il est donc conseillé d'utiliser la fonctionnalisation de surface par des ammoniums quaternaires* par des traitements plasma de courtes durées soit par greffage chimique en solution de chaînes de polymère fonctionnalisées.

Cependant, dans le cas du greffage ONTO et du traitement plasma, on s'aperçoit que des phénomènes intrinsèques à la modification limite l'activité biologique :

✓ Dans le cas du traitement plasma, pour des temps d'exposition supérieurs à 2,6 sec une dégradation de la surface intervient ce qui a pour conséquence une diminution du taux de fonctions aminées en surface et qui s'exprime par un perte des propriétés antiadhésives (3000 cells/cm^2 pour des t<2,6 sec contre 10000 pour t>2,6 sec). *On notera que les tests d'adhésion permettent de caractériser les étapes de réticulation et de dégradation* qui sont difficiles à observer séparément.

✓ Dans le cas du greffage ONTO de PEI$_{600}$ c'est la concentration trop élevée d'unités CMS qui entraîne l'étalement des chaînes de polyéthylèneimines sur la surface et qui a pour conséquence la diminution du nombre d'équivalents NH greffés (tableau IV.5 : 5,7.10^{19} équivalents NH pour 30% d'unités CMS - 4,4.10^{19} pour 40% CMS – 4,1.10^{19} pour 100%CMS).

☺ Si l'on considère tous les échantillons non dégradés qui possèdent une activité biologique, nous pouvons remarquer que ces sont les greffages ONTO sur des copolymères avec de faibles taux de CMS (mode « tree ou brosse ») qui permettent d'avoir l'interface bioactive la plus importante. En effet, les traitements plasma occasionnent généralement une modification très superficielle des matériaux (quelques nm) et l'étalement des chaînes bioactives (greffage ONTO des PEI$_{600}$ par le mode « bridge ») entraîne une diminution de l'épaisseur.

☺ L'avantage principale des modifications chimiques réalisées réside dans la technique « voie sèche » par plasma qui permet d'obtenir très rapidement (0,11-2,6 sec de traitement) une fonctionnalisation possédant un rendement meilleur que celui des antiseptiques classiques. Ces tests nous permettent également de différencier les modes de greffages sur le plan de l'activité biologique en surface.

Chapitre V.2 : Etudes in vivo de la tolérance des matériaux

V.2.1 Protocole expérimental

Les premières implantations des disques de copolymère MAM-ABu (obtenus avec les amorceurs AIBN et PCCH) ont été réalisées par voie intracapsulaire au Laboratoire Œil et Biotechnologie de l'hôpital Hôtel-Dieu Paris. Dans une seconde étape, d'autres disques plus petits de MAM-ABu furent implantés. Enfin, dans un dernier temps des implants soufrés à indice de réfraction élevé en copolymère MAM-ABu-TMABz (v. figure V.3) ont été implantés au Centre d'Etudes et de Recherches Animales (CERA) de l'hôpital Montsouris de Paris. Dans chaque cas, le protocole est resté identique. La technique opératoire est la suivante :

-   Dilatation pupillaire de l'œil droit, une heure avant l'opération, par instillations alternées toutes les 15 minutes de tropicamide (Mydriaticum®) et de phényléphrine 10% (Néosynéphrine®),

-   Anesthésie générale par une injection intramusculaire d'un mélange de kétamine (ImalgèneND) à 25 mg/kg et de xylazine (RompunND) à 5 mg/kg. Une anesthésie de contact de la cornée est réalisée en dernier par instillation de chlorhydrate d'oxybuprocaine 0,4% (Novésine®),

-   Une voie d'abord cornéen, avec ouverture calibrée au couteau 3,2 mm,

-   Injection intracamérulaire d'une solution d'héparine (5000 UT) et de hyaluronate de sodium (Healon®),

-   Capsulorhexis à l'aiguille,

-   Phakoémulsification (phakoémulsificateur Master de marque Alcon), avec pour liquide d'infusion du BSS complémenté de 2 mL d'adrénaline et de 2 mL d'héparine ,

-   Lavage-aspiration des masses résiduelles,

-   Agrandissement de l'incision cornéenne,

-   Implantation dans le sac capsulaire sous visco-élastique (Healon®),

-   Aspiration du Healon® résiduel, lavage de la chambre antérieure,

- Puis pour finir, des points de suture simples avec du Nylon 10/0.

Le traitement post-opératoire quant à lui se résume à l'application de sulfate d'atropine à 1% (Atropine®), 2 fois par jour, pendant 3 jours. Une autre application d'un mélange de déxaméthasone et d'oxytétracycline (Sterdex®) est réalisé 3 fois par jour pendant 8 jours. Des contrôles d'évaluation clinique sont également effectués à la lampe à fente, avant et après dilatation pupillaire à 48 heures, puis une fois par semaine pendant 1 mois. Un classement de + à +++ ou de 0 à 1 de la cornée, de la chambre antérieure, de l'iris et de la surface de l'implant est réalisé pour caractériser l'évolution post-opératoire de l'œil.

Pour la cornée on analyse la transparence, les œdèmes, la néovascularisation et les précipités, pour la chambre antérieure, les éventuelles traces de Tyndall, de fibrine, d'hypopion ou d'hyphéma, pour l'iris, la formation d'iritis, la présence de synéchies ou de zones d'atrophie et pour l'implant, la présence de dépôts, de membrane fibrineuse ou encore le positionnement de la lentille dans le sac.

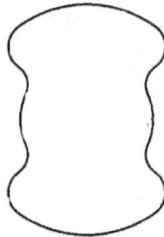

Figure V.3 : *Schéma général des lentilles MAM-ABu-TMABz implantées*

La fin de l'expérimentation se situe après un mois d'implantation, par énucléation du globe oculaire droit. Pour effectuer les tests sans souci de temps, on conserve les implants dans du glutaraldéhyde tamponné, ce qui nous permet d'effectuer des examens en microscopie électronique à transmission.

V.2.2 Implantation des copolymères MAM-ABu

V.2.2.1 Première version des disques de MAM-ABu 40/60 (diamètre 10 mm)

Afin de déterminer le caractère biocompatible des copolymères MAM-ABu, nous avons implanté sur le lapin Fauve de Bourgogne des disques de polymère de

10mm de diamètre et 1mm d'épaisseur. Les incisions de la cornée nécessaires à l'insertion de ces disques étant comprises entre ¼ et ¾ de la circonférence de l'œil, de nombreux cas de décentrage et de luxation des disques ont été identifiés menant à d'autant cas d'inflammations (suivi post-opératoire v. tableau V.4). En revanche une étude de la tolérance du matériau en implantation sous-cutanée ne révèle aucun problème.

La figure V.4 illustre schématiquement l'aspect de la cornée, l'iris, la pupille et l'implant lorsqu'il se situe en chambre antérieure ainsi que la légende pour la lecture du suivi post-opératoire :

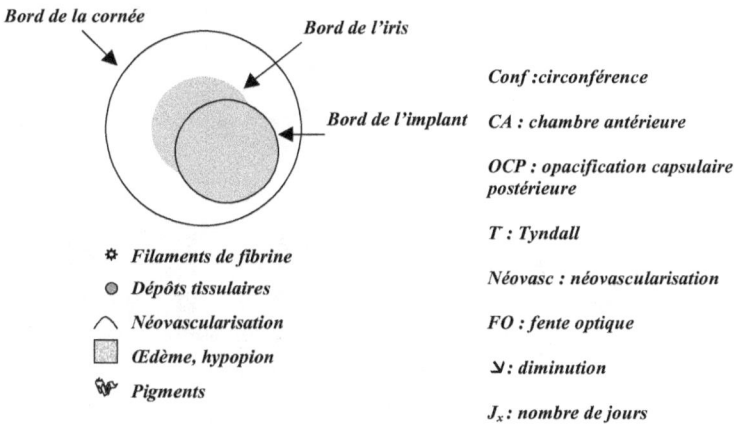

Figure V.4 : *Légende du suivi post-opératoire*

Les altérations suivantes ont été appréciées pendant l'évaluation clinique :

- cornée (œdème, néovascularisation, opacités),

- chambre antérieure (hyphéma, hypopion, fibrine, Tyndall pigmenté ou cellulaire),

- iris (synéchie entre l'iris et les caspules, déformation),

- surface de l'implant de chambre postérieure (dépôts pigmentés, membranes fibrineuses),

- capsule postérieure (opacification),

- et la position de l'implant (décentrage, luxation).

Lapins	J8	J15	J21	J28
1	Hyperhésive ½ conf Ulcère cornée superficiel, œdème suture CA claire, plis du sac capsulaire, T	½ conf, OCP	*Œil calme*, OCP partielle et reste capsule antérieure	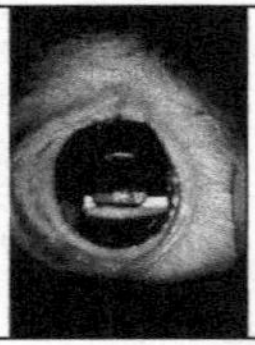
2	Hyperhésive ¼ conf Changement couleur iris, déformation pupille opacification capsule antérieure	¼ conf	Idem	Idem
3	¾ conf, néovasc ¾ cornée + œdème, pupille en goutte, T, fibrine, *implant*	¼ conf, synéchie et dépôts 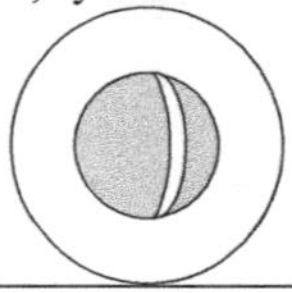 	0 conf, 0 cornée, implant dans sac (quasi) transparent	Dégénérescence
4	¾ conf, ½ œdème, *iris déformé*, implant moins transparent 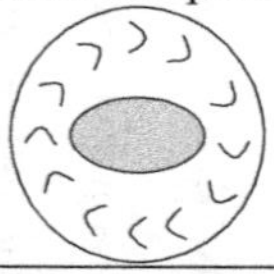	Implant recouvert de *fibrine*, pupille bloquée	*Implant à cheval/iris*, dépôts et synéchie de l'iris	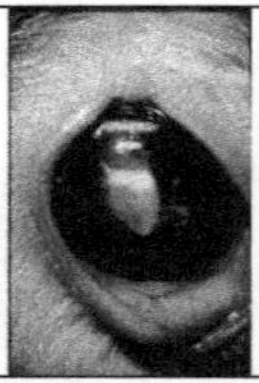
5	Implant en CA, contact iris, hypopion	Lapin mort		
6	¾ conf, ½ cornée, *implant en CA*, fibrine sur implant, ↘ transparence	¾ conf, néovasc ½ cornée, *implant contre cornée*	½ conf 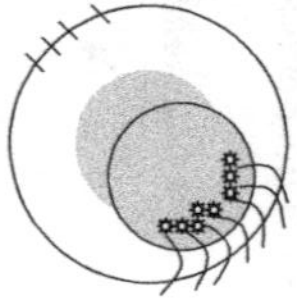 	*fibrine + dépôts*, ↘ transparence 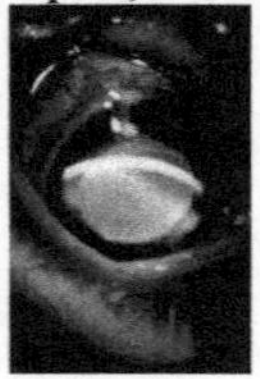

Lapins	J8	J15	J21	J28
7	½ conf, iris déformé, fibrine faces antérieure et postérieure	Fibrine, *Implant en CA*	½ vasc cornée, *qq dépôts*, CA claire	*qq dépôts*, reflet FO
8	¼ conf, œdème cornéen central, sac plissé, T°, *implant en CA*	*Dépôts + fibrine*	Dépôts + fibrine, rétractation du sac Peu de dépôts	
9	½ conf, ¼ cornée, *implant dans sac*, baisse transparence, pupille en goutte	Nombreux dépôts à cheval, *Implant en CA*		Qq dépôts Dégénérescence cornée ?
10	¼ conf, implant dans sac, 0 œdème cornée, fibrine dessus	*Implant à cheval puis en CA contre cornée*	Œdème 1, déformation iris, grosse ↘ transparence	½ conf, néovasc ¾ cornée

Lapins	J8	J15	J21	J28
11	¼ conf, néovasc ¼, œdème ¼, **implant dans sac**, transparent 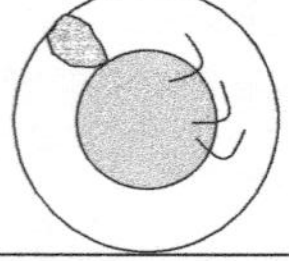	Œdème cornée central	Dépôts cornée, **implant dans sac**, transparent. Dégénérescence cornée ?	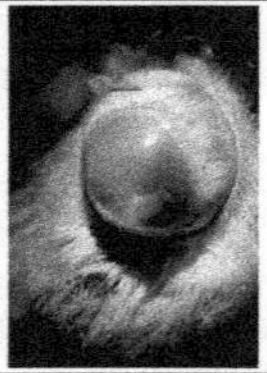
12	**Implant CA**, nombreux dépôts, hypopion + fibrine 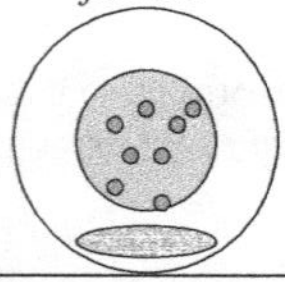	¾ conf, ¾ néovasc, **fibrine faces ant. et post.**	**Très inflammatoire, énormément de fibrine**	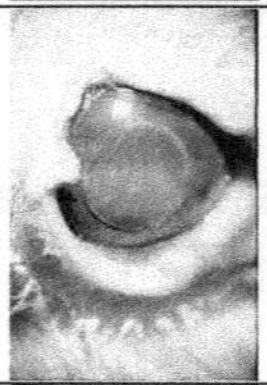
13	1 conf, sécclusion pupillase, œdème diffus, implant dans sac (ventral) 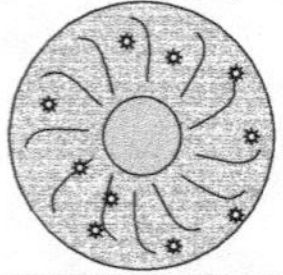	½ - ¾ conf, néovasc ½ - ¾	↘ de l'inflammation 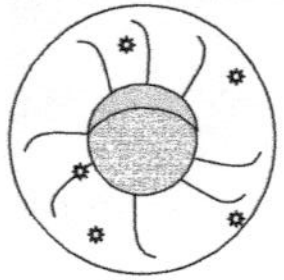	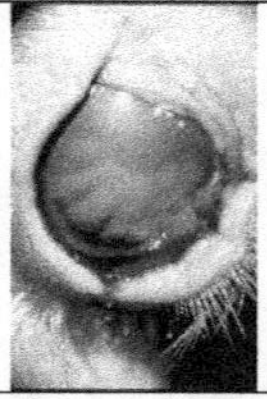
14	½ conf, néovasc ½, synéchie iris/implant, fibrine, ↗ transparence 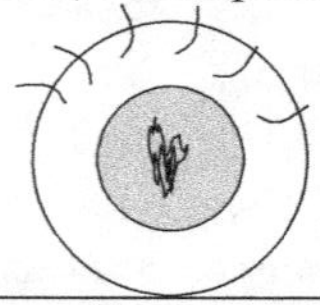	½ conf, néovasc ¼, dépôts fibrine, implant en CA	Dépôts + pigments	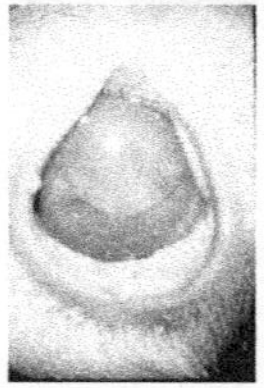

Conf : circonférence, OCP : opacification chambre postérieure, CA : chambre antérieure, T : Tyndall, néovasc: néovascularisation., DCD : décédé, FO : fente optique

Tableau V.4 : *Suivi post-opératoire des implantations in vivo des disques MAM-ABu 40/60 (diamètre 10 mm)*

Le suivi per-opératoire et post-opératoire montrent que de nombreux cas d'inflammations apparaissent lors de luxation des disques dans le sac capsulaire et passage de l'implant dans la chambre antérieure notamment (v. clichés suivants).

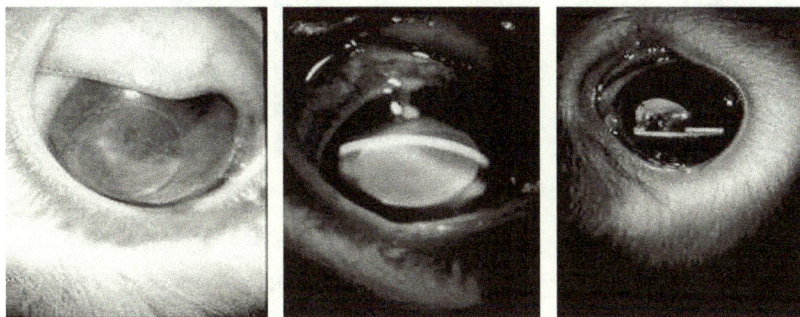

Figure V.5 : *Luxations et déplacements d'implants en chambre antérieure*

De nombreux dépôts sont ainsi imputables au contact entre l'implant avec l'iris ou la cornée. Au vu des traumatismes post-opératoires causés par des disques trop grands, nous avons taillé des disques plus petits de 7mm de diamètre.

V.2.2.2 Deuxième version des disques MAM-ABu 40/60 (diamètre 7 mm)

Plus facilement pliables, ces implants furent introduits grâce à des incisions moins grandes diminuant les risques d'inflammations. Il faut en effet dissocier les réactions inflammatoires dues aux grandes incisions et aux irritations lors de l'insertion de l'implant à travers la chambre antérieure et celles dues au matériau lui-même. Le tableau V.5 illustre les résultats du suivi post-opératoire de cette deuxième série d'implantations.

En ce qui concerne l'aspect technique de l'implantation, il est toujours difficile de stabiliser l'implant dans le sac capsulaire. Le disque a tendance à remonter ou à tanguer d'un côté. Ces problèmes sont bien évidemment liés à la dimension de l'implant. Rappelons que celui-ci ne possède pas d'haptiques qui permettent sa fixation dans le sac capsulaire.

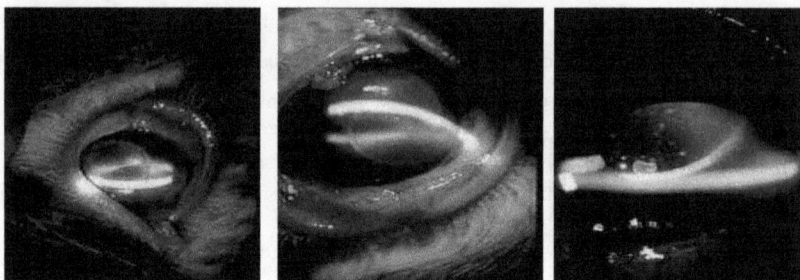

Figure V.6 : *Implants délocalisés avec quelques dépôts*

En revanche, pour les disques qui sont restés dans le sac ou bien légèrement luxés dans le vitré, nous notons une *très **bonne tolérance*** allant de quelques jours jusqu'à *10 semaines*. Les cas d'inflammations sont encore liés à une luxation trop importantes et à des phénomènes secondaires tels qu'un contact avec la cornée, une biphtalmie… La transparence des disques restés en place, quant à elle, n'est pas altérée par des dépôts très légers voire absents ce qui nous montre que les copolymères MAM-ABu sont de bons candidats pour une implantation éventuelle chez l'homme.

Partie V : Etude de la biocompatibilité des copolymères

Lapins	J8	J15	J21	J28	J60
1	Implant dans le sac, fibrine en avant, hyperhésive modérée	Luxation en CA, biphtalmie+++, inflammation +++			Sécclusion pupillase très inflammatoire, mais peu de dépôts sur l'implant.
2	Hyperhésive conjoncturale discrète, CA limpide, T, mauvaise dilatation, iris incurvé vers l'implant		Luxation de l'implant vers le vitré		0 inflammation, CA limpide, transparence totale de l'implant
3	Lapin mort				
4	Implant luxé en CA				Œdème, néovascularisation de la cornée, très peu de dépôts sur l'implant
5	Luxation en CA	Implant en contact avec la cornée	Biphtalmie+++, œdème ++, néovascularisation de la cornée +++	Transparence de l'implant	
6	Implant ± dans le sac		Stable en nasal, remontée vers l'avant en temporal		qq dépôts, migration de pigments iricus

Tableau V.5 : *Suivi post-opératoire de la deuxième série d'implant MAM-ABu 40/60 (diamètre 7 mm)*

V.2.3   Implantations des copolymères MAM-ABu-TMABz 20/60/20

Les copolymères MAM-ABu ayant révélé une très bonne tolérance dans la chambre antérieure, nous avons implanté des copolymères MAM-ABu-TMABz suivant le même protocole expérimental. La forme de ces implants est représentée par la figure V.4 et peut être assimilée à celle d'un implant commercial (Morcher 97L). Ainsi nous écartons toutes réactions inflammatoires dues au dessin de l'implant et aux éventuels contact contre la cornée et l'iris.

Les implants sont des copolymères MAM-ABu-TMABz 20/60/20 obtenus par injection sous pression dans un ensemble coque-moule en acier et polypropylène, avec 2% en masse d'AIBN, d'EGDMA et de BHPEMA (UV absorbeur : méthacrylate de 2-(3-(2H benzotriazol-2-yl)4-hydroxyphényl)éthyle) :

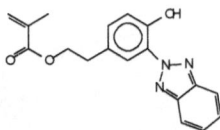

Figure V.7 : *Structure de l'UV absorbeur BHPEMA*

Les résultats obtenus avec ces matériaux sont très encourageants car aucun rejet conséquent et de réaction inflammatoire explosive n'ont été observés. Les suivis per et post-opératoires des implantations sont rassemblés dans le tableau suivant.

On notera que le blanchiment de l'implant et le phénomène d'opacification (OCP) sont deux processus différents. Dans le premier cas, nous verrons que c'est la conséquence de la reprise en eau du matériau alors que dans le second, il s'agit réellement d'une cataracte secondaire.

Partie V : Etude de la biocompatibilité des copolymères

Lapins	J8	J15	J21	J28
277	Implant dans le sac, hyperhésive légère	Néovascularisation, hyphéma en baisse, implant transparent	Iris bombé, inflammation ++	Myosis, néovasc., blanchiment de l'implant
278	Implant dans sac	Inflammation++, hyperhésive conjoncturale	Baisse inflammation, implant transparent, myosis serré	Dépôts pigmentaires, blanchiment de l'implant, pli de la capsule
279	Positionnement implant stable	Légère inflammation	Néovascularisation de la cornée, myosis serré	Implant dans le sac déplacé en temporale, myosis serré, implant plié
280	Hyperhésive conjoncturale	Légère inflammation	Dilatation partielle	Aspect cataracte, perte de transparence, dépôts pigmentaires iriens
281	Implant déplacé en oblique, hyperhésive prononcée	Implant plié, fibrine en avant de la capsule	Néovascularisation de la cornée, implant transparent	Ulcère central cornéen, implant plié blanc, baisse hyperhésive

Partie V : Etude de la biocompatibilité des copolymères

Lapins	J8	J15	J21	J28
288	Iris plissé vers implant, myosis, hyperhésive modérée	Implant transparent		Blanchiment implant
289	Petite synéchie en avant de la capsule	Opacification hétérogène, évolution catastrophique	Endophtalmie, opacification de la cornée, néovascularisation	
290	Iris plissé, myosis	Très bonne tolérance générale		Blanchiment de l'implant
291	Fibrose capsulaire	Baisse fibrose, tolérance parfaite	Très bonne tolérance	
292	Iris légèrement plissé, fibrine transversale	Endophtalmie, hyperhésive cornée opaque		-

210

Lapins	J8	J15	J21	J28
298		Déplacement latéral en nasal, implant blanchâtre		-
299	Congestion conjonctive+++, implant déplacé	Myosis, iris plissé, transparence de l'implant	Implant sub-luxé latéral	-
301	Implant luxé en CP, prolapsus de l'iris, cornée ouverte, myosis, OCP partielle	Myosis très serré, néovascularisation implant, transparence conservée	Myosis plié, transparence de l'implant	Néovascularisation de l'implant

Tableau V.6 : *Suivi post-opératoire de la série d'implant MAM-ABu-TMABz 20/60/20*

Deux implants témoins en PMMA Ioltech CP ont été implantés. Le premier n'a montré aucune complication. En revanche, pour le second qui s'est déplacé en latéral, un dépôt fibrineux a été constaté accompagné d'inflammation légère. Mis à part le blanchiment généralisé des implants dans la 4ème semaine, très peu de complications sont survenues et la stabilité des implants ainsi que leur transparence jusqu'à 21 jours ont été très bonnes.

L'observation des implants et des légers dépôts au microscope électronique à balayage, montre que les surfaces sont très lisses et très bien conservées.

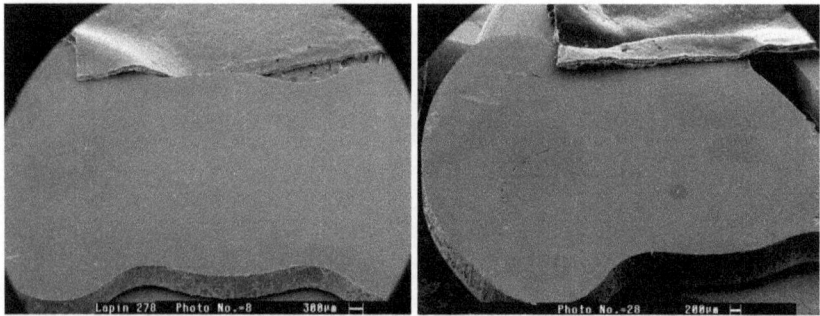

Figure V.8 : *Lapin 278-280 (face postérieure)*

Ces quelques rares dépôts identifiés sur les implants ont également fait l'objet d'une étude au MEB et nous pouvons voir sur les clichés suivants que ces dépôts protéïformes ont des structures diverses (simples, doubles, complexes, filamenteuses, granuleuses, fibreuses).

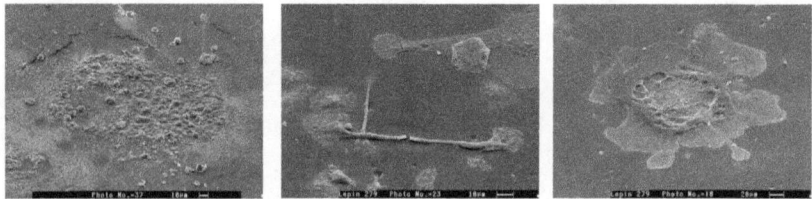

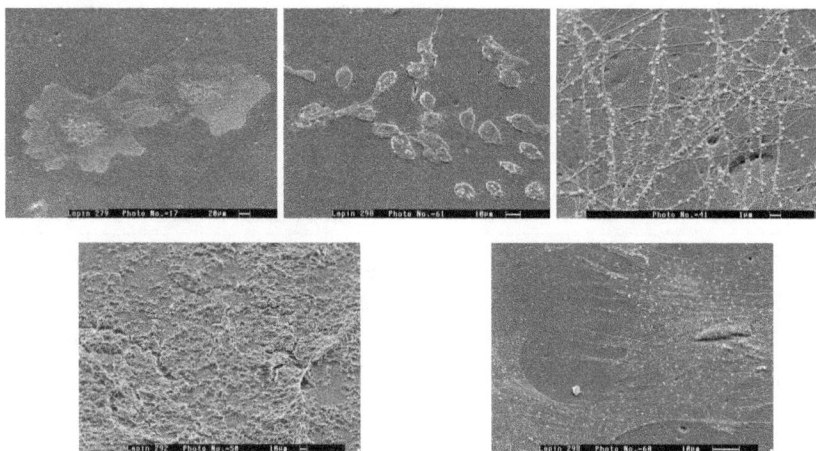

Figure V.9 : *Dépôts protéïformes identifiés sur la surface des implants MAM-ABu-TMABz*

Ces dépôts étant relativement peu étendus, nous concluons que ces copolymères sont biocompatibles à l'image des copolymères MAM-ABu. Malheureusement, un phénomène jusqu'alors jamais observé est apparu au fur et à mesure du suivi post-opératoire : un blanchiment progressif des disques est survenu après quelques jours d'implantation.

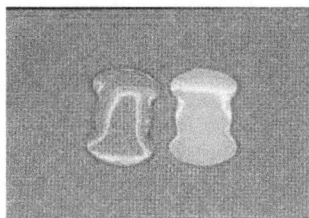

Figure V.10 : *Opacification des implants soufrés*

Cette opacification a nécessité l'extraction d'un implant qui a révélé une reprise en eau importante. Il a donc fallu étudier le phénomène afin de limiter cette reprise en eau et de trouver une technique permettant d'y remédier. Cette étude constitue la sixième partie de notre travail.

V.2.4 Conclusion

Les études in vivo ont permis de dégager certaines propriétés des matériaux :

☺ d'une part le caractère biocompatible des copolymères MAM-ABu 40/60 et d'autre part de mettre en évidence le rôle primordial de la géométrie de l'implant. Seuls quelques décentrements ou luxations des disques ont été responsables des rares cas de complications post-opératoires (réactions inflammatoires) survenus avec ces copolymères MAM-ABu 40/60.

☺ De manière générale, les copolymères soufrés MAM-ABu-TMABz 20/60/20 sont également très bien tolérés dans la chambre postérieure. Nous avons identifié quelques légers dépôts protéïniques à la surface des disques sans pathologie associée.

☹ Néanmoins, le blanchiment généralisé des implants a été observé au cours du suivi post-opératoire (4ème semaine). Ce phénomène qui n'est pas lié à une réaction inflammatoire ou à une migration cellulaire a nécessité l'explantation des implants.

Ces résultats sont très encourageants même si le blanchiment des implants est rédhibitoire quant à l'utilisation de ce matériau en l'état en tant qu'implant intraoculaire. Il est primordial de contrôler la reprise en eau des copolymères MAM-ABu-TMABz en étudiant plus précisément ce phénomène.

PARTIE VI : ETUDE DE L'OPACIFICATION EN MILIEU AQUEUX DES MATERIAUX

Nous avons vu dans la deuxième partie de ce manuscrit que l4on peut synth2tiser en masse des copolymères méthacryliques avec des conversions apparentes supérieures à 95%. Cependant, alors que la biotolérance de ces matériaux est vérifiée, elle s'accompagne d'un phénomène de reprise en eau qui occasionne une opacification des implants.

Cette reprise en eau est rédhibitoire pour une utilisation en tant que lentille intraoculaire et nécessite donc d'être maîtrisée. Plusieurs hypothèses ont été citées afin d'expliquer la reprise en eau.

Dans un premier temps, l'hypothèse selon laquelle un dépôt cellulaire de surface augmente l'hydrophilie a été écartée car les clichés de MEB montrent que les dépôts sont épisodiques et trop peu répandus. Dans un second temps, le rôle essentiel de l'UV-absorbeur portant une fonction hydroxy et enfin l'hypothèse d'une conversion apparente trop faible conduisant, après extraction, à une morphologie hétérogène de la matrice polymère et à la reprise en eau, ont été retenus. Ces hypothèses ont été confirmées par les images MEB ainsi qu'un examen au microscope optique.

Cette partie est donc dédiée à l'étude du phénomène de blanchiment mais également à l'établissement d'un autre matériau évitant la reprise en eau.

Chapitre VI.1 : Etude de l'opacification des copolymères

Ce chapitre dédié à l'étude du « blanchiment » fait appel à des techniques très simples mais peu habituelles en ce qui concerne les matériaux méthacryliques. Nous avons mis au point un dispositif d'étude du blanchiment simulant la reprise en eau et qui s'apparente à la stérilisation en autoclave dans l'eau sous pression à 120-130°C. La diffusion d'eau dans le matériau a été suivie par examen au microscope optique. Cet examen nous a permis entre autre de visualiser l'opacification de la face supérieure à la face inférieure des disques de polymère. On notera que la technique de l'autoclave purement qualitative nous permet seulement d'évaluer l'aptitude d'un matériau à blanchir mais que les conditions réelles d'implantations sont beaucoup plus douces.

Comme nous l'avons vu à la fin de la cinquième partie, les copolymères MAM-ABu-TMABz apparaissent très bien tolérés chez le lapin. Or, un examen minutieux au MEB nous a permis de déceler des trous microscopiques à la surface et également dans le matériau. *Cette dégradation superficielle ou massique n'est pas décelée dans le cas des copolymères MAM-ABu.*

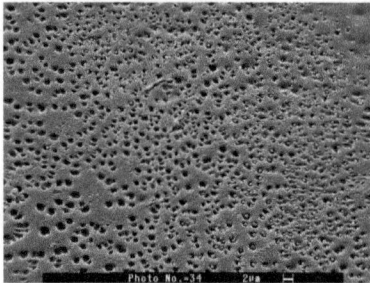

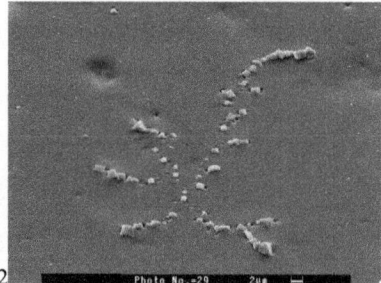

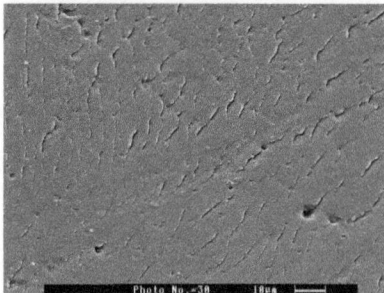

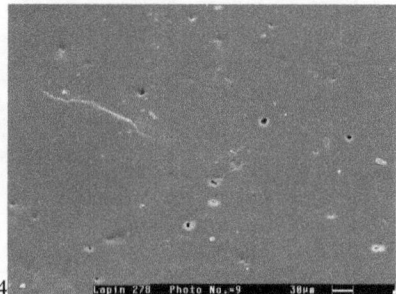

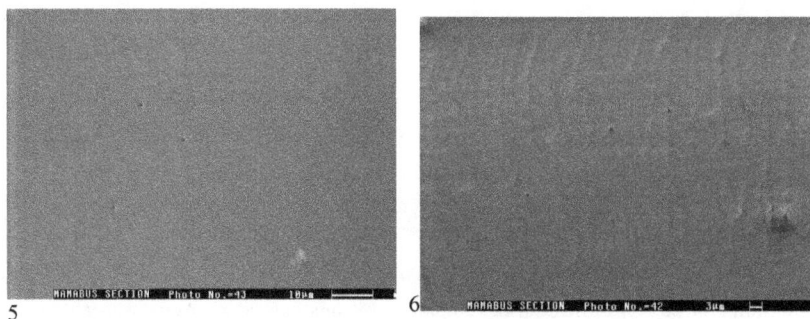

5   6

Figure VI.1 : *Défauts de structure des copolymères MAM-ABu-TMABz*

(photos 1-6 : copolymères MAM-ABu-TMABz 20/60/20 ; photos 1-4 : défauts et trous en surface des disques ; photos 5-6 : trous dans la section obtenue par cryofracture)

Le phénomène étant réversible lorsque l'on expose les implants à l'air libre et nous en concluons que l'opacification est une conséquence directe de la diffusion d'eau dans le matériau. L'eau comble les trous et la différence d'indice avec la matrice « induit » l'opacification.

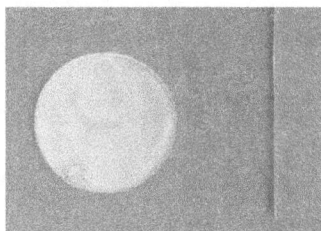

Figure VI.2 : *Opacification observable d'un disque de MAM-ABu-TMABz (gauche) et plaque de verre (droite)*

Le « blanchiment » résultant est homogène dans la matrice (figure VI.2).

VI.1.1 Relation structure-opacification des copolymères

Le phénomène de blanchiment durant l'implantation n'a été observé que sur les copolymères MAM-ABu-TMABz et non sur les copolymères MAM-ABu, ce qui nous a conduits à considérer les différences de copolymérisation entre les deux formulations. Après avoir écarté la nature du monomère soufré (caractère hydrophobe de la molécule) ainsi que la forme des implants (aucune incidence sur l'hydrophilie du matériau), le taux et la nature de l'agent de réticulation (UV-absorbeur largement utilisé pour la synthèse

219

des implants intraoculaires), nous avons conclu que seules des microporosités de la matrice apparaissant après l'extraction des oligomères et des monomères résiduels pouvaient rendre compte de la reprise d'eau. Nous avons en effet constaté que la conversion apparente des copolymères MAM-ABu atteint en général 97% tandis que celle des terpolymères MAM-ABu-TMABz demeure autour de 93%.

En ce qui concerne l'UV-absorbeur, les quantités initialement utilisées (2% en poids de la masse totale des constituants), ont été divisées par 20 ce qui a également contribué à la diminution de l'opacification des implants. Notons que cette observation a déjà été faite sur de nombreux matériaux hydrophobes et hydrophiles par les équipes du bureau d'étude de la société Ioltech. Il est possible que le caractère hydrophile de la molécule porteuse d'une fonction hydroxy accélère le phénomène mais aucune réelle étude n'a été réalisée sur ces UV absorbeur et leur influence sur l'opacification.

Nous avons ensuite comparé les copolymères en fonction du taux de monomère soufré incorporé.

VI.1.1.1   Influence du taux de TMABz sur l'opacification des copolymères MAM-ABu-TMABz

Nous avons réalisé plusieurs polymérisations en masse, sans agent de réticulation avec différents taux de TMABz (2% d'AIBN en moule PP pendant 3h à 80°C). Après avoir dissout les copolymères dans le dichlorométhane, ils sont précipités dans le méthanol, puis filtrés sur fritté n°3 et séchés au dessicateur chauffant. Ils sont alors injecté en CES/THF. Les résultats sont les suivants :

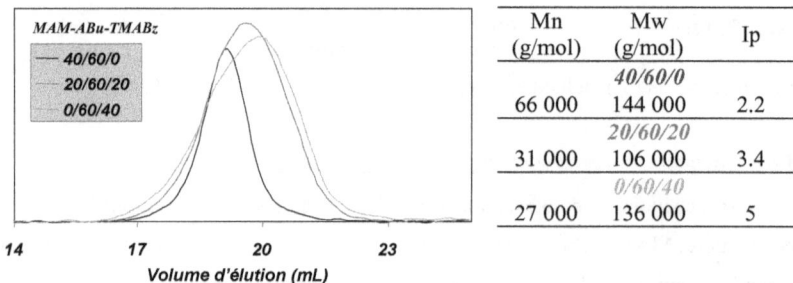

	Mn (g/mol)	Mw (g/mol)	Ip
40/60/0			
	66 000	144 000	2.2
20/60/20			
	31 000	106 000	3.4
0/60/40			
	27 000	136 000	5

Figure VI.3 : *Evolution du chromatogramme des copolymères MAM-ABu-TMABz*

La figure VI.3 montre que plus le taux de TMABz est important et plus les masses sont faibles et la distribution large. L'hypothèse raisonnable est celle d'un transfert au thiol précurseur encore présent à l'état de traces dans le monomère distillé. La RMN^{1}H n'est pas assez sensible pour mettre le thiol résiduel en évidence (v. figure III.23) mais nous avons pu l'identifier par chromatographie en phase gazeuse CPG (figure VI.4).

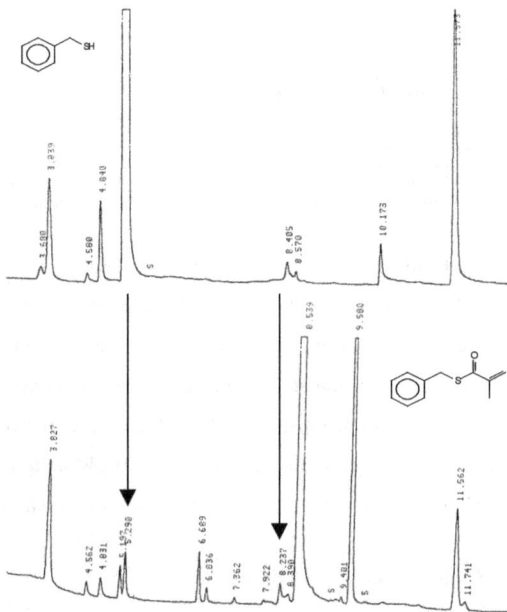

Figure VI.4 : *Comparaison entre les chromatogrammes de CPG de l'α-toluènethiol et du TMABz*

Cela justifierait vraisemblablement l'obtention d'une quantité non négligeable d'oligomères extractibles (conversion apparente ~93%).

VI.1.1.2 *Influence du taux d'amorceur*

Nous avons également cherché à obtenir des conversions apparentes proches de 100% avec le MAM et l'ABu. Certains brevets d'Alcon[295] et d'Allergan[296] préconisent l'emploi de 1% voire 0,01% d'amorceur (en poids de la masse totale des constituants), avec des temps de polymérisation supérieurs à 15h et des températures regroupées par paliers allant de 50 à 110°C. En effet, plus la concentration en amorceur est élevée et plus les masses sont faibles. De ce fait, la proportion d'oligomères solubles et donc d'extractibles est plus importante et la conversion apparente est plus faible (v. tableau VI.1). Nous avons appliqué ces mesures à la synthèse de copolymères MAM-ABu en vérifiant l'influence du taux de PCCH utilisé et celle des paliers de température sur la conversion apparente des matériaux formés.

Expériences	1	2	3	4	5	6
% PCCH	2	2	2	0,2	0,2	0,1
Paliers de température	80°-3h	50°-22h	65°-16h puis 105°-3h			
Conversion apparente	97,1	97,7	98,7	99	99,3	99,6 [a]

[a] des taux inférieurs d'amorceur n'ont pas permis d'augmenter la conversion apparente globale

Tableau VI.1 : *Influence du taux de PCCH et des paliers de température sur la conversion apparente*

Nous pouvons voir que l'utilisation de paliers à basse température (vers 50-65°C) puis à haute température (105°C) permet une plus lente décomposition de l'amorceur puis de réaliser un recuit. Ces méthodes ont permis d'obtenir matériaux de conversions apparentes très élevées qui ont ensuite été soumis au test de l'autoclave pour déterminer la résistance à l'opacification. *Notons que les paliers de température ainsi qu'un faible taux d'amorceur ont été appliqués aux copolymères MAM-ABu-TMABz et qu'ils n'ont pas permis d'augmenter significativement la conversion apparente (93,7%).*

VI.1.1.3   Test de blanchiment à l'autoclave

Ce test très qualitatif, a pour but de prédire l'opacification éventuelle des disques en milieu aqueux in vivo et donc à la température physiologique, en soumettant les matériaux à des conditions très sévères. Le test consiste à immerger les implants dans l'eau d'une bombe de Parr. L'ensemble est plongé dans un bain d'huile à 123°C pendant 1 heure. L'implant est ensuite essuyé au papier Joseph puis le blanchiment est évalué à l'aide d'une échelle arbitraire : 10 (implant blanc opaque) –5 (implant translucide blanchâtre) – 0 (implant transparent). La référence pour laquelle aucune opacification n'intervient est un implant commercial en PMMA de chez Ioletch.

Nature du matériau	Evaluation du blanchiment
Implant en PMMA Ioltech	0
Implant Acrysof® Alcon	3
MAM-ABu (99-99,6%)	3
MAM-ABu (97,1%)	5
MAM-ABu-TMABz 20/60/20 (93-93,7%) sans BHPEMA	7-8

MAM-ABu-TMABz 20/60/20 (93%)avec BHPEMA	9-10

Tableau VI.2 : *Test de blanchiment à l'autoclave*

Les résultats montrent que plus la conversion apparente est élevée et moins le blanchiment est important. Ion notera que les implants Acrysof® leaders sur le marché des implants acryliques hydrophobes souples blanchissent, et que le PMMA reste parfaitement transparent. Cette observation est importante car elle soulève une question dans le processus de l'opacification : à conversion apparente égale et très élevée, les copolymères sont-ils plus sensibles que les homopolymères ou ne serait-ce qu'une question de Tg ?

L'Acrysof® d'Alcon est un copolymère du 2-phényléthylacrylate (PEA) et du 2-phenyléthylméthacrylate (PEMA). Les rapports de réactivité souvent éloignés entre un méthacrylate et son homologue acrylique impliquent l'existence de microdomaines plus ou moins riches en l'un des deux monomères. Il apparaît alors des zones plus sensibles à la diffusion de l'eau ce qui n'existe pas pour des homopolymères. Une simple étude de l'enchaînement des unités ABu, MAM et TMABz dans un terpolymère (MAM-ABu-TMABz 20/60/20) montre la tendance à la synthèse de blocs soufrés en fin de copolymérisation.

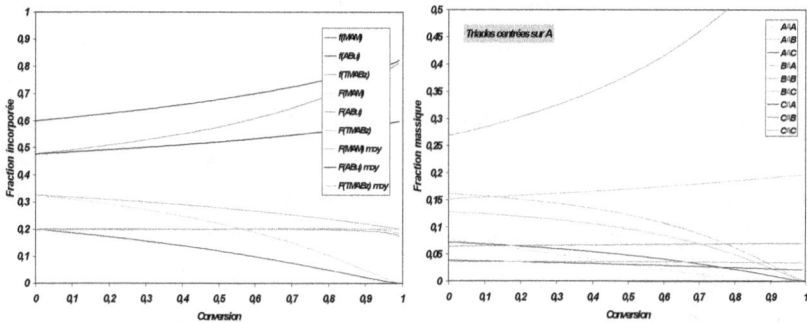

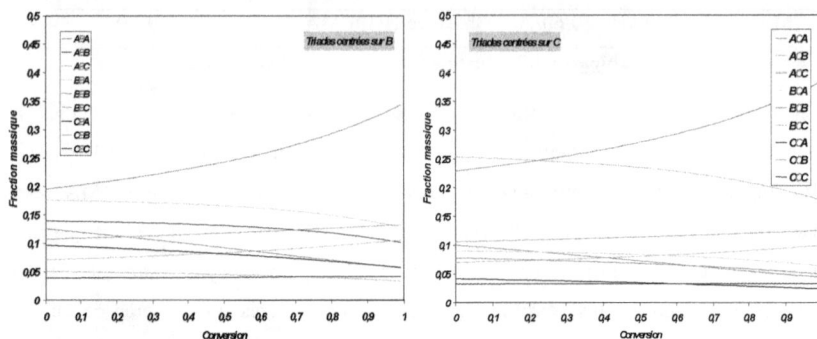

F : fraction dans le copolymère, f : fraction dans le mélange,

Figure VI.5 : *Etude de la terpolymérisation du MAM (A), de l'ABu (B) et du TMABz*

(C)

On constate que l'appauvrissement du milieu en MAM est rapide, alors qu'une forte incorporation de l'ABu et du TMABz se fait en fin de copolymérisation. Il est donc vraisemblable que des chaînes à fort caractère acrylique se forment en fin de copolymérisation, créant des microhétérogénéités de viscoélasticité plus importante favorisant la diffusion de l'eau, phénomène que l'on retrouve en comparant l'Acrysof® et le PMMA de Ioltech.

Des expériences ont été menées pour étudier l'influence éventuelle du réticulant sur l'opacification. Nous estimons que plus l'espaceur entre les deux doubles liaisons du réticulant est grand et plus il va être flexible. Ainsi la densité volumique de nœud de réticulation diminue, favorisant la diffusion de l'eau dans la matrice. Nous avons étudié l'influence de 2 liaisons carbone-carbone entre les fonctions méthacrylate (EGDMA), puis 4 (butanedioldiméthacrylate BDDMA) et enfin 6 (hexanedioldiméthacrylate HDDMA). La température de transition vitreuse ne varie pas et demeure entre 10 et 11°C (limite de l'erreur expérimentale) pour des copolymères résultant de conversions apparentes de 99% chacun. L'influence de la nature de réticulant sur la conversion apparente est donc nulle, et son incidence sur l'opacification également comme le confirme un comportement identique à l'autoclave.

L'observation au microscope des matériaux montre que les microgouttelettes d'eau sont réparties de manière homogène. La taille des gouttelettes est relativement identique pour tous les matériaux d'une même famille. En revanche, elle augmente en passant de l'Acrysof® d'Alcon aux copolymères MAM-ABu puis aux MAM-ABu-TMABz.

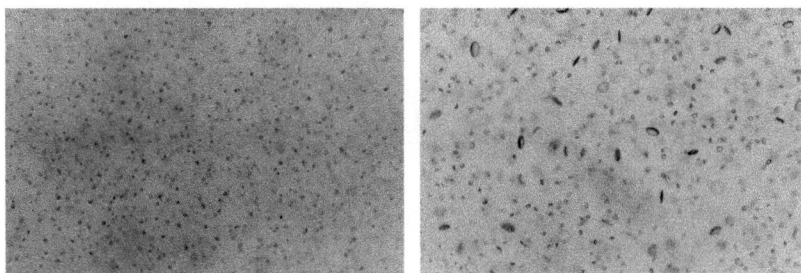

Figure VI.6 : *Allure des gouttelettes d'eau dans l'Acrysof® d'Alcon (gauche) et dans un MAM-ABu-TMABz 20/60/20 (droite)*

VI.1.1.4 Evaluation de la stabilité dans le sérum physiologique

Chaque nouveau matériau synthétisé est soumis à un test de stabilité dans le sérum physiologique afin de mimer son évolution dans l'œil. Ce test consiste simplement à immerger un implant dans du sérum physiologique à température ambiante et noter son opacification au cours du temps. Les matériaux ayant préalablement subi le test à l'autoclave sont séchés avant d'être plongés dans le sérum. L'intensité de l'opacification lors de la stabilité dans le sérum physiologique est évaluée selon la même échelle que celle du test autoclave.

Les tests d'autoclave et de stabilité sont complémentaires. Si un matériau ne blanchit pas au test d'autoclave, nous sommes certains qu'il aura une stabilité parfaite dans l'œil. En revanche, si une opacification est constatée, il se peut que la stabilité dans le sérum demeure très bonne et que le matériau soit tout de même implantable (v. tableau VI.3).

Durée de stabilité	Nature du matériau	Opacité	Commentaire
210 jours	Acrysof® Alcon	0	A
	MAM-ABu 97L (2%AIBN)	3-4 (1j)[a]	97% conv / A
	MAM-ABu-TMABz 20/60/20 (2%AIBN/ 2% uv-b)	6-7 (1j)[a]	?/ A
	MAM-ABu-TMABz 20/60/20 (2%AIBN/ 0% uv-b)	8-9 (1j)[a]	92,3% conv / A
208 jours	MAM-ABu (2%AIBN/ 2% uv-b)	0	97,3% conv/ S
	MAM-ABu (2%AIBN/ 0,2 uv-b)	0	96,8% conv/ S
	MAM-ABu-TMABz 0/50/50 (2%AIBN/ 0% uv-b)	7-8 (3j)[a]	?/ S
	MAM-ABu-TMABz 0/60/40 (2%AIBN/ 0% ub-b)	6 (3j)[a]	?/ S
	MAM-ABu-TMABz 20/60/20 (2%AIBN/ 2% uv-b)	6 (3j)[a]	?/ S
	PMMA Ioltech	0	?/ A et S

203 jours	MAM-ABu (2%AIBN)	0	97,7% conv/ S
	MAM-ABu (2%POB)	0	98% conv/ A
	MAM-ABu (2%POB/ 1%PtBu)	0	98% conv/ A et S
	MAM-ABu (2%AIBN/ 1%PtBu)	0	98% conv/ A et S
188 jours	MAM-ABu (0,2% PCCH)	0	99,3% conv/ A et S
	MAM-ABu (0,1% PCCH)	0	99,6% conv/ A et S
1080 jours	*MAM-ABu (2% AIBN) dans l'eau (3 ans) puis dans sérum physiologique (12 mois)*	*0*	*97% conv/ S*

[a] : date de première constatation de l'opacification (en jours), A : avec passage à l'autoclave, S : sans passage à l'autoclave, conv. : conversion apparente globale, AIBN : azobisisobutyronitrile, POB : peroxude de nebzoyle, PCCH : percarbonate de cyclohéxyle, uv-b : UV absorbeur (BHPEMA), PtBU : peroxyde de tertiobutyle

Tableau VI.3 : *Stabilité en sérum physiologique*

Cette analyse est évidemment discutable si l'on considère que seule la cinétique de diffusion de l'eau intervient et que tout implant qui blanchit à l'autoclave, blanchira à terme lors de l'étude de stabilité dans le sérum physiologique. Notons tout de même que ce phénomène semble plus complexe qu'il n'y paraît et nous observons même sur certains échantillons que le blanchiment s'effectue majoritairement dans la partie centrale de l'optique et non dans la périphérie.

Les résultats montrent que seuls les matériaux possédant des conversions apparentes élevées (≥97%) possèdent une bonne stabilité. Notons le très bon comportement des copolymères MAM-ABu dans l'eau puis dans le sérum. A la vue de ces expériences, l'homogénéité du matériau et une conversion supérieure à 97% semblent être les clés de la stabilité. Des essais ont été réalisés afin de compléter la conversion par post-polymérisation mais nous les avons abandonnés car les disques deviennent alors rapidement fragiles. Les techniques de post-polymérisation consistaient à polymériser dans les moules en PP des implants soit déjà gonflés par la solution de monomères soit en réinjectant par dessus sous pression une deuxième solution de monomères.

VI.1.2 Polymérisation du MAEH

Il est donc nécessaire de limiter le nombre de comonomères ayant des rapports de réactivité différents afin de diminuer la proportion de chaînes de compositions différentes (et en particulier d'oligomères extractibles). Notre attention s'est donc porté sur un monomère méthacrylique, dont l'homopolymère présente une température de transition vitreuse proche de celle des copolymères MAM-ABu 40/60 utilisés, le méthacrylate de 2-éthylehéxyle (MAEH).

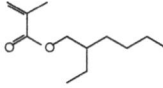

Figure VI.7 : *Structure du MAEH*

Les essais de polymérisation dans les conditions habituellement employées (80°C-3h) ont montré qu'il est possible d'atteindre en masse des taux de conversion très élevés (98,5-99%). L'amorçage s'effectue de manière identique qu'il s'agisse de l'AIBN ou du PCCH. Notons cependant que la durée d'extraction au soxhlet est volotairement rallongée car le gonflement dans l'acétone est beaucoup plus faible avec le polyMAEH qu'avec le poly(MAM-co-ABu) (figure VI.6).

Quelque soient les paliers de température appliqués à la polymérisation, les taux de conversion apparente sont compris entre 98 et 99%. Ces matériaux sont relativement intéressants puisqu'ils offrent des propriétés optiques et mécaniques comparables à celles des copolymères MAM-ABu. La température de transition vitreuse est comprise entre 0 et 10°C et donc très voisine de celle des copolymères MAM-ABu (0°C), et l'indice de réfraction est identique (1,4782 contre 1,4778).

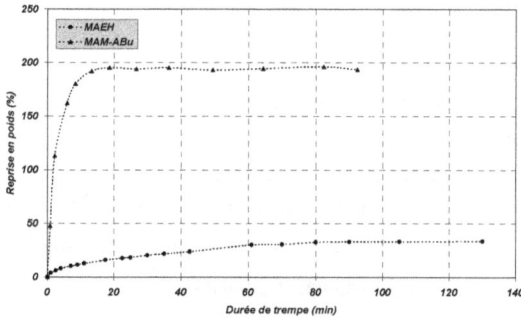

Figure VI.8 : *Comparaison du gonflement du polyMAEH et poly(MAM-co-ABu)*

On notera que la réponse viscoélastique du matériau est plus lente dans la mesure où le matériau marque facilement lors de sa manipulation avec les instruments de chirurgie. Il faut augmenter le taux d'agent réticulant afin de rigidifier un peu les lentilles. Il faut toutefois se limiter à 3-4% car la température de transition vitreuse des disques devient trop importante pour des taux d'EGDMA supérieurs à 5% et les disques ne sont même plus pliables ($T_g > 20°C$). Les résultats de stabilité dans le sérum sont eux aussi très encourageants puisque aucun blanchiment n'est apparu (v. tableau VI.4).

Durée de stabilité	Nature du matériau	Opacité	Commentaire
	MAEH (2%AIBN/ 0% uv-bloc)	0	98,5% conv/ S
	MAEH (2%AIBN/ 0,2% uv-b)	0	98,9% conv/ S
210 jours	MAEH (2%AIBN/ 2% uv-b)	0	98,6% conv/ S
	MAEH (2%AIBN/ 0% uv-b)	0	99,1% conv/ A
	MAEH (2%AIBN/ 0,2% uv-b)	0	98,9% conv/ A
	MAEH (2%AIBN/ 2% uv-b)	0	98,6% conv/ A

Tableau VI.4 : *Stabilité dans le sérum physiologique*

Le MAEH se photopolymérise dans les mêmes conditions que les copolymères MAM-ABu mais il reste tout de même à étudier plus en détail la copolymérisation du MAEH avec le TMABz. Un seul essai a été réalisé avec un MAEH-TMABz 70/30. La polymérisation thermique conventionnelle a été menée à 65°C pendant 16 heures puis à 110°C pendant 3 heures, mais la conversion apparente est limitée à 94%. L'influence du taux d'agent de réticulation n'influe pas sur la valeur d'angle de contact des surfaces puisque pour des taux d'EGDMA compris entre 2 et 50%, la valeur de l'angle de contact est comprise entre 79 et 83°, valeur similaire à celles trouvées pour les copolymères MAM-ABu.

VI.1.3 Conclusion

L'étude de l'opacification des matériaux en milieu aqueux nous a montré certaines limites de notre système :

⊗ Le nombre de paramètres expérimentaux à maîtriser pour éviter la reprise d'eau est élevé (taux d'UV-absorbeur et d'amorceur, paliers de température lors de la polymérisation, taux de réticulant, formulation pour avoir une Tg proche de l'ambiante...).

⊗ Les cinétiques de copolymérisation influencent beaucoup les propriétés finales du matériau. On ne peut empêcher la formation de chaînes à fort caractère acrylique ou méthacrylique dans le milieu. Les solutions sont soit de trouver un monomère éthylènique soufré qui s'incorpore mieux dans les chaînes (donc plus réactif), soit contrôler la polymérisation mais l'intervention d'agents de contrôle peut nuire à la biocompatibilité.

⊗ La présence de traces de thiols précurseurs utilisés pour la du TMABz est vraisemblablement responsable du transfert occasionnant la formation d'oligomères solubles et extractibles et par conséquent de la diminution de la conversion apparente. Il est donc nécessaire d'éliminer toutes les traces de thiol lors de la synthèse du méthacrylate soufré.

☺ L'élaboration du test à l'autoclave qui s'est faite pour résoudre un épiphénomène (opacification des disques soufrés), a débouché sur un test de « contrôle » qui peut être appliqué à tous les matériaux qui sont censés être implantés. L'étude de cette stabilité en milieu aqueux a également mené à l'hypothèse de la formation de microdomaines de structures différentes favorisant la diffusion de l'eau.

☺ Nous avons synthétisé un homopolymère de méthacrylate de 2-éthylhéxyle qui possède les mêmes propriétés que les copolymères MAM-ABu 40/60. Le principal avantage de cet homopolymérisation est de limiter le nombre de comonomères tout en maintenant le niveau des propriétés optiques et mécaniques. La cinétique de copolymérisation est alors grandement allégée si l'on souhaite incorporer un monomère soufré.

CONCLUSION GENERALE

Conclusion générale

<u>Conclusion</u>

Notre étude a porté sur la conception, l'élaboration et la caractérisation de copolymères acryliques et méthacryliques à fonctionnalité contrôlée et biocompatibles. Les principaux objectifs de notre recherche ont été de définir des nouveaux matériaux répondant au cahier de charges des implants intraoculaires ($Tg \sim T_{amb}$, transparence, viscoélasticité, $n^{20}_D \sim 1,48$) puis d'améliorer les propriétés optiques notamment par incorporation de monomères fonctionnels ($n^{20}_D > 1,50$). Dans une deuxième étape, nous avons tenté de greffer des ammoniums quaternaires pour ajouter une activité cytotoxique en surface aux matériaux. Enfin nous avons testé la biocompatibilité des matériaux lors d'implantations in vivo sur le lapin.

♣ Dans une première étape nous avons étudié les copolymères réticulés de méthacrylate de méthyle et d'acrylate de butyle (MAM-ABu). Pour cela, nous avons mis au point un système coque-moule en acier et en polypropylène afin d'injecter sous pression et de polymériser thermiquement le mélange de monomères par amorçage radicalaire classique (AIBN, PCCH). Nous avons aussi effectué des tests de photopolymérisation avec la DMPA et de fortes conversions apparentes (après extraction) ont été obtenues dans les deux cas (≥95%). Nous avons synthétisé des disques de polymère de 1 cm de diamètre et 1 mm d'épaisseur, transparents, puis nous avons identifié une composition pour laquelle les disques sont pliables et dépliables à température ambiante. Ces disques présentent un indice de réfraction voisin de 1,48, et possédent de bonnes propriétés de surface : *les copolymères MAM-ABu 40/60*.

♦ Dans une deuxième étape, nous avons fonctionnalisé les copolymères MAM-ABu par des ammoniums quaternaires pour obtenir une activité en surface des disques (hydrophilie superficielle, cytotoxicité). Cette fonctionnalisation a été réalisée soit par *incorporation dans la masse d'unités chlorométhylstyrène CMS qui ont été ensuite chimiquement modifiées soit par traitement direct des copolymères MAM-ABu par « voie sèche plasma »*.

1. L'incorporation d'unités CMS a été réalisée par copolymérisation en masse avec le MAM et l'ABu. Nous avons mesuré les rapports de réactivité pour les deux couples

de monomères : $r_{CMS/MAM}$=2,76 et $r_{MAM/CMS}$=0,33 d'une part et $r_{CMS/ABu}$=2,02 et $r_{ABu/CMS}$=0,24 d'autre part à 110°C. Les courbes de composition montrent que l'incorporation d'unités CMS est favorisée en début de polymérisation ce qui entraîne une variation de la composition des chaînes de MAM-ABu-CMS. Les disques restent transparents pour tous les taux de CMS incorporé mais deviennent très vite non pliables. L'incorporation d'unités CMS s'accompagne de l'augmentation de l'indice de réfraction des matériaux (>1,50). Les copolymères MAM-ABu-CMS ainsi synthétisés ont ensuite été greffés soit par greffage FROM par ouverture de cycle de la 2-méthyloxazoline (MeOXA), soit par greffage ONTO de molécules aminées (NEt$_3$, tBuNH$_2$, PEI$_{600}$…) :

✓ Greffage FROM : Bien que la formation des chaînes de poly-MeOXA en surface soit contrôlée (*DPn$_{th}$≈DPn$_{exp}$, amorçage complet des fonctions CH$_2$Cl*) et que l'incorporation de fonctions aminées soit importante (Δ_{masse}=15%), le greffage provoque un changement de morphologie de la surface (très certainement lié au fort caractère hydrophile des chaînes de poly-MeOXA) qui est rédhibitoire pour tester l'activité biologique des ammoniums quaternaires (obtenus simplement par hydrolyse). Constatant que le greffage FROM de 2-méthyloxazoline est une technique efficace (Δ_{masse} important), nous avons réalisé la synthèse des copolymères (MAM-ABu-CMS)-g-MeOXA en une seule étape réactionnelle à partir d'un mélange de comonomères MAM, ABu, CMS et MeOXA. Nous avons alors mis en évidence *la formation et le contrôle de ces chaînes ce qui représente le premier exemple de polymérisation radicalaire et cationique simultanée « ONE POT »*.

✓ Greffage ONTO : Nous avons essentiellement axé notre étude sur le greffage de chaînes de PEI$_{600}$ à la surface des disques de copolymère MAM-ABu-CMS, et nous avons montré que *plus le taux d'unités CMS est élevé et moins on greffe de PEI en surface*. Une représentation schématique du mode de greffage a été imaginée pour expliquer cette tendance : plus la concentration en unités CMS est élevée en surface et plus l'étalement des chaînes de PEI est favorisé, ce qui entraîne une baisse importante de la densité de fonctions CH$_2$Cl accessibles. En revanche, lorsque le taux d'unités est faible, un greffage en brosse est privilégié et l'accès aux fonctions est favorisé.

2. La technique précédente se faisant par « voie liquide », nous avons tenté de réaliser la modification grâce à un traitement par « voie sèche ». Cette technique nous évite d'avoir une étape de fonctionnalisation dans la masse des matériaux MAM-ABu. Le traitement retenu a été le traitement plasma NH_3 permettant de fonctionnaliser le matériau par des fonctions aminées (amines, amides, imines) quaternisables.

Nous avons mis en évidence un phénomène couramment observé lors des traitements plasma, la *dégradation de la surface*. Les mesures d'angle de contact et d'analyse élémentaire nous ont permis de situer ce phénomène aux alentours de 2,6 sec d'exposition au plasma. Pour des temps inférieurs, la fonctionnalisation par des fonctions aminées est importante, en revanche pour des temps supérieurs, on dégrade la surface et on perd peu à peu l'activité biologique inhérente.

Les tests in vitro réalisés pour déterminer l'effet des modifications chimiques sur l'adhésion des kératocytes ont révélé une diminution de la concentration surfacique des cellules dans certains des cas par rapport à un échantillon témoin (disque de copolymère MAM-ABu non traité). *Nous avons mis en évidence une diminution de l'adhésion cellulaire pour les échantillons ayant subi un traitement plasma NH_3 d'une durée inférieure à 2,6 secondes et pour les échantillons contenant moins de 40% en masse d'unités CMS et greffés par la PEI_{600}.* Il est très intéressant de voir que *les propriétés antiadhésives de ces échantillons sont aussi bonnes voire meilleures que celles obtenues avec les antibactériens communs (ammoniums et phosphoniums issus du greffage de NEt_3 et $P\phi_3$).*

♥ La troisième étape de notre étude a concerné la modification des copolymères MAM-ABu pour augmenter les propriétés optiques. L'objectif premier étant d'avoir un matériau d'indice de réfraction voisin de 1,55, nous avons cherché à copolymériser le MAM et l'ABu avec des monomères soufrés et phénylés. Quelques monomères ont été testés mais le plus prometteur s'est révélé le thiométhacrylate de benzyl (TMABz). Les rapports de réactivité ont été mesurés en masse à 110°C : $r_{TMABz/MAM}$=0,776 et $r_{MAM/TMABz}$=1,06 et $r_{TMABz/ABu}$=0,92 et $r_{ABu/TMABz}$=0,918. *Nous avons alors synthétisé des matériaux d'indice supérieur à 1,52 sans coloration, transparents, pliables et dépliables à température ambiante*. Certaines compositions ont même permis d'avoir un indice supérieur à 1,55 mais un jaunissement des implants est alors observé. *Le meilleur compromis entre les propriétés optiques et mécaniques a été trouvé pour les copolymères MAM-ABu-TMABz 20/60/20.*

♠ Nous avons ensuite implanté les copolymères MAM-ABu 40/60 et MAM-ABu-TMABz 20/60/20 sur le lapin. *Ces tests ont révélé la très bonne biocompatibilté des matériaux MAM-ABu* malgré des problèmes liés à la géométrie des implants et quelques dépôts protéïformes. En ce qui concerne la deuxième famille, nous avons usiné des implants sur le modèle d'implants commerciaux (97L de Morcher) et *aucune réaction inflammatoire n'a été observée*. En revanche, une opacification subite des « implants soufrés » lors de la 4ème semaine du suivi post-opératoire a été détectée. Nous avons alors mis en évidence une diffusion d'eau dans les implants que nous avons alors reliée à la conversion apparente du matériau. Cette conversion apparente exprime en effet la fraction d'oligomères solubles éliminés lors de l'étape de purification après polymérisation (extraction au soxhlet) et vraisemblablement responsables de la microhétérogénéité du matériau. Nous en avons déduit qu'une conversion apparente de 93% des copolymères MAM-ABu-TMABz était insuffisante et nous avons cherché à mieux maîtriser la méthode de synthèse pour les deux familles de copolymères afin d'élever la conversion apparente à 99% (paliers de température, concentration plus faible en amorceur). Cela a été possible pour les copolymères MAM-ABu mais la conversion reste toujours faible pour les copolymères soufrés (93%). Ces dernières observations nous ont conduites à mettre en place un test de prévention de l'opacification par traitement autoclave des matériaux et par l'étude de la stabilité en milieu physiologique.

★ Enfin, pour achever notre étude, nous avons testé la stabilité des homopolymères du méthacrylate de 2-éthylhéxyle (MAEH) qui se sont révélés très stables en sérum physiologique et une incorporation de TMABz à hauteur de 30% a pu être réalisée. Malheureusement, la conversion apparente retombe en-desssous à 95% pour ces copolymères et l'opacification intervient. Il semble que des réactions de transfert certainement induites par les monomères soufrés (résidus de synthèse ou décomposition) limitent la masse des oligomères et provoquent leur solubilité lors des étapes de purification.

L'ensemble de nos travaux a fait l'objet du dépôt d'un brevet et d'une publication :

« **Matériaux pour la réalisation de lentilles intraoculaires**", PCT 03 01993, **(2003)**
F. Rousset, B. Charleux, JP. Vairon, M. Sindt, JL. Mieloszynski, *Ioltech Laboratoires*

« **Cell antiadhesion activities of ammonium functionalized polymeric materials obtained by plasma treatment and by grafting reactions**", F.Rousset, B. Charleux, JP. Vairon, M. Tatoulian, F. Arefi-Khonsari, J. Amouroux, JM. Tixier, J.M. Legeais, *Advanced Materials for Biomedical Applications*, Canadian Institute of Mining, Metallurgy and Petroleum, Montreal, Québec, Canada, 377-392, **2002**

Perspectives

Les perspectives principales de ce travail concernent les copolymères (MAM-ABu-CMS)-g-MeOXA et MAM-ABu-TMABz. Il se dégage en effet une bonne biocompatibilité des matériaux MAM-ABu-TMABz, mais de fortes conversions apparentes ont besoin d'être atteintes pour éviter l'opacification des implants en milieu aqueux. L'utilisation d'un amorçage à plus basse température ou d'agents de réticulation multifonctionnels peut être testée. Il serait également souhaitable de disposer d'un monomère éthylènique soufré plus réactif s'incorporant dans les chaînes en début de polymérisation pour garantir les propriétés optiques et les fortes conversions apparentes.

En ce qui concerne les copolymères (MAM-ABu-CMS)-g-MeOXA synthétisés en « ONE POT », le contrôle de la polymérisation permettrait une homogénéité de composition des chaînes. De plus, l'idée de posséder d'un agent de contrôle en bout des chaînes (MAM-ABu-CMS)-g-MeOXA permettrait leur ancrage sur une surface.

Conclusion générale

Conclusion générale

PARTIE EXPERIMENTALE

1 Réactifs

Nom	Formule / abréviation	Masse Molaire (g/mol)	Commentaires
Monomères			
Méthacrylate de méthyle	MAM	100	Aldrich, 99%
Acrylate de butyle	ABu	128	Aldrich, 99%
Chlorométhylstyrène	CMS	152,5	Aldrich, 97%
Méthacrylate de 2-éthylhéxyle	MAEH	198	Atofina
Thiométhacrylate de benzyle	TMABz	192	LCO[a], LCM[b]
Méthacrylate de 2-thiophényléthyle	MA2TPE	222	LCO
2-Méthyloxazoline	2-MeOXA	85	Aldrich, 98%
Amorceurs, agents de réticulation, UV-absorbeur			
2,2'-azobisisobutyronitrile	AIBN	164	Fluka, 98%
Peroxyde de benzoyle	POB	242	Acros, 75%
Percarbonate de cyclohéxyle	PCCH	286	Essilor
Peroxyde de tertiobutyle	POtBu	146	Aldrich, 98%
N-diméthyle para-toluidine	DMPT	135	Aldrich, 99%
4-diméthyle aminopyridine	DMAP	122	Aldrich, 99%
N-diméthyle aniline	DMA	121	Aldrich, 99%
N-éthyle N-benzyle aniline	EBA	135	Acros, 95%
Pentaméthyle diéthylène triamine	PMDETA	173	Aldrich, 99%
Diméthoxyphényle acétophénone	DMPA	256	Aldrich, 99%
Ethylèneglycol diméthacrylate	EGDMA	198	Aldrich, 98%
Butanediol diméthacrylate	BDDMA	226	Aldrich, 98%
Héxanediol diméthacylate	HDDMA	254	Aldrich, 98%
Méthacrylate de 2-(3-(2H benzotriazol-2-yl)4-hydroxy phényl)éthyle)	BHPEMA	320	Aldrich, 99%
Réactifs entrant dans les synthèses et modifications chimiques			
Chlorure de méthacryloyle	CMAO	104,5	Aldrich, +98%
α-toluènethiol	-	124	Aldrich, 99%
Monométhyle éther de l'hydroquinone	EMHQ	124	Acros, 99%
Triphénylphosphine	$P\phi_3$	262	Aldrich, 99%
Triéthylamine	NEt_3	101	Aldrich, 99,5%
Iodométhane	CH_3I	142	Aldrich, 99,5%
Tertiobutylamine	$TBuNH_2$	73	Aldrich, 99,5%
	PEI_{600}	600 (Mw 800)	Aldrich, pure
Polyéthyléneimine branchée	PEI_{1800}	1800 (2000)	Aldrich, 50% eau
	PEI_{10000}	10000 (25000)	Aldrich, pure
Bleu de bromophénol	BBP	670	-
Hydrogénocarbonate de sodium	$NaHCO_3$	84	Aldrich, 99%
Chlorure de benzoyle	BzCl	140,5	Aldrich, 99%
Soude	NaOH	40	Prolabo, pure
Acide chlorhydrique	HCl	36,5	Prolabo, 35%
Sérum physiologique	Sérum φ	-	Bébisol

Solvants			
Acétone, méthanol (MeOH), dichlorométhane (DCM), diéthyléther (éther), diméthyle formamide (DMF)			Prolabo, technique
Toluène	-	106	Prolabo, analyse
Pipéridine	-	79	Aldrich, 99%
Chloroforme deutéré	CDCl$_3$	107,5	Eurisotop, >99,7%
Eau deutérée	D$_2$O	18	Eurisotop, >99,7%
Diméthylsulfoxyde deutéré	DMSO	84	Eurisotop, >99,7%

[a] LCO : Laboratoire de Chimie Organique de Metz, LCM : Laboratoire de Chimie Macromoléculaire

2   Techniques d'analyse

2.1   Analyses spectroscopiques

RMN^{1}H (Résonance magnétique nucléaire)

La résonance magnétique nucléaire est utilisée pour identifier la nature des groupements fonctionnels des molécules synthétisées (TMAMP, série ONE POT...), pour doser la proportion molaire dans les copolymères MAM-ABu-CMS, MAM-ABu-TMABz, ONE POT... Les analyses RMN du proton sont réalisées à température ambiante à partir de solution de 10 mg à 100 mg de matière dans 1 mL de solvant deutéré, et sont effectuées à l'aide d'un spectromètre haute résolution Brucker AC200 cadencé à 200 MHz.

HATR-FTIR (Horizontal Attenuated Total Reflexion- Fourier Transformation Infra-Red)

L'analyse infra-rouge par transmission ou par réflexion à température ambiante est utilisée pour caractériser les bandes de vibrations caractéristiques des groupements fonctionnels des matériaux réticulés. A partir de pastilles de KBr ou par contact direct de l'analyseur avec les disques de polymère, les analyses sont effectuées en premier lieu à l'aide d'un appareil Nicolet 605X puis d'un Avatar 320 ESP tous les deux à transformée de Fourier.

DSC (Differential Scanning Calorimetry) / ATD (Analyse thermique différentielle)

La calorimétrie différentielle à balayage est utilisée pour déterminer la température de transition vitreuse des polymères. Des échantillons de 10 mg sont analysés à l'aide d'un appareil Perkin-Elmer DSC7 puis à l'aide d'un DSC 2920

Modulated DSC de TA Instruments entre −100°C et +150°C suivant les échantillons à une vitesse moyenne de 20°C/min.

ES (Emission Spectroscopy)

L'analyse permet de relier les raies spectrales observées aux liaisons chimiques correspondantes. Cette analyse est réalisée dans la décharge plasma effectuée lors des traitements plasma et permet de détecter grâce à une fibre optique les espèces excitées présentes dans le gaz plasmagène. Elle est effectuée à l'aide d'un appareil Princeton Instruments (SpectraPro 500i) équipé d'une focale monochromatique de 500 mm. Le détecteur est un Acton, caméra rétro illuminée L'analyse est réalisée sur une largeur de bande de 300 à 500 nm.

XPS / ESCA / EDS (Spectroscopie de rayons X à sélection d'énergie)

Les analyses XPS et ESCA sont utilisées pour définir les niveaux d'énergie des électrons de surface expulsés des éléments sous rayonnement X, et ainsi caractériser et doser les groupements chimiques présents en surface de matériaux. Ces analyses sont effectuées au Laboratoire Itodys de l'université Paris VII à l'aide d'un système VG Scientific ESCALAB MK 1 interfacé à un Cybernetix Data Acquisition System. Une source polychromatique MgKα est générée à 200 W et les spectres sont calibrés sur la raie C_{1s} des liaisons C-C ou C-H à une énergie de 285 eV.

L'analyse EDS est utilisé pour doser les éléments en surface depuis le microscope électronique à balayage. Elle est réalisée depuis un spectromètre TRACOR-NORAN de type Voyager 1. Avec une diode silicium dopée lithium de type Exporer.

Les déconvolutions des spectres XPS sont réalisés à l'aide du logiciel WINSPEC du laboratoire Interdépartemental de Spectroscopie Electronique des facultés des sciences N.D. Paix de Namur.

2.2 Analyse chromatographique CES d'exclusion stérique

Cette technique permet de déterminer les masses molaires moyennes et leur distribution à l'aide d'une courbe de calibration établie à partir de standards de poystyrène. Les échantillons analysés ont toujours été précipités, filtrés et séchés avant d'être injectés en CES. Les échantillons de 10 mg sont dissous dans 1 mL le tétrahydrofuranne (THF) et 150 µL sont injectés à chaque analyse. L'éluant est le THF, avec un débit de 1 mL/min, dans des colonnes PL gel 10 µ (styrène/divinylbenzène) de 100, 500, 10^3 et 10^4 Å de 60cm chacunes. La détection s'effectue grâce à un réfractomètre différentiel Waters (RefractoMonitor IV LDC Analytical) et un détecteur UV (Waters 484, tunable Absorbance Dtector) à 254nm. Les données sont analysées grâce à un logiciel Baseline 810 de Waters.

2.3   Analyses optiques et d'imagerie

MEB (Microscopie électronique à balayage)

Le microscope électronique à balayage en électrons secondaires permet l'observation de la morphologie de surface (répartition et relief) avec une profondeur de champ beaucoup plus importante qu'en microscopie optique. Le microscope utilisé est un appareil S440 de LEICA avec filament au tungstène. Les échantillons sont recouverts préalablement d'une fine couche d'or pour obtenir la conduction des électrons. Les images peuvent être couplées à une détection EDS (v. précédemment).

Microscope optique

L'analyse au microscope optique est menée afin de visualiser les surfaces des disques synthétisés. L'appareil utilisé est un Leitz Laborlux 12 POL doté d'un système photographique WILD MPS 51S et 45 avec des grossissements allant de x100 à x1000. L'intérêt du microscope optique réside également en l'obtention de clichés des matériaux lorsque le microscope est couplé à un appareil photographique. De cette manière, la prise de clichés des gouttelettes d'eau dans la matrice pour les tests d'autoclave est possible. En jouant sur la focalisation, l'analyse permet de visualiser les défauts de structure d'une face à l'autre des disques transparents.

Réfractométrie d'Abbe

Cette technique permet à l'aide d'un réfractomètre d'Abbe de marque Zeiss de mesurer l'indice de réfraction des matériaux par différence d'indice. Cette technique est utilisée pour déterminer les valeurs des indices de réfraction de tous les polymères synthétisés et notamment les copolymères MAM-ABu-CMS, MAM-ABu-MA2TPE et MAM-ABu-TMABz.

Goniométrie

Cette technique est utilisée pour déterminer les angles de contact que forment les gouttes de liquide (4µL) sur une surface. Cette méthode permet depuis un banc optique muni d'un goniomètre de déterminer les caractères hydrophile et hydrophobe des surface. Un système automatique d'imagerie[5] mesure à 3° de précision les valeurs des angles de contact.

2.4   Dosage par dérivatisation

Cette technique est basée sur le dosage en retour de molécules spécifiques. Cette analyse est effectuée sur nos disques pour doser les fonctions aminées en surface des matériaux greffés. Elle repose sur le greffage spécifique de marqueur colorimétrique (bleu de bromophénol BBP) et sur la remise en solution de ces marqueurs par analyse UV.

Une solution à 10mg/mL de BBP dans le DMF est préparée puis 500µL de cette solution sont dilués dans 50 mL de DMF. Les disques sont trempés dans cette solution pendant 2 à 5 minutes et rincés à l'éthanol. Le BBP forme un complexe avec les groupements aminés[6] stable à l'éthanol. Cette formation du complexe peut être inversée par immersion dans une solution à 20% de pypéridine dans le DMF. La densité optique de la solution éluante est alors mesurée à 605 nm et est utilisée pour quantifier les groupements aminés grâce à la loi de Beer-Lambert : $Cs_{NH2}\left[\dfrac{fct°}{nm^2}\right] = \dfrac{OD_{605} \times V \times N_a}{\varepsilon_{605} \times A \times d}$ où

Cs_{NH2} est la concentration surfacique (fct°/nm^2) en fonctions aminées, ε_{605} est le coefficient d'extinction molaire du BBP (91800 l.mol^{-1}.cm^{-1}), N_a le nombre d'Avogadro (6,022.10^{23}), V le volume de solution de pypéridine en L, A l'aire du disque en cm^2, et d la longueur de la cuve en cm.

---

[5] P. Montazer-Rahmani, F. Arefi, R. Borrin, A. Delacroix et J. Amouroux, *Bull. Soc. Chim. Fr.*, 5 : 81, **1988**

[6] V. Krchnak, J. Vagner et M. Lebl, *Int. J. Pepetide Protein Res.*, 32 : 415, **1988**

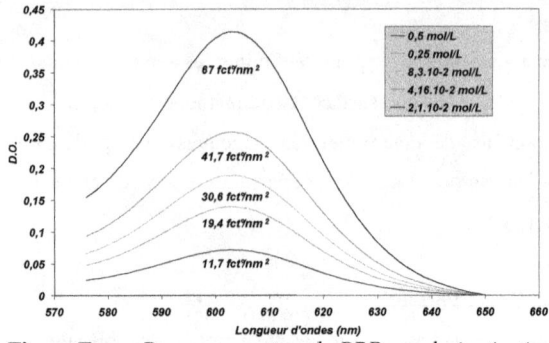

Figure Exp. : *Dosage en retour du BBP par derivatisation*

Partie expérimentale

GLOSSAIRE

Glossaire

Capsulorhexis : Découpe circulaire et continue de la capsule cristallinienne (habituellement antérieure) réalisant une capsulo-section circonférentielle régulière pour constituer , stricto sensu, une capsulo-circum-scission telle que l'on décrite Gimbel et Neuhann.

Cataracte : Historiquement par analogie avec la "chute d'eau" ou la "porte qui s'abat, désigne l'opacification du cristallin , partielle ou diffuse, conduisant à une baisse de la fonction visuelle, principalement de l'acuité visuelle. Une opacité isolée du cristallin sans trouble de la vision ne constitue traditionnellement pas une cataracte.

Cataracte secondaire : Opacification postopératoire inhérente à des opacités constituées secondairement. Il peut s'agir aussi bien d'une fibrose de la capsule postérieure, consécutive à la métaplasie des cellules épithéliales situées exclusivement sur la capsule antérieure que de reliquats cristalliniens surtout capsulaires et épithéliaux. Si les progrès des techniques chirurgicales rendent ceux-ci plus rares, il est classique d'en décrire différents aspects : anneau ou bourrelet de Soemmering, les lentoïdes flottant dans ***l'humeur aqueuse*** et les perles ou corps d'Elsching.

Cellules géantes : Les cellules géantes sont des macrophages multinucléés. Les cellules géantes peuvent se retrouver dans des lésions inflammatoires chroniques.

Choroïde : Cette membrane est séparée de la ***sclère*** (ou blanc de l'œil) par un espace appelé supra-choroïde, et de la ***rétine*** par ***l'épithélium*** pigmentaire. La choroïde est formée d'un réseau de vaisseaux sanguins (artères et veines) dont le rôle est de nourrir la rétine. La vascularisation artérielle de la choroïde se fait par l'intermédiaire de l'artère ophtalmique et plus précisément par les artères ciliaires.

Cornée : La cornée est la partie transparente de la conjonctive située en avant de ***l'iris*** (cercle coloré habituellement en marron, vert, bleu situé en avant du globe oculaire). La greffe de cornée consiste à transplanter chirurgicalement un morceau de cornée provenant d'un patient décédé ou plus rarement du patient lui-même. ***Corps ciliaire*** : Le corps ciliaire est représenté par un épaississement de ***l'uvée*** situé en couronne derrière ***l'iris*** . C'est une série d'environ 80 fins processus radiaires contenant des fibres musculaires lisses et des vaisseaux sanguins.

Epithélium : Ensemble de cellules (tissu) recouvrant la surface externe et les cavités internes de l'organisme. Vers l'extérieur, il s'agit de la peau et des muqueuses (couche de cellules recouvrant l'intérieur des organes creux) des orifices naturels. Vers l'intérieur, ce sont les cavités du cœur, du tube digestif, etc… L'épithélium constitue également les glandes.

Fibroblastes : Cellules en forme de fusée, issues des cellules conjonctives (tissu de remplissage et de soutien rencontré fréquemment dans l'organisme et contenant des fibres élastiques et du collagène). Ces cellules ont la caractéristique d'être en voie de prolifération, de multiplication. Les fibrocytes sont les mêmes cellules arrivées à maturité.

Fibronectine : La fibronectine joue un rôle dans la cicatrisation, la phagocytose et la coagulation, et dans la matrice cellulaire où elle constitue des fibrilles. A la périphérie de la membrane, cette molécule dimère assure la cohésion des cellules avec la matrice. Elle existe dans tous les types de membranes cellulaires. La fibronectine possède des points d'ancrage avec la membrane plasmique et les éléments de la matrice. Elle a un rôle important dans l'adhésion de la cellule sur le substrat.

Glaucome : Pathologie du globe oculaire qui se caractérise par une augmentation de la pression à l'intérieur de l'œil, susceptible d'entraîner une lésion du nerf optique à son origine (sur la rétine).

Humeur aqueuse : Liquide de l'œil de nature physiologique (eau salée dont la concentration est égale à celle du sang) se trouvant dans la chambre antérieure de l'œil et servant à réguler la pression à l'intérieur de celui-ci, ainsi qu'à nourrir les structures de l'œil en permettant l'élimination des déchets. L'humeur aqueuse est située entre la *cornée* et le cristallin. Ce liquide est fabriqué par le corps ciliaire situé autour et en arrière de *l'iris*. L'humeur aqueuse circule entre *l'iris* et le *cristallin*. Elle pénètre dans la chambre antérieure de l'œil en passant par la pupille et finit par s'évacuer par l'intermédiaire de l'angle iricornéen (entre l'iris et la cornée). Elle finit son élimination par le canal de Schlemm puis dans les veines se trouvant à la surface de la sclérotique.

Hypermétropie : Un œil hypermétrope est un œil qui a une défaillance visuelle provoquant une vision brouillée en vision de près. Cette hypermétropie peut venir de deux facteurs. Une malformation du cristallin, qui de part sa forme trop plate, n'est pas assez convergent ou un œil trop court.

Hyphéma : Il s'agit d'un épanchement de sang dans la chambre antérieure de l'œil (entre la *cornée* et *l'iris*). Le plus souvent il est d'origine traumatique mais il peut parfois être du à une tumeur, à un glaucome néovasculaire ou être postchirurgical.

Iris : L'iris est la membrane circulaire servant de diaphragme vertical de l'œil, séparant la chambre antérieure et la chambre postérieure (qui va jusqu'au *cristallin*). En son centre se trouve l'orifice de la pupille qui, grâce à son muscle sphinctérien, contrôle la quantité de lumière entrant dans l'œil par la fermeture l'ouverture de la pupille.

Kératoplastie transfixiante : Elle consiste à remplacer un disque de <u>cornée</u> malade par un disque de même taille prélevé sur un œil de cadavre. Il s'agit d'une véritable greffe avec tous les problèmes immunologiques que cela comporte.

Macrophage : Cellules larges, mononucléaires et très actives qui deviennent mobiles lorsque survient une inflammation. Elles contribuent à la production d'anti-corps. Grande cellule ayant la propriété d'absorber et de détruire de grosses particules comme une cellule abîmée ou âgée, mais aussi des éléments étrangers (bactéries, virus, champignons, etc.) par un procédé appelé phagocytose.

Myopie : La myopie est le trouble de la réfraction le plus fréquemment retrouvé. Elle est caractérisée par un œil trop long dont la conséquence est la formation de l'image en avant du plan de la rétine. La vision de loin est donc floue tandis que celle de près est nette.

Œdème maculaire cystoïde : L'oedème maculaire cystoïde (OMC) est une affection rétinienne assez fréquente, et qui entraîne une baisse de la vision. En fonction de son étiologie, on assistera à une disparition de cet œdème ou bien, au contraire, à une persistance des lésions. L'OMC correspond à la formation de cavités (logettes) au sein de la couche rétinienne plexiforme externe (couche des fibres de Henlé), et/ou dans la couche granuleuse interne. Ces logettes sont disposées en rayon de roue, avec parfois une logette centrale. Sa fréquence a tout de même diminué depuis les progrès de la chirurgie de la cataracte, grâce à la phacoémulsification et aux traitements pré-opératoires.

Ostéoblastes : L'ostéoblaste est une cellule d'origine mésenchymateuse, caractérisée par un cortège de marqueurs, dont l'ostéocalcine, qui est spécifique de l'ostéoblaste mature. La différenciation ostéoblastique est sous le contrôle de nombreux facteurs tant hormonaux que de type cytokines. Des facteurs de transcription tels que AP-1, MSX, DLX contrôlent en partie la prolifération, la différenciation et/ou la fonction de ces cellules. Le facteur CBFA1 joue un rôle essentiel pour la formation et l'activité des ostéoblastes puisque son inactivation génique conduit à une absence totale d'ostéoblastes et de matrice osseuse.

Ostéclastes : Terme utilisé par Kölliker pour désigner les grandes cellules de la moelle osseuse.

Phakoémulsification : Technique d'émulsification du contenu d'un cristallin cataracté, en l'occurrence des masses situées à l'intérieur de sa capsule (cortex et noyau), et conçue en 1967 par C.Kelman.

Rétine : La rétine est la membrane nerveuse tapissant le fond de l'oeil , c'est une couche neurosensorielle , directement en rapport avec le corps *vitré* . Elle est d'environ 0,25 mm d'épaisseur et de surface à peu près égale à celle d'un petit timbre-poste dans laquelle se trouvent plus de 130 millions de cellules nerveuses . C'est elle qui transforme les rayons lumineux en influx nerveux .

Sclère : Enveloppe dure et très résistante recouvrant l'œil sur presque toute sa surface, de coloration blanche, se prolongeant par la *cornée* (transparente) en avant et par une petite ouverture postérieure (en arrière) laissant le passage au nerf optique.

Zonules : Le cristallin est suspendu par des fibres appelées les zonules qui le rattachent au muscle ciliaire (responsable de l'accommodation).

Uvéite : *rétine*, vascularisée et permettant de nourrir l'œil, comprenant *l'iris*, le *corps ciliaire* (élément anatomique auquel sont reliés les ligaments retenant le cristallin), et la *choroïde*.

L'uvéite est l'inflammation de cette membrane, associée ou pas à une inflammation du nerf optique (névrite optique) ou à une rétinite (inflammation de la rétine).

Vitré : Substance de consistance gélatineuse, de coloration blanchâtre, remplissant la partie arrière du cristallin (bulbe de l'œil) et l'avant de la *rétine*.

REFERENCES

Références

[1] H. Saraux, C. Clemasson et al., *Anatomie et histologie de l'œil*, Masson, **1982**
[2] D.J. Apple, D. Kerry et al., *Survey of ophthalmology*, 37 : 2, **1992**
[3] D. Grenier, *Anatomie de l'œil*, Centre universitaire des Appalaches, **2000**
[4] Hors série n°216, *L'œil et la vision*, Sciences et Vie, **2001**
[5] J. Koretz et G. Handelman, *Pour la science*, 131 : 22, **1988**
[6] M.A. Mainster, *Am. J. Ophthalmol.*, 102 : 727, **1986**
[7] Z. Aissaoui, *thèse de doctorat*, Université Paris VI, **1997**
[8] C.D. Kelman, *Am. J. Ophthalmol.*, 64 : 23, **1967**
[9] T Oshika, K. Yoshimura et N. Miyata, *J. Cataract Refract. Surgery*, 18 : 356, **1992**
[10] Dossier spécial, *L'œil*, Figaro Magazine, **2000**
[11] H. Ridley, *Trans. Ophthalmol. Soc.*, 71 : 617, **1951**
[12] D.J. Apple, N. Mamalis, K. Loftfield, J.M. Googe, L.C. Novak, D. Kavaka-Van Norman, S.E. Brandy et R.J. Olson, *Surv. Ophthalmol.*, 29 : 1, **1984**
[13] C.D. Binkhorst, *Br. J. Ophthalmol.*, 51 : 767 , **1967**
[14] J. Rousseau et J. Vecchio, *Réalisation d'un prototype d'implant intraoculaire*, ENSMM Besançon, June **1993**
[15] Haptibag angulé, *Implants en Acrylique Hydrophile*, Ioletch
[16] ICP à anses rapportées, *Réflexions Ophtalmologiques*, 4(34) : 6, **2000**
[17] J.M.G. Cowie et S. Miachon, *Macromolecules*, 25 : 3295, **1992**
[18] H.G. Elias, *Macromolecules : Synthesis, Materials and Technology*, Plenum press, NY, 2 : 926, **1984**
[19] G. Champetier et L. Monnerie, *Introduction à la chimie macromoléculaire*, Masson, Paris, 505, **1969**
[20] A. Bronner, G. Baïkoff, J. Charleux, J. Flament, J.P. Gerhard et J.F. Risse, *La correction de l'aphakie*, Masson, Paris, 287, **1983**
[21] T.R Mazzocco, *Trans. Ophthalmol. Soc. UK*, 104 : 578, **1985**
[22] T. Oshika, K. Yoshimura et N. Miyata, *J. Cataract Refract. Surgery*, 18 : 356, **1992**
[23] AA-4203VF et AQ-1016V, *Implants Intraoculaires Staar*, Staar Surgical
[24] J.E. Francese, L. Pham et F.R. Christ, *J. Cataract Refract. Surgery*, 18 : 402, **1992**
[25] M.C. Knorz, A. Lang, T.C. Hsia, B. Porpel, V. Seiberth et H. Liesenhoff, *J. Cataract Refract. Surgery*, 19 : 766, **1993**
[26] D.J. Apple, N. Mamalis, R.J. Olson et M.C. Kincaid, *Intraocular lenses : evolution designs, complications and pathology.*, Williams & Williams, Baltimore, 429, **1989**
[27] O. Omar, N. Mamalis, J. Veiga, M. Tamura et R.J. Olson, *Ophthalmology*, 103 : 1124, **1996**
[28] D.G. Brady, J.E. Giamporcaro et R.F Steinert, *J. Cataract Refract. Surgery*, 20 : 310, **1994**
[29] A.T. Milauskas, *Arch. Ophthalmol.*, 109 : 627, **1991**
[30] P.M. Knight, *J. Cataract Refract. Surgery*, 18 : 456, **1992**
[31] R.B.S Packard, A. Garner et E.J. Arnott, *BR. J. Ophthalmol.*, 65 : 585, **1981**
[32] G.D. Barrett, I.J. Constable et A.D. Stewart, *J. Cataract Refract. Surgery*, 12 : 623, **1986**
[33] M. Dreifus et O. Wichterlé, *Cesk Oftal.*, 3, **1964**
[34] P. Percival, J. Cataract Refract. Surgery, 13 : 627, **1987**
[35] R. Menapace, Ch. Skorpik, M. Juchem et al., *J. Cataract Refract. Surgery*, 15 : 510, **1989**
[36] S.P. Percival et A.J. Jafree, *Eye*, 8 : 672, **1994**
[37] P.J.M. Bucher, E.R. Büchi et B.C. Daicker, *Arch. Ophthalmol.*, 113 : 1431, **1995**
[38] T.V. Chirila, S. Vijayasekaran, I.J. Constable et J. Ben-Hun, *J. Biomed. App.*, 9 : 262, **1995**
[39] American National Standard for Intraocular Lenses, *ANSI Z80.7*, **1992**
[40] F.R Christ, S.Y. Buchen, J. Deacon et al., *Encyclopedic Handbook of Biomaterials and Bioengineering. Part B. : Applications*, Marcel Dekker, New York, 2 : 1261, **1995**
[41] R.L. Lindstrom, *Foldable Intraocular Lenses. Cataract Surgery : Technique, Complications & Management*, WB Saunders, Philadelphia, 279, **1995**
[42] D.K. Dhaliwal, N. Mamalis, R.J. Olson, A.S. Crandall, P. Zimmerman, O.C. Alldredge, F.J. Durcan et O. Omar, *J. Cataract Refract. Surgery*, 22 : 452, **1996**
[43] International Standard, *ISO/FDIS 11979-5*, **1999**
[44] M.G. Odrich, S.J. Hall, B.V. Worgul, S.L. Trokel et F.J. Rini, *Ophthalmic Res.*, 17 : 75, **1985**
[45] C.D Binkhorst et M.H. Gobin, *Ophthalmologica*, 148 : 169, **1964**
[46] M.C. Kraff, D.R. Sanders et H.L. Lieberman, *Ophthalmic Surg.*, 10 : 46, **1979**
[47] A.T. Milauskas, *Arch. Ophthalmol.*, 109 : 627, **1991**

[48] P.M. Knight in reply to R.H. Watt, *Arch. Ophthalmol.*, 110 : 319, **1992**
[49] H. Bauser et H. Chmiel, *Polymer in Medicine : Biomedical and Pharmacological Applications*, Plenum Press, New York, 297, **1983**
[50] S. Janssen, *Bull. Soc. Belge Ophtalmol.*, 245 : 103, **1992**
[51] M. Vert, P. Christel, T. Chabot et L. Leray, *Macromolecular Biomaterials*, CRC Press, Boca Raton, 120, **1984**
[52] S. Dumitriu et D. Dumitriu, *Polymeric Biomaterials*, Dekker, New York, 101, **1994**
[53] J.M. Anderson et K.M. Miller, *Biomaterials*, 5 : 5, **1984**
[54] N.P. Ziats, K.M. Miller et J.M. Anderson, *Biomaterials*, 9 : 5, **1988**
[55] B.J. Mondino, S. Nagata et M.M. Glovsky, *Invest. Ophthalmol. Vis. Sci.*, 26 : 905, **1985**
[56] S.A Obstbaum, J. Cataract Refract. Surgery, 18 : 219, **1992**
[57] K.L. Spilizewski, R.E. Marchant, J.M. Anderson et A. Hiltner, *Biomaterials*, 8 : 12, **1987**
[58] H.H. Kochounian, S.A Kovaks, D.E Grubbs et W.A. Maxwell, *Arch. Ophthalmol.*, 112 : 395, **1994**
[59] S. Dumitriu et D. Dumitriu, *Polymeric Biomaterials*, Marcel Dekker, NY, **1994**
[60] J.R. Wolter, *Ophthalmology*, 92 : 135, **1985**
[61] K.M. Yamada et K. Olden, *Nature*, 275 : 179, **1987**
[62] W. Boyd, R.L. Peiffer, G. Siegal et D.E Eifrig, *J. Cataract Refract. Surgery*, 18 : 180, **1992**
[63] S. Saika, S. Kobata, O. Yamanaka, A. Yamanaka, K. Okubo, T. Oka, M. Hosomi, Y. Kano, S. Ohmi, S. Uenoyama, M. Tamura, R. Kanagawa et K. Uenoyama, *Graefe's Arch. Clin. Exp. Ophthalmol.*, 231 : 718, **1993**
[64] S. Saika, S. Uenoyama, R. Kanagawa, M. Tamura et K. Uenoyama, *Japan. J. Ophthalmol.*, 36 : 184, **1992**
[65] S. Saika, S. Ohmi, R. Kanagawa, S. Tanaka, Y. Ohnishi, A. Ooshima et A. Yamanaka, *J. Cataract Refract. Surgery*, 22 : 835, **1996**
[66] D.J. Apple, N. Mamalis, K. Loftfield, J.M. Googe, L.C. Novak, D. Kavka-Van Norman, S.E. Brady et R.J. Olson, *Surv. Ophthalmol.*, 29 : 1, **1984**
[67] W.M. Bourne et H.E. Kaufman, *Am. J. Ophthalmol.*, 97 : 32, **1984**
[68] D.Y. Kwok et A.W. Neumann, *Colloids and Surfaces A : Physicochem. Eng. Aspects*, 161 : 31, **2000**
[69] C.M. Cunanan, N.M. Tarbaux et P.M. Knight, *J. Cataract Refract. Surgery*, 17 : 767, **1991**
[70] D.R. Absolom, C. Thomson, L.A. Hawthorn, W. Zingg et A.W. Neumann, *J. Biomed. Mater. Res.*, 22 : 215, **1988**
[71] Y. Tamada et Y. Ikada, *J. Biomed. Mater. Res.*, 28 : 783, **1994**
[72] S. Reich, M. Levy, A. Meshorer, M. Blumenthal, M. Yalon, J.W. Sheets et E.P. Goldberg, *J. Biomed. Mater. Res.*, 18 : 737, **1984**
[73] T.J. Liesegang, W. M. Bourne et D.M. Ilstrup, *Am. J. Ophthalmol.*, 97 : 32, **1984**
[74] W.J. Power, D. Neylan et L.M.T. Collum, *J. Cataract Refract. Surgery*, 20 : 440, **1994**
[75] P. Cortina, M.J. Gomez-Lechon, A. Navea et J.L. Menezo, *J. Cataract Refract. Surgery*, 21 : 112, **1995**
[76] L.M. Cobo, E. Ohsawa, D. Chandler, R. Arguello et G. George, *Ophthalmology*, 91 : 857, **1984**
[77] T.R. Mazzocco, *Trans. Ophthalmol. Soc. UK*, 104 : 578, **1985**
[78] B.J. Mondino, G.M. Rajacich et H. Summer, *Arch. Ophthalmol.*, 105 : 989, **1987**
[79] R. Menapace, M. Juchem, C. Skorpik et W. Kulnig, *J. Cataract Refract. Surgery*, 13 : 630, **1987**
[80] W. Kulnig, R. Menapace, C. Skorpik et M. Julchem, *J. Cataract Refract. Surgery*, 15 : 510, **1989**
[81] K. Okada, M. Funahashi, K. Iseki et Y. Ishii, *J. Cataract Refract. Surgery*, 19 : 431, **1993**
[82] J.A. Fogle, J.E. Blaydes, K.J. Fritz, S.H. Blaydes, T.R Mazzocco, R.L. Peiffer, C. Cook et E. Wright, *J. Cataract Refract. Surgery*, 12 : 281, **1986**
[83] S.Y. Buchen, S.C. Richards, K.D. Salomon, D.J. Apple, P.M. Knight, R. Christ, L.T. Pham, D.L. Nelson, H.M. Clayman et L.G. Karpinski, *J. Cataract Refract. Surgery*, 15 : 545, **1989**
[84] A. Cusumano, M. Busin et M. Spitznas, *Arch. Ophthalmol.*, 112 : 1015, **1994**
[85] C. Auer et M. Gonvers, *Klin. Monatsbl. Augenheilkd*, 206 : 293, **1995**
[86] R. Menapace, P. Papapanos, U. Radax et M. Amon, *J. Cataract Refract. Surgery*, 20 : 432, **1994**
[87] J.H. Levy, A.M. Pisacano et R.D Anello, *J. Cataract Refract. Surgery*, 16 : 563, **1990**
[88] E.W.M. Ng, G.D. Barrett et R. Bowman, *J. Cataract Refract. Surgery*, 22 : 1331, **1996**
[89] A.H. Hogt, J. Dankert et J. Feijen, *J. Biomed. Mater. Res.*, 20 : 533, **1986**
[90] R.C. Humphry, S.P. Ball, J.E. Brammall, S.J. Conn et W.J.C.C. Rich, *Eye*, 5 : 66, **1991**
[91] P. Versura et R. Caramazza, *J. Cataract Refract. Surgery*, 18 : 58, **1992**
[92] M. Amon et R. Menapace, *J. Cataract Refract. Surgery*, 17 : 774, **1991**

[93] S.O. Hansen, K.D. Salomon, T. McKnight, T.H. Wilbrandt, T.D. Gwin, D.J.C. O'Morchoe, M.R. Tetz et D.J. Apple, *J. Cataract Refract. Surgery*, 14 : 605, **1988**

[94] Implants acryliques bioprofilés, *Pour la chirurgie*, Chauvin-Opsia SA

[95] T. Nagamoto et E. Hara, *J. Cataract. Refract. Surgery*, 22 : 841, **1996**

[96] J. Kruger, J. Schauersberger, C. Abela, G. Schild et M. Amon, *J. Cataract Refract. Surgery*, 26 : 566, **2000**

[97] A.A. Yakolev et M.M. Leukevitch, *Vestn. Oftal.*, 79 : 40, **1966**

[98] Y.F. Maichuk, *Invest. Ophthalmol. Vis. Sci.*, 14 : 87, **1975**

[99] I.M. Katz et W.M. Blackman, *Am. J. Ophthalmol.*, 83(5) : 728, **1977**

[100] S.E. Bloomfield, T. Miyata, M.W. Dunn, N. Bueser, K.H. Stenzel et A. Rubin, *Arch. Ophthalmol.*, 95 : 885, **1978**

[101] J.A. Kelly, P.D. Molyneux, S.A. Smith et S.E. Smith, *Brit. J. Ophthalmol.*, 73 : 360, **1989**

[102] S.J. Douglas, L. Illum, S.S Davis et J. Kreuter, *J. Colloid Interface Sci.*, 101 : 149, **1984**

[103] W.R. Vezin et A.T. Florence, *J. Biomed. Mater. Res.*, 14 : 83, **1980**

[104] S.J. Douglas, L. Illum et S.S. Davis, *J. Colloid Interface Sci.*, 103(1) : 154, **1985**

[105] P. Couvreur, V. Lenaerts, D. Leigh, P. Guiot et M. Roland, *Microspheres and Drug Therapy*, Elsevier, Amsterdam, 103 : **1984**

[106] V.H.K. Li, R.W. Wood, J. Kreuter, T. Hannia et J.R. Robinson, *J. Microencaps.*, 3(3) : 213, **1986**

[107] P. Couvreur, B. Kant, M. Roland, P. Guiot, P. Baudouin et P. Speiser, *Int. J. Pharm. Pharmacol.*, 31 : 331, **1979**

[108] P. Fitzgerald, J. Hadgraft, J. Kreuter et C.G. Wilson, *Int. J. Pharmacokinet.*, 40 : 81, **1987**

[109] K. Edsman, C. Gölander et K. Wickström, *brevet d'invention*, WO 96/34629, Pharmacia AB, **1996**

[110] I. Drubaix, J.M. Legeais, N. Malek-Chehire, M. Savoldelli, M. Menasche, L. Robert, G. Renard et Y. Pouliquen, *Exp. Eye Res.*, 62 : 367, **1996**

[111] K.J. Zhu, S. Bihai et Y. Shilin, *J. Polym. Sci., Part A : Polym. Chem.*, 27 : 2151, **1989**

[112] J.M. Anderson, K.L. Spilizewski et A. Hiltner, *Biocompatibility ans Tissue Analogues*, CRC Press, Boca Raton, 67 : **1985**

[113] K.W. Leong, *Polymer for Controlled Drug Delivery*, CRC Press, Boca Raton, Chap.7, **1989**

[114] H.R. Allcock, T.J. Fuller, D.P. Mack, K. Matsumara et K.M. Smeltz, , *Macromolecules*, 13 : 1388, **1980**

[115] S. Milazzo, M.F. Sigot-Luizard, M. Borhan, G. Montefiore, P. Turut et H. Saraux, *J. Cataract Refract. Surgery*, 20 : 638, **1994**

[116] P.J. Mc Donnel, W. Krause et B.M. Glaser, *Ophthalmic Surg.*, 19 : 25, **1988**

[117] J.M. Ruitz, M. Medrano et J.L. Alio, *Ophthalmic Res.*, 22 : 201, **1990**

[118] P. Masson, W. Rolfsen et K. Wickström, *brevet d'invention*, WO94/25020, Pharmacia AB, **1994**

[119] B. Lindqvist, P. Mansson et T. Mälson, *brevet d'invention*, WO94/16648, Pharmacia AB, **1994**

[120] A.S.G. Curtis, J.F.V. Forrest et P. Clark, *J. Cell Sci.*, 86 : 9, **1983**

[121] G. Greenberg et E.D Hay, *Dev. Biol.*, 115 : 363, **1986**

[122] S. Sterling et T. Woods, *J. Cataract Refract. Surgery*, 12 : 655, **1986**

[123] T. Hanssen, N. Otlamd et L. Corydon, *J. Cataract Refract. Surgery*, 14 : 383, **1988**

[124] H. Ichijima, H. Kobayashi et Y. Ikada, *J. Cataract Refract. Surgery*, 18 : 395, **1992**

[125] T. Nagata, A. Minakata et I. Watanabe, *J. Cataract Refract. Surgery*, 24 : 367, **1998**

[126] O. Larm, R. Larsson et P. Olsson, *Biomed. Med. Dev. Art. Org.*, 11 : 161, **1983**

[127] R. Larsson, G. Selen, H. Björklund et P. Fagerhalm, *Biomaterials*, 10 : 511, **1989**

[128] R. Larsson, G. Selen, B. Formgren et A. Holst, *J. Cataract Refract. Surgery*, 18 : 247, **1992**

[129] B. Philipson, P. Fagerholm, B. Calel et A. Grunge, *J. Cataract Refract. Surgery*, 18 : 73, **1992**

[130] M. Pekna, R. Larsson, B. Formgren, U.R. Nilsson et B. Nilsson, *Biomaterials*, 14 : 189, **1993**

[131] P. Versura et R. Caramazza, *J. Cataract Refract. Surgery*, 18 : 58, **1992**

[132] W.J. Power, D. Neylan et L.M.T. Collum, *J. Cataract Refract. Surgery*, 20 : 440, **1994**

[133] P. Cortina, M.J. Gomez-Lechon, A. Navea et J.L. Menezo, *J. Cataract Refract. Surgery*, 21 : 112, **1995**

[134] C.R. Arciola, R. Caramazza et A. Pizzoferrato, *J. Cataract Refract. Surgery*, 20 : 158, **1994**

[135] M. Portoles, M.F. Refojo et F.L. Leong, *J. Cataract Refract. Surgery*, 19 : 755, **1993**

[136] M. Borgioli, D.J. Coster, R.F.T Fan, J. Henderson, K.W. Jacobi, G.R. Kirkby, Y.K. Lai, J.L. Menezo, M. Montard, J. Strobel et J. Wollensak, *Ophthalmology*, 99 : 1248, **1992**

[137] S.M. Shah et D.J. Spalton, *J. Cataract Refract. Surgery*, 21 : 579, **1995**

[138] M. Amon et R. Menapace, *J. Cataract Refract. Surgery*, 19 : 258, **1993**

[139] C. Zetterström, *J. Cataract Refract. Surgery*, 19 : 344, **1993**

[140] S.P.B. Percival et V. Pai, *J. Cataract Refract. Surgery*, 19 : 760, **1993**

[141] C.L. Lin, G. Shieh, J.C. Chou et J.H. Liu, *J. Cataract Refract. Surgery*, 20 : 550, **1994**

[142] B. Dick, K.W. Jacobi et T. Kohnen, *Klin. Monatsbl. Augenheilkd.*, 206 : 460, **1995**

[143] A. Gupta et R.L. Van Osdel, *brevet d'invention*, US 4 655 770, Ioptex, **1987**

[144] H.D. Baleyat, R.E. Nordquist, M.P. Lerner et A. Gupta, *J. Cataract Refract. Surgery*, 15 : 491, **1989**

[145] D.D Koch, S.W. Samuelson et V. Dimonie, *J. Cataract Refract. Surgery*, 17 : 131, **1991**

[146] H.H. Kochounian, W.A. Maxwell et A. Gupta, *J. Cataract Refract. Surgery*, 17 : 139, **1991**

[147] S. Umezawa et K. Shimizu, *J. Cataract Refract. Surgery*, 19 : 371, **1993**

[148] A. Hoffman, A. Patel et G. Llanos, *brevet d'invention*, WO95/16475, **1995**

[149] J.J Rosen et M.B. Schway., *Organic Coating and Plastic Chemistry*, 40, 636, **1979**

[150] N. Benhayoun, A.F. Abu-Srour, T.Avramoglou, F. Slaoui et M.D. Lacroix, *Thèse de doctorat*, Université Paris Nord, **1989, 1993, 1991, 1989, 1992**

[151] H. Inoue et S. Kohama, *J. Applied Polym. Sci.*, 29 : 877, **1984**

[152] K. Allmer, J. Hilborn, P.H. Larsson, A. Hult et B. Ranby, *J. Polym. Sci., Part A : Polym. Chem.*, 28 : 173, **1990**

[153] V. Traian, I.J. Constable et S. Vijayasekaran, *Biomaterials*, 9, 262, **1995**

[154] CC4204BF, *Foldable Posterior Chamber Lens*, Staar Surgical

[155] P. Korinek, *Matériaux et Techniques*, 2 : 1, **1991**

[156] J.M. Legeais, L. Werner, B. Briat et G. Renard, *J. Fr. Ophtalmologie*, 20(7) : 527, **1997**

[157] J.M. Legeais, G. Legeay, L.P. Werner et G. Renard, *brevet d'invention*, FR 9604267, INSERM, **1996**

[158] J.M. Legeais, L.P. Werner, G. Legeay, B. Briat, G. Renard et Y. Pouliquen, *J. Cataract Refract. Surgery*, 24 : 371, **1998**

[159] L.P. Werner, J.M. Legeais, J. Durand, M. Savoldelli, M. Legeay et G. Renard, *J. Cataract Refract. Surgery*, 23 : 1013, **1993**

[160] G.E. Rose, *Ophthalmology*, 99 : 1242, **1992**

[161] A.S Hoffman, *K. Dusek : Advances in Polymer Science*, Springer-Verlag, Berlin, 142, **1984**

[162] R. Eloy, D. Parrat, T.M. Duc, G. Legeay et A. Bechetoille, *J. Cataract Refract. Surgery*, 19 : 364, **1993**

[163] R. Chasset, G. Legeay, J.C. Touraine et B. Arzur, *Eur. Polym. J.*, 24(11) : 1049, **1988**

[164] D. Thouvenin, J.L. Arne et L. Lesueur, *J. Cataract Refract. Surgery*, 22 : 1226, **1996**

[165] H.J. Hettlich, R. Kaufmann, H. Harmeyer, E. Imkamp, C.J. Kirkpatrick et C. Mittermayer, *J. Cataract Refract. Surgery*, 18 : 140, **1992**

[166] L. Hesse, L. Freisberg, H. Bienert, H. Richter, C. Kreiner et M. Mittermayer, *Ophthalmologe*, 94 : 821, **1997**

[167] B. Emilie, *Thèse de doctorat*, Université Lyon I, **1984**

[168] J.C. Brosse, J.M. Gauthier et J.C. Lenain, *Makromol. Chem.*, 184 : 505, **1983**

[169] N. Grassie, B.J.D. Torrance, J.D Fortune et J.D. Gemmell, *Polymer*, 6 : 653, **1965**

[170] J.C. Bevington et D.O. Harris, *J. Polym. Sci., Polym. Letters Ed.*, 5 : 799, **1967**

[171] F.H. Namdaran et A.R. Leboeuf, *Brevet d'invention*, Nestlé S.A., US 5403901, **1995**

[172] A. Gupta, *Brevet d'invention*, Ioptex Research Inc., US 4834750, **1989**

[173] M. Togo et K. Ishihara, *Brevet d'invention*, Menicon Co., EP 0970801, **1999**

[174] T. Nguyen, *Brevet d'invention*, Allergan Inc., WO 9404346, **1994**

[175] J. Brandrup, E.H. Immergut and E.A. Grulke, *Polymer Handbook*, 4ᵉᵐᵉ édition

[176] S.E. Morsi, A.B. Zaki and M.A. El-Hyami, *European Polymer Journal*, 13 : 851, **1977**

[177] K. Tsuda, S. Kondo, K. Yamashita and K. Ito, *Makromol. Chem.*, 185 : 81, **1984**

[178] V. Lesaux, *Thèse de doctorat*, Université Pierre et Marie Curie de Paris (ParisVI), **1990**

[179] J. Fouassier, Decker, *Inf. Chimie*, 225 : 265, **1982**

[180] P.J. Flory, J.Rehner, *J. Chem. Phys.*, 11 : 521, **1943**

[181] P.J. Flory, « *Principles of Polymer Chemistry* », Cornell University. Ithaca, New York, 579, **1953**

[182] L.H. Sperling, « *Introduction of Physical Polymer Science* », 2ⁿᵈ Ed., John Wiley and Sons, New York, 75, **1992**

[183] J. Y. Cavaillé, C. Jourdan, J. Perez et J. Guillot, *Makromol. Chem., Macromol Symp.*, 23 : 411, **1989**

[184] C. Anderson, D.D Koch, G. Green, A. Patel et S. Van Noy, *Foldable Intraocular Lenses*,

Thorofare, NJ, Slack : 161, **1993**
[185] D.Y. Kwok, T. Gietzelt, K. Grundke, H.J. Jacobasch et A.W. Neumann, *Langmuir*, 13 : 2880, **1997**
[186] D.Y. Kwok et A.W. Neumann, *Colloids and Surfaces A : Physicochem. Eng. Aspects*, 161 : 31, **2000**
[187] D.Y. Kwok, A. Leung, C.N.C Lam, A. Li, R. Wu et A.W. Neumann, *J. Colloid Interface Sci.*, 206 : 44, **1998**
[188] D.Y. Kwok, A. Leung, A. Li, C.N.C Lam, R. Wu et A.W. Neumann, *Colloid Polymer Sci.*, 276 : 459, **1998**
[189] D.Y. Kwok, C.N.C Lam, A. Li et A.W. Neumann, *J. Adhesion*, 68 : 229, **1998**
[190] G.H. Meeten, *Optical Properties of Polymers*, Elsevier, Amsterdam, **1986**
[191] R.M. Waxler, D. Horowitz et A. Feldman, *Appl. Opt.*, 18 : 101, **1979**
[192] K.G. Denbigh, *Trans. Faraday Soc.*, 36 : 936, **1940**
[193] R.L. Rowell et R.S.Stein, *J. Chem. Phys.*, 47 : 2985, **1967**
[194] D.W. Van Krevelen et P.J. Hoftyzer, *Properties of Polymers*, Elsevier, Amsterdam, **1972**
[195] J.R. Partington, *An Advanced Treatise of Physical chemistry : Physico-chemical Optics*, Longmans, Green and Co, London, vol. 4, **1960**
[196] G. Pannetier, *Chimie Générale : Atomistique-Liaison Chimique*, Masson, **1969**
[197] S. Jenkins, *Polymer Sci.*, 1, N.H. Publishing, **1972**
[198] Kirk-Othmer, *Encyclopedia of Chemical Technology*, Wiley Interscience Publication, *Refraction*, **1983**
[199] J.C. Seferis et R.J. Samuels, *Polym. Eng. Sci.*, 19 : 975, **1979**
[200] A.R. Wedgewood et J.C. Seferis, *Polym. Eng. Sci.*, 24 : 328, **1984**
[201] R. Albert et W.M. Malone, *J. Macromol. Sci.*, 6(2) : 347, **1972**
[202] E.I. Shepurev, *Sov. J. Opt. Technol.*, 53(1) : 49, **1986**
[203] R.B. Beevers, *J. Polym. Sci.*, 12 : 1407, **1974**
[204] R.B. Beevers, *Trans. Faraday Soc.*, 58 : 1465, **1962**
[205] J.I Weinschenk et F.R. Christ, *Brevet d'invention,* US 5359021, Allergan Inc., **1994**
[206] G. Glimeroth, *J. of Non-Crist. Solids*, 47(1) : 57, **1982**
[207] D. Jury, *thèse de doctorat*, Université de Metz, **1997**
[208] F. Claye, *thèse de doctorat*, Université de Metz, **1997**
[209] R.S Wedgewood et J.C. Seferis, *Polym. Eng. Sci.*, 24 : 328, **1984**
[210] Brandrup, Immergut et Grulke, *Polymer Handbook*, 4ème édition
[211] C. Anderson, D.D Koch, G. Green, A. Patel et S. Van Noy, *Foldable Intraocular Lenses*, Thorofare, NJ, Slack : 161, **1993**
[212] K. Chan, *Brevet d'invention*, US 6455318, Alcon Manufacturing Ltd., **2002**
[213] Y. Landler, *Compt. Rend.*, 230 : 539, **1950**
[214] D.C. Pepper, *Quart. Rev.(london)*, 8 : 88, **1954**
[215] M. Fineman et S.D. Ross, *J. Polym. Sci.Part A : Polym. Chem.*, 5 : 259, **1950**
[216] T. Kelen et F. Tudos, *J. Polym. Sci.Part A : Polym. Chem.*, 15, 3047, **1977**
[217] G.A Mortimer et P.W. Tidwell, *J. Polym. Sci.Part A : Polym. Chem.*, 3 : 369, **1965**
[218] J.P. Monthéard, C. Jegat et M. Camps, *J. Macromol. Sci.-Rev. Macromol. Chem. Phys.*, C39(1) : 135, **1999**
[219] S. Kondo, T. Ohtsuka, K. Ogura et K. Tsuda, *J. Macromol. Sci.-Chem.*, A13(6) : 767, **1979**
[220] F. Namdaran et A. Lebeouf, *Brevet d'invention*, US 5290892, Nestlé S.A., **1994**
[221] M. Cerf, *Thèse de doctorat*, Université de Metz, **1991**
[222] J.C. Bevington et D.O. Harris, *Polymer Letters*, 5 : 799, **1967**
[223] F. Caye, *Thèse de doctorat*, Université de Metz, **1991**
[224] A. Dauphin et C. Mazin, *Pharmascopie : les antiseptiques et les désinfectants,* Arnette, 42, **1998**
[225] JP. Monthéard, C. Jegat et M Camps, *J. Macromol. Sci.-Rev. Macromol. Chem. Phys.*, C39(1) : 135, **1999**
[226] T. Ikeda, *High Perform. Biomat.*, 743, **1991**
[227] A. Kanazawa, T. Ikeda et T. Endo, *J. Polym. Sci. : Part A : Polym. Chem.*, 31 : 335, **1993**
[228] T.J. Franklin et G.A. Snow, *Biochemistry of Antimicrobial Action*, Chapman et Hall, London, 58, **1981**
[229] W.B. Hugo et A.R. Longworth, *J. Pharm. Pharmacol.*, 16 : 655, **1964**
[230] W.B. Hugo et A.R. Longworth, *J. Pharm. Pharmacol.*, 18 : 569, **1966**

[231] A. Kanazawa, T. Ikeda et T. Endo, *J. Polym. Sci. : Part A : Polym. Chem.*, 31 : 1441, **1993**
[232] E.F. Panarin, M.V. Solovskii, N.A. Zaikina et G.E. Afinogenov, *Mokromol. Chem. Suppl.*, 9 : 25, **1985**
[233] A. Kanazawa, T. Ikeda et T. Endo, *J. Polym. Sci. : Part A : Polym. Chem.*, 31 : 3003, **1993**
[234] A. Kanazawa, T. Ikeda et T. Endo, *J. Polym. Sci. : Part A : Polym. Chem.*, 31 : 3031, **1993**
[235] A. Kanazawa, T. Ikeda et T. Endo, *J. Polym. Sci. : Part A : Polym. Chem.*, 31 : 335, **1993**
[236] A. Kanazawa, T. Ikeda et T. Endo, *J. Polym. Sci. : Part A : Polym. Chem.*, 31 : 1441, **1993**
[237] T. Ikeda, H. Hirayama, H. Yamaguchi, S. Tasuke et M. Watanabe, *Antimicrob. Agents Chemother.*, 30 : 132, **1986**
[238] T. Ikeda, H. Yamaguchi et S. Tasuke, *J. Bioact. Comp. Polym.*, 26 : 139, **1984**
[239] T. Ikeda, H. Yamaguchi et S. Tasuke, *J. Bioact. Comp. Polym.*, 5 : 31, **1990**
[240] T. Ikeda , S. Tasuke et Y. Suzuki, *Makromol. Chem*, 185 : 869, **1984**
[241] T. Ikeda, H. Hirayama, H. Yamaguchi et S. Tasuke, *Makromol. Chem.*, 187 : 333, **1986**
[242] N Nurdin, G. Helary et G. Sauvet, *J. Appl. Polym. Sci.*, 50 : 671, **1993**
[243] B. Dietrich, J.M. Lehn, J.P. Sauvage et J. Blanzat, *Tetrahedron*, 29 : 1629, **1973**
[244] S. Nomoto, A. Sano et T. Shiba, *Tetrahedron Letters*, 6 : 521, **1979**
[245] T. Saegusa, M. Ikeda et H. Fujii, ,*Macromolecules*, 5 : 108, **1972**
[246] K. Aoi et M. Okada, *Prog. Polym. Sci.*, 21 : 151, **1996**
[247] R. Jordan, N. West, A. Ulman, Y. Chen et O. Nuyken, *Macromolecules*, 34(6) : 1606, **2001**
[248] G. Sinai-Zingde, A. Verma, Q. Liu, A. Brink, J.M. Bronk, H. Marand, J.E. McGrath et J.S. Riffle, *Makromol. Chem., Macromol. Symp.*, 42/43 : 329, **1991**
[249] T. Saegusa, S. Kobayashi ans A. Yamada, *Macromolecules*, 8(4) : 390, **1975**
[250] T. Saegusa et S. Kobayashi, *Makromol. Chem., Macromol. Symp.*, 1 : 23, **1986**
[251] M. Litt, A. Levy et J. Herz, *J. Macromol. Sci. Chem.*, A9(5) : 703, **1975**
[252] S. Kobayashi, M. Kaku, S. Sawada et T. Saegusa, *Polymer Bulletin*, 13 : 447, **1985**
[253] S. Kobayashi, E. Matsuda, S. Shoda et Y. Shimano, *Macromolecules*, 22 : 2878, **1989**
[254] S. Shoda, E. Matsuda, M. Furukawa et S. Kobayashi, *J. Polym. Sci., Part A : Polym. Chem.*, 30 : 1489, **1992**
[255] J. Rueda-Sanchez et M. Ceroni Galloso, *Makromol. Rapid Commun.*, 22 : 859, **2001**
[256] O. Nuyken, J. Rueda-Sanchez et B. Voit, *Macromol. Rapid Comm.*, 18 : 125, **1997**
[257] T. Saegusa et H. Ikeda, *Macromolecules*, 6 : 808, **1973**
[258] T. Saegusa, H. Ikeda et H. Fujii, *Macromolecules*, 5 : 359, **1972**
[259] R. Fuchs et K. Mahendran, *J. Org. Chem.*, 36 : 730, **1971**
[260] Y. Shimano, K. Sato, D. Fukui, Y. Onodera et Y. Kimura, *Polym. Journal*, 3 :296, **1999**
[261] T. Saegusa, S. Kobayashi et A. Yamada, *Macromolecules*, 8(4) : 390, **1975**
[262] K.F. Weyts, E.J. Goethals, W.M. Bunge et C.J. Bloys van Treslong, *Eur. Polym. J.*, 26(4) : 445, **1990**
[263] S. Ishikawa, K. Ishizu et T. Fukutomi, *Polym. Bulletin*, 16 : 223, **1986**
[264] A. Kanazawa, T. Ikeda et T. Endo, *J. Polym. Sci. : Part A : Polym. Chem.*, 31 : 1467, **1993**
[265] J. Hazziza-Laskar, G.Hélary et G. Sauvet, *J. Applied Polym. Sci.*, 58 : 77, **1995**
[266] A. Leboeuf, J. Sheets et P. Ryan, *Brevet d'invention*, WO 0151103, Alcon Universal Ltd., **2001**
[267] H. Schonhorn et R.H. Hansen, *J. Appl. Polym. Sci.*, 11 : 1461, **1967**
[268] A.R. Leboeuf, G. Green et B.A. Piper, *Brevet d'invention*, US 5882421, Alcon Laboratories Inc., **1999**
[269] I. Kamel et D.B. Soll, *brevet d'invention*, US 5080924, Drexel University, **1992**
[270] Hettlich, *Biomaterials*, 12 : 521, **1991**
[271] B. Chung-Peng Ho, *J. Biomedical Mater. Res.*, 22 : 919, **1988**
[272] M. Tatoulian, F. Arefi-khonsari, N. Shahidzadeh-Ahmadi et J. Amouroux, *Int. J. Adhesion and Adhesives*, 15 : 177, **1995**
[273] H. Grünwald, M. Jung, R. Kukla, R. Adam et S. Kunkel, *Surface and Coating Technology 93*, 99, **1997**
[274] M. Goldman, A. Goldman et R.S Sigmond, *Pure Appl. Chem.*, 57 : 1353, **1985**
[275] M. Strobel, C. Dunatov, J.M. Strobel, C.S. Lyons, S.J. Perron et M.C. Morgen, *J. Adhesion Sci. Technol.*, 3 : 321, **1989**
[276] H. Schonhorn, *Adhesion, Fundamentals and Practice*, Ministry of Technology (UK), Gordon and Breach, New York, 12, **1969**
[277] M. Tatoulian, F. Arefi-Khonsari, I. Mabille-Rouger, M. Gheorgiu, D. Boucher et J. Amouroux, *J. Adhesion Sci. and Technol.*, 9(7) :923, **1995**
[278] I.H. Loh, E. Cohen et R.F. Baddour, *J. Applied Polym. Sci.*, 31 : 901, **1986**

[279] A. Leboeuf, G. Green et B. Piper, *Brevet d'invention*, WO 9425510, Alcon Laboratories Inc., **1994**

[280] B. Rändy et J.F. Rabek, *Singlet Oxygen Reaction with Synthetic Polymers*, Stockholm Symposium, **1976**

[281] R.H. Hansen, J.V. Pascale, T. De Benedictis et P.M. Rentzepis, *J. Polym. Sci., Part A3*, 2205, **1965**

[282] S.J. Moss, A.M. Jolly et B.J. Tighe, *Plasma Chem. and Plasma Processing*, 6(4) : 401, **1986**

[283] T. Kasemura, S. Ozawa et K. Hattori, *J. Adhesion*, 33 : 33, **1990**

[284] M. Morra, E. Occhiello et F. Garbassi, *Surface Interface Anal.*, 16 : 412, **1990**

[285] Y.L. Hsieh, D.A. Timm et M. Wu, *J. Applied Polym. Sci.*, 38 : 1719, **1989**

[286] D.M. Brewis et D. Briggs, *Polymer*, 22 : 7, **1981**

[287] J.J Bikerman, *The Science of Adhesive Joints*, 2nd Ed. Acad. Press, New York, **1968**

[288] J.J Bikerman, *Adhesion Age*, 2(2) : 23, **1959**

[289] F. Arefi, M. Tatoulian, V. André , J. Amouroux, G. Lorang et J.P. Langeron, *High Temp. Chem. Process*, 2 : 277, **1993**

[290] D.H. Kaelbe, *J. Applied Polym. Sci.,* 71 : 605, **1979**

[291] F.M. Fowkes, F.L. Riddle, W.E. Pastore et A.A. Weber, *Colloids and Surfaces*, 43 : 367, **1990**

[292] M. Morra, E. Occhiello et F. Garbassi, *Polymer-Solid Interfaces, Proceeding of the first International Conference*, Namur, Belgium, Ed. J.J. Pireaux, P. Bertrand et J.L. Bredas, 407, **1991**

[293] J.D. DiGiacomo, *Society of Vacuum Coaters, 36th Annual Technical Conference Technology 93*, 99, **1993**

[294] F. Poncin-Epaillard, J.C. Brosse et T. Falher, *Macromol. Chem. Phys.*, 199 : 1613, **1998**

[295] F. Namdaran at A. Leboeuf, *Brevet d'invention*, US 5290892, Nestlé S.A., **1994**

[296] J. Weinschenk III et F. Christ, *Brevet d'invention*, US 5331073, Allergan Inc., **1994**

www.ingramcontent.com/pod-product-compliance
Lightning Source LLC
Chambersburg PA
CBHW021033210326
41598CB00016B/999